"十三五"江苏省高等学校重点教材　编号：2016-1-050

高等学校"十三五"教师教育系列规划教材

心理学基础

——儿童发展与学习

（第二版）

主　编　邓宏宝　姜永杰
副主编　石雷山

南京大学出版社

图书在版编目(CIP)数据

心理学基础:儿童发展与学习 / 邓宏宝,姜永杰主编. -- 2版. -- 南京:南京大学出版社,2018.6(2024.8重印)
高等学校"十三五"教师教育系列规划教材
ISBN 978-7-305-20342-8

Ⅰ.①心… Ⅱ.①邓… ②姜… Ⅲ.①儿童心理学 Ⅳ.①B844.1

中国版本图书馆CIP数据核字(2018)第110637号

出版发行 南京大学出版社
社　　址 南京市汉口路22号　　邮编 210093

书　　名 **心理学基础——儿童发展与学习**
XINLIXUE JICHU——ERTONG FAZHAN YU XUEXI
主　　编 邓宏宝　姜永杰
责任编辑 钱梦菊　　　　　　　编辑热线 025-83592146
照　　排 南京南琳图文制作有限公司
印　　刷 南京人文印务有限公司
开　　本 787 mm×1092 mm　1/16　印张 18.25　字数 410千
版　　次 2024年8月第2版第6次印刷
ISBN 978-7-305-20342-8
定　　价 42.00元

网址:http://www.njupco.com
官方微博:http://weibo.com/njupco
官方微信号:njupress
销售咨询热线:(025) 83594756

* 版权所有,侵权必究
* 凡购买南大版图书,如有印装质量问题,请与所购
　图书销售部门联系调换

修订说明

2011年教育部发布的《教师教育课程标准(试行)》就优化教师教育课程结构提出要求,强调中学职前教师教育课程要引导未来教师理解青春期的特点及其对中学生生活的影响,理解中学生的认知特点与学习方式,理解中学生的人格与文化特点,帮助他们学会创建学习环境,鼓励独立思考,学会尊重中学生的自我意识,指导他们规划自己的人生,在多样化的活动中发展社会实践能力,这些精神对新时期师范生的心理学相关课程的开发与实施均指出了明确方向。为响应《教师教育课程标准(试行)》要求,本课程组于2012年率先组织编写了《心理学基础——青少年发展与学习》一书,自出版发行以来,该书被多所高校所采用,受到了一定的好评,先后印刷九次。2016年被遴选为江苏省高等学校重点教材立项建设项目(修订)。

本次修订除继续坚持以应用型人才培养为追求的课程理念、以需求驱动为主旨的内容筛选原则外,还在调查研究、吸取各方意见的基础上,着力在以下方面进行了修订:

其一,对书名进行了微调。《教师教育课程标准(试行)》中明确幼儿园、小学、中学职前教师教育课程设置中皆有"儿童发展与学习"学习领域,故此,本书将书名由《心理学基础——青少年发展与学习》更名为《心理学基础——儿童发展与学习》。鉴于联合国《儿童权利公约》中将"儿童"界定为"18岁以下的任何人,除非对其适用之法律规定成年年龄低于18岁",以及本书适用对象的特定性,本书在写作中主要将"儿童"局限于青少年阶段,其年龄段主要为12~18岁。

其二,对框架体系重新进行了架构。原教材共十章内容,修订后计11章,为避免内容出现可能的交叉、重复,去除了原教材中第七章青少年社会性发展,其相关内容被分解到动力系统、品德心理的章节,原第九章青少年学习心理的相关知识点被融入各相关章节,一定程度上实现了心理发展与学习的有机衔接,有利于学习者系统了解青少年各领域发展对学习的影响,掌握根据发展特点促进中小学学生有效学习的相关策略,最大限度地发挥课程引导未来青少年发展的效用。同时,去除了第十章教师心理,而将原第二章、第四章内容进行了细分,力求使整体框架体系更趋合理,更能满足学习者的学习愿望。

其三,对具体内容进行了充实。鉴于学科发展的实际,本书有选择地吸收了部分学科前沿概念、理论,如对情商、意商等名词初步进行了解读,对皮亚杰认知发展阶段理论做出了阐述,增加了因性施教以及面向特殊儿童的教育等内容,反映了教材时代性的要求。

其四,对编排体例进行了调整。每章章首新增了"学习目标",以引导学生明确学习的方向与重点、难点;每章章尾新增了"研究动态"、"学习资源",为学习者拓展学习视野、强化课外学习、培养自主能力提供了便利,也丰富了教材内部形式,增强了教材的可读性。

其五,在表现形式上,目录页上设置了二维码,微信扫一扫即可获得丰富的配套资源与在线互动等教学服务,多维度、多角度地呈现教学内容,方便学生掌握和理解知识。

部分新老作者参与了本次教材的修订,本书主编为邓宏宝、姜永杰,副主编为石雷山。邓宏宝、姜永杰、石雷山设计了修订版的教材体系,承担了对书稿的统稿与完善工作。各章修订或编写人员如下:第一章,邓亚琴;第二章,石雷山;第三章,郁美;第四章,孟献华;第五章,姜永杰、张晶;第六章,顾美娟;第七章,沈永江;第八章,蔡婧;第九章,邓宏宝;第十章,朱兴国;第十一章,郁美。

由于编撰人员学术及视野所限,本书虽经修订,但仍可能存在不周全之处,敬请读者继续批评指正!

编　者

2018 年 3 月

目 录

第一章 儿童发展与学习概述 1
    第一节 本课程的研究对象 1
    第二节 儿童心理的研究原则与方法 8
    第三节 本课程的学习任务与意义 11

第二章 儿童感知觉发展与观察力训练 16
    第一节 感知觉概述 16
    第二节 儿童感知觉的发展 30
    第三节 感知规律的应用与儿童观察力的训练 33

第三章 儿童记忆发展与知识巩固 42
    第一节 记忆概述 42
    第二节 儿童记忆发展的规律和特点 52
    第三节 促进儿童知识巩固的策略 61

第四章 儿童思维发展与知识理解 69
    第一节 思维概述 69
    第二节 儿童思维发展特点 81
    第三节 儿童知识理解与思维培养 88

第五章 儿童注意发展与学习效率 100
    第一节 注意概述 100
    第二节 儿童注意的发展与注意力的培养 112
    第三节 运用注意规律提高学习效率 117

第六章 儿童情感发展与情商培育 126
    第一节 情绪、情感概述 126
    第二节 儿童情绪、情感发展的特点 137
    第三节 情绪、情感规律在教育中的运用 140

第七章　儿童意志发展与意商提升 ·········· 161
第一节　意志概述 ·········· 161
第二节　儿童意志发展的特点 ·········· 172
第三节　儿童意商的提升 ·········· 175

第八章　儿童动力系统发展与学习动机激发 ·········· 187
第一节　动力系统概述 ·········· 187
第二节　儿童动力系统的特点 ·········· 195
第三节　儿童学习动机的激发 ·········· 202

第九章　儿童智力发展与能力培养 ·········· 213
第一节　能力概述 ·········· 213
第二节　儿童能力发展的影响因素及年龄特征 ·········· 226
第三节　儿童能力的培养 ·········· 231

第十章　儿童人格发展与因材施教 ·········· 240
第一节　人格概述 ·········· 240
第二节　儿童人格发展特征 ·········· 246
第三节　儿童人格差异与因材施教 ·········· 251

第十一章　儿童品德发展与道德教育 ·········· 262
第一节　品德心理概述 ·········· 262
第二节　儿童品德形成和发展的规律及特点 ·········· 268
第三节　儿童的道德教育 ·········· 275

参考文献 ·········· 283

微信扫一扫

教师服务入口

✓ 课件申请
✓ 教学资源

学生服务入口

✓ 本书配套拓展阅读
✓ 教师资格考试历年考点与真题
✓ 加入学习交流圈

第一章
儿童发展与学习概述

学习目标：
1. 了解本课程的研究对象、学习的任务和意义。
2. 理解儿童心理研究的主要历程及主要流派。
3. 掌握儿童心理的研究方法。

第一节 本课程的研究对象

本课程主要以儿童的心理现象为研究对象，总结其心理活动最普遍、最一般的规律，为有效指导未来教师依据儿童发展规律开展教学提供引领。

一、什么是心理现象

人的心理现象千姿百态，表现形式多种多样，为了能更具体地认识它，心理学家们一般将其划分为心理过程、心理状态和个性心理三大范畴。

（一）心理过程

心理过程是一个人心理现象的动态过程，包括认识过程、情感过程和意志过程，它反映正常个体心理现象的共同性一面。

认识过程是人的最基本的心理过程，它是人脑对客观事物的属性及其规律的认识，包括感觉、知觉、记忆、思维、想象等。人可以看到五彩缤纷的世界，可以聆听旋律优美的乐曲；人脑可以储存异常丰富的知识，时过境迁而记忆犹存；人有"万物之灵"的智慧，能运用自己的思维去探索自然和社会的各种奥秘，设计未来发展的宏图，进行文学艺术上美的创造，这些都与人的认识过程密切相关。认识过程就是人脑接受、储存、加工各种信息的过程。

情感过程是个体在实践过程中对客观事物是否符合其需要而产生的态度体验。俗话说,人非草木,孰能无情?当我们在学习和工作中顺利达到预期目的时,就会感受到快乐、满意、喜悦,甚至狂喜;反之,就会感受到沮丧、懊恼、不满,甚至愤怒。诸如此类的喜、怒、哀、惧等主观体验,就是情绪和情感的具体表现。

意志过程是个体自觉地确定目的,并根据目的调节支配自身的行动,克服困难去实现预定目标的心理过程。人们在认识世界与改造世界的过程中,必须有明确的目标,还要制定计划,选择方法,克服种种困难,最终才能实现预定目标。在我们的学习和工作中,通常不是一帆风顺的,这时就要启动人的意志过程。

认识过程、情感过程和意志过程并不是彼此孤立的,而是相互联系、相互作用,构成了个体有机统一的心理过程。情感的发生与升华、意志行为的确定与执行都是以认识为基础的;而情感、意志又会反过来影响认识活动的进行和发展。同样,情感也会对意志行为产生动力作用;而意志行为又会有利于丰富和升华情感。

(二)心理状态

心理学家认为,心理状态常常是从心理过程的发展到个性心理形成的一个过渡环节。例如,在日常生活中,一个人常会出现某种激情,可能只是一时的激动,但是,这种心理状态如果经常不能主动加以控制,那么久而久之,便容易形成这个人性情暴烈、易发脾气等比较稳定的个性特点。又如,一个人可能处事一时犹豫,不是对什么事都犹豫,这是常会出现的一种短暂的心理状态,但如果任其发展下去,成为习惯,也容易形成优柔寡断的个性特点。

心理状态的表现是多方面的,它可以表现在知、情、意的任何一个方面。如好奇、疑惑、沉思,这是认识方面的心理状态;淡泊、焦虑、渴求,这是情感方面的心理状态;克制、犹豫、镇定,这是意志方面的心理状态。

(三)个性心理

个性心理是一个人在社会生活实践中形成的相对稳定的各种心理现象的总和,包括个性倾向性和个性心理特征。它反映人的心理现象的个别性一面。

个性倾向性是推动人进行活动的动力系统,也是个性心理中最活跃的因素。它主要包括需要、动机、兴趣、信念、理想、价值观和世界观等,其中需要是个性倾向性的基础,世界观居于最高的层次,决定着一个人的总的心理倾向。在复杂的现实生活中,由于人的环境和教育的差异,以及自身各种因素的不同,人们在形成需要、兴趣、理想等方面,总会有这样或那样的个别差异。

个性心理特征是个人身上经常表现出来的稳定的心理特征。它集中反映了人的心理活动的独特性,包括能力、气质和性格。其中性格是个性心理特征的核心,反映一个人的基本精神面貌。如有的人记忆速度快且保持长久,有的人记得慢且易遗忘,有的人善于形象思维,有的人善于抽象思维,这是能力上的差异;有的人性情暴烈,有的人性情温和,有的人反应迟缓,有的人反应敏捷,这是气质上的差异;有的人善于交际,有的人安然沉静,有的人机智果断,有的人优柔寡断,有的人大公无私,有的人私心重重等,这是性格上的差异。

个性倾向性和个性心理特征是密切关联的。个性倾向渗透于各种个性心理特征之中,个性心理特征也反映出个人的倾向,两者在总体上体现着一个人完整的个性。

通过以上的阐述,我们已经知道,心理现象可以划分为心理过程、心理状态和个性心理三大范畴,而每个范畴又包含着一些不同的方面(如图1-1)。这种划分对于了解和研究人的心理是方便的,但必须防止把这种划分绝对化。现实中人的心理具有高度的整体性,心理现象的各组成部分之间是相互联系、相互依存和相互影响的。

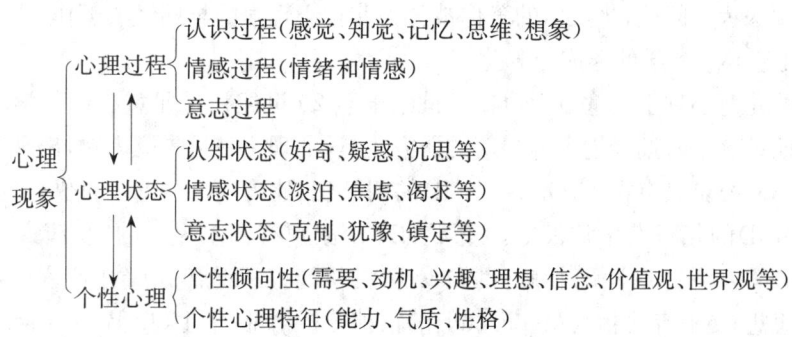

图1-1　心理现象的划分

二、儿童心理学研究的主要历程及主要流派

(一) 儿童心理学研究的主要历程

如果说,心理学正式成为科学的标志是1879年德国心理学家冯特(W. Wundt)在莱比锡大学建立第一个心理学实验室,那么,儿童心理学正式成为科学则是从1882年德国生理和心理学家普莱尔(W. Preyer)的《儿童心理》一书的出版算起,但是近代儿童心理学的产生并不直接导源于心理科学的建立,而是有其自身独特的历史背景的。[1]

1. 西方儿童心理学研究

(1) 儿童心理学研究的产生

在欧洲文艺复兴以前,"儿童"并未被作为个体发展的特殊的重要阶段来看待,只被视为"具体而微"的成人而已。文艺复兴以后,人本主义思想家和教育家们以自然主义的教育思想为主导,提出了解儿童、尊重儿童的观念,他们强调儿童天性在其心理发展中的主导作用,教育应该顺应儿童的天性。这些观点为儿童心理学的诞生奠定了思想基础。随后,陆续出现了如福禄贝尔(Frobel)的"恩物"(福禄贝尔发明的用于开发儿童智力的玩具,意思是上帝恩赐给心爱儿童的礼物)、达尔文(Darwin)的《一个婴儿的传略》(1876)等儿童心理学的早期研究成果,这些都为科学儿童心理学的诞生奠定了研究基础。

(2) 科学儿童心理学的诞生

科学的儿童心理学产生于19世纪后半期。德国生理学家和实验心理学家普莱尔

---

[1] 朱智贤.儿童心理学[M].北京:人民教育出版社,2000:60.

是科学儿童心理学的奠基人。普莱尔于1882年发表的《儿童心理》一书被公认为第一部科学的儿童心理学著作。之所以如此,是以他的研究目的、研究内容和研究方法及其研究价值为依据的。普莱尔的研究目的在于探讨早期儿童心理发展的特点;其研究内容包括感知、动作、言语、意志等多个方面;其研究方法涉及纵向跟踪、横断比较,采用观察、实验等多种方法;其研究价值在于,开启了儿童心理学的科学性研究,推动了其后的儿童心理学研究的蓬勃发展,为心理学开创了发展心理学这一新的研究领域,对发展心理学界影响深远。因此,普莱尔的著作被誉为儿童心理学的早期经典著作。

(3) 儿童心理科学的形成与分化

科学的儿童心理学问世以后,自19世纪末至20世纪初是儿童心理科学的形成和发展的时期。这个时期开创了许多新的研究工具,涌现出一批先驱人物,出现了重要的理论派别。研究工具有霍尔(G. S. Hall)的问卷法、比内(A. Binet)的智力测验、格塞尔(A. Gesell)的儿童发育常模等。重要的理论派别有霍尔提出的"复演说";施太伦(W. Stem)的人格主义学派;杜威(J. Dewey)的机能主义观点、儿童中心说以及实用主义的教育思想;更有弗洛伊德(S. Freud)的精神分析学说;华生(J. B. Watson)的行为主义;皮亚杰(J. Piaget)的发生认识论以及维果斯基(Lev. Vygotsky)的文化—历史发展理论等。这些学者和他们的成就都为儿童心理学的建立和发展做出了重大贡献。

(4) 儿童心理学研究的新进展

20世纪中期以后,儿童心理学的发展进入了演变和增新的时期。其主要表现是已有研究的深化、新的研究领域的开拓、心理发展机制的进一步探讨、心理发展基本理论的增新以及研究方法的创新,这些新的发展变化集中反映在各学派的分化和学科概念的革新上。学派的分化表现在已有的、曾经较为活跃的学派的影响逐渐减弱,如霍尔的复演说、施太伦的人格主义等。有的学说虽然曾经有很大影响,但随着学科的发展,显露出其中的陈旧和不适宜,于是从学派内部提出修改、革新,形成新的学派,并以新的面貌出现,如新精神分析学派、新行为主义学派以及新认知发展学派。

2. 我国的儿童心理学研究

虽然在我国古代学者的著作中有很丰富的心理学思想,也包括儿童心理学思想,但心理学、儿童心理学作为一门独立的科学在我国科学史上的出现,则是晚近的事情。①

(1) 西方儿童心理学的学习和引进

近代中国心理学也和其他学科一样,是随着西方资本主义入侵中国时一起进来的,是和中国资产阶级知识分子向西方寻求救国救民之道和近代文化运动分不开的。在"五四"运动前后,艾华编译了《儿童心理学纲要》,陈大齐翻译了德国高五柏(R. Gaupp)著的《儿童心理学》。与此同时,我国最早的儿童心理学家陈鹤琴于1919年留学回国后,在南京高等师范学校讲授儿童心理学课程。讲授的内容也大都是根据西方儿童心理学家如普莱尔、鲍德温、霍尔、华生等人的著作编译而成的。最早的儿童心理学的研究工作可能要算是陈鹤琴的日记法的研究。他对他的儿子陈一鸣从出生到大约

---

① 朱智贤.儿童心理学[M].北京:人民教育出版社,2000:60.

三岁进行了长期的观察,做了日记式的记录,而且还做了摄影记录。儿童心理的测验研究引进我国也是比较早的,1921年出版的由陈鹤琴、廖世承合编的《智力测验法》,对智力测验做了详细的介绍。也有人用问卷法对儿童心理进行研究,例如,葛承训通过用问卷表来对儿童兴趣进行调查并加以统计说明,出版了《儿童心理与兴味》一书。另外,黄翼在浙江大学主讲儿童心理学,创办培育院,进行研究工作。他著有《儿童心理学》、《神仙故事与儿童心理》、《儿童绘画心理》等书。他曾重复皮亚杰的一些实验,提出了自己的一些看法。

(2) 马克思主义儿童心理学的学习和建立

新中国成立后,我国的儿童心理研究主要是学习苏联的儿童心理学。在学习的过程中,有些人结合中国儿童实际进行了试探性的研究,如学前儿童方位知觉的研究,词在儿童概括认识中的作用的研究等。特别是为了配合教育改革进行了6、7岁儿童年龄特征的比较研究、小学生学习代数知识的研究,取得了很好的研究成果。还有些人进行了我国儿童高级神经活动,特别是儿童两种信号系统相互关系的研究。此外,为了建立心理学、儿童心理学的马克思主义理论,对新中国成立前我国儿童心理学和儿童教育影响很大的美国实用主义者杜威的心理学思想也进行了系统的批判。但1958年心理学界进行的一次批判运动,完全否定新中国成立以来心理学、儿童心理学的成就,而且对学术问题采取了违反"双百方针"的方式,造成极为恶劣的影响,心理学、儿童心理学从此陷于万马齐喑的局面。

(3) 儿童心理学研究的恢复和繁荣

1959年以后,各地有关学校和报刊在心理学、儿童心理学领域中重新恢复了"百家争鸣"的讨论。在60年代初期的五六年中,仅仅在举行过的第二次心理学代表大会(1960)、第一届教育心理学术年会(1962)、心理学会第一届年会(1963)上提出的儿童心理学论文就达到百篇以上。1961年文科教材会议上,组织编写了高等学校用的普通心理学、儿童心理学和教育心理学的教科书。《儿童心理学》于1962年开始出版,这是我国第一部以马克思主义观点为指导的儿童心理学教科书,在培养我国儿童心理学专业工作者和教育工作者方面起到了一定的积极作用。对西方儿童心理学的评价工作,这一阶段也开始有所涉猎。如有了一些关于皮亚杰、瓦龙(Wallon)等人的儿童心理学的介绍、评论及翻译资料等,甚至还有人重复了他们的实验,逐步转变新中国成立初期那种对于西方心理学的轻视态度。

(4) 儿童心理学研究的停滞到再度走向繁荣

"文化大革命"前夕,姚文元从对一个儿童心理学的实验报告的批判开始,袭用1958年心理学"批判"的腔调和手段,对心理学、儿童心理学发动了新的围攻。在"四人帮"打击迫害知识分子和扼杀科学文化的险风恶浪中,心理学被宣布为资产阶级的"伪科学",儿童心理学再度陷于毁灭状态。直至1976年粉碎"四人帮"后,儿童心理学研究才再次走向健康发展的道路。随着科学技术的迅猛发展,在社会实践活动需要的推动下,儿童心理学通过不断改造和完善原有的研究方法和技术,其基础理论研究进一步深入,应用性研究蓬勃发展,我国的儿童心理研究取得了长足的进步,某些领域达到甚至超过国际先进水平,正在向更广阔的明天迈进。

(二)儿童心理学研究的主要流派

19世纪末到20世纪50年代是儿童心理学发展的重要阶段,经历了学派林立、理论纷纭到学派减少、互补并存等历程,儿童心理科学逐渐走向成熟。迄今在世界上影响较大的学派有以下几个:

1. 精神分析心理学

精神分析心理学是奥地利精神病医师、心理学家弗洛伊德(S. Freud)在19世纪末创立的,后期经历过两次大的发展:第一次是荣格(C. G. Jung)和阿德勒(A. Adler)先后创立分析心理学和个体心理学;第二次发展是以霍妮(K. Horney)、埃里克森(E. H. Erikson)等人为代表的强调社会文化因素对个体心理发展影响的新精神分析学派。

弗洛伊德认为,人的心理可以分为两部分:意识与潜意识。潜意识不能被本人所意识,它包括原始的盲目冲动、各种本能以及出生后被压抑的动机与欲望。他强调潜意识的重要性,认为性本能是人的心理的基本动力,是摆布个人命运和决定社会发展的永恒力量。他把人格分为本我、自我、超我三部分,其中本我与生俱来,包括先天本能与原始欲望;自我由本我分出,处于本我与外部世界之间,对本我进行控制与调节;超我是"道德化了的自我",包括良心与理想两部分,主要职能是指导自我去限制本我的冲动。三者通常处于平衡状态,平衡被破坏,则导致精神失常。

精神分析学派重视潜意识与心理治疗,扩大了心理学的研究领域,并获得了某些重要的心理病理规律,但不管是弗洛伊德的无意识理论、人格结构理论、人格发展阶段理论,还是埃里克森的人格发展八阶段理论,都强调潜意识的驱力和先天潜能在儿童发展中起主要作用,带有浓厚的本能论色彩。

2. 行为主义心理学

行为主义学派于1913年产生于美国,其创始人是华生。行为主义的发展分三个阶段:一是以华生为代表的早期行为主义;二是以斯金纳(B. F. Skinner)为代表的新行为主义;三是以班杜拉(A. Bandura)为代表的当代新行为主义。

以华生为代表的早期行为主义,反对研究意识,主张研究人的行为;反对用内省的方法,强调实验研究法,并提出"刺激—反应"(S-R)的行为公式,认为一定的刺激必然引起一定的反应,知道有什么反应,就可以推测出是由什么刺激所引起的。

以斯金纳为代表的新行为主义认为,有机体不是单纯地对刺激做出反应,它的行为总是趋向或避开一个目标。在动物和人的目的行为之间,必须有一个"中介"因素,这就是个体的认知。行为有应答性行为和操作性行为之分。斯金纳据此提出了操作性条件反射理论,指出强化作用是行为塑造的基础。

行为主义心理学虽然冲击了内省心理学,促进了心理学的广泛应用和程序教学的开展,但随着认知心理学和人本心理学的迅速崛起,行为主义心理学日益陷入困境。班杜拉在与传统行为主义的继承与批判中提出了社会学习理论,认为来源于直接经验的一切学习现象实际上都可以依赖观察学习而发生,其中替代性强化是影响学习的一个重要因素。这不仅进一步发展了传统的强化理论,而且对儿童教育有着重要的价值和实践意义。

3. 人本主义心理学

人本主义心理学兴起于20世纪中期的美国,继精神分析、行为主义之后被称为心理学的第三势力,主要代表人物有马斯洛(A. H. Maslow)、罗杰斯(C. Rogers)等。它既反对精神分析学派贬低人性、把意识经验还原为基本趋力,又反对行为主义学派把意识看作副现象,主张研究人的价值和潜能的发展。因为,他们相信,人的本质是善良的,人有自我实现的需要和巨大的心理潜能,只要有适当的环境和教育,人们就会完善自己、发挥创造潜能,达到某些积极的社会目的。为此,他们从探讨人的最高追求和人的价值角度,认为心理学应改变对一般人或病态人的研究,而成为研究"健康"人的心理学,揭示发挥人的创造性动机、展现人的潜能的途径。

人本主义方法论不排除传统的科学方法,而是扩大科学研究的范围,以解决过去一直排除在心理学研究范围之外的人类信念和价值问题。虽然人本主义心理学对人的一些研究还停留在关于人性的抽象议论上,但不可否认其以人为本的理念在管理和教育实践中具有较强的指导意义。

4. 认知心理学

认知心理学起始于20世纪50年代中期,60年代后迅速发展。1967年美国心理学家奈瑟(U. Neisser)的《认知心理学》一书的出版,标志着这一学派理论的成熟。广义的认知心理学还应该包括皮亚杰的发生认识论,即把人的认识发展看成是一种建构的过程,并仔细研究这一过程的发展阶段,研究儿童的认知,特别是儿童的思维或智力的发展。狭义的认知心理学是指用信息加工的观点和术语解释人的认知过程的科学,因此,也叫信息加工心理学。这一学派反对行为主义理论,认为不一定必须在搞清心理的生理基础后,才能研究心理现象。他们把人看成计算机式的信息加工系统,认为人脑的工作原则与计算机的工作原则相同,因而可以在计算机和人脑之间进行类比。他们强调人的已有知识结构对行为和当前认知活动的决定作用,并力求通过计算机模拟等方式发现人们获取和利用知识的规律,达到探究人类认知活动规律的目的。他们还承认人的主观能动性、意识的能动作用,强调对人的认知过程进行整体综合分析。

认知心理学派的理论含有辩证法的因素,对反对行为主义的机械论、弗洛伊德主义的非理性主义有积极的意义,对扩大心理学的研究方法、促进心理学的现代化、发展人工智能和计算机科学等均有贡献,而且成为当前心理学研究的主要方向。但他们把人的心理看成是计算机的信息加工系统加以研究,在心理学界依然存在争论。

第二节 儿童心理的研究原则与方法

一、儿童心理的研究原则

人们揭示心理现象和过程的客观规律,总是运用一定的研究方法,但无论选择哪种方法进行研究,都必须遵循以下基本原则。

(一) 客观性原则

客观性原则,就是坚持实事求是的态度,从儿童活动的客观事实出发,努力反映心理现象的本来面貌,并以实践作为检验的标准,这是心理学研究的根本指导原则。儿童的心理是客观现实在其大脑中的反映,一切心理活动都是由客观刺激引起的,并在儿童的活动中表现出来。我们研究儿童的心理,必须依据客观事实,坚持客观性。那种认为心理学是主观的东西,只能用内省法(自我观察)来研究的观点是不全面的。虽然通过内省法所提供的材料,在研究中有一定价值,但仅仅依据个人单纯的内省和陈述,是不可靠的。所以,在儿童心理研究中,包括实验的设计,以及材料的收集整理和得出的结论,都要坚持客观性原则。

(二) 系统性原则

系统性原则,就是坚持系统的、整体的观点。既要对儿童的心理进行多层次、多水平、多侧面的系统分析,又要对心理现象及其形成的各因素之间的相互作用和关系进行整合研究。儿童的心理现象不是零散的、片断的,而是完整的、系统的。任何一种心理现象都是整体心理的一部分,它们相互之间都有联系。因此,研究儿童的心理,必须从整体出发,全面、系统地进行,才能得出正确的科学结论。儿童生活在极其复杂的自然环境和社会环境之中,其各种心理现象的产生、发展,都受到周围情境各种具体因素的影响。儿童对每个对象和现象的反映,都要受到时间、地点、当地情境以及本人的心理状态等因素的影响。因此,对儿童的心理研究不但要考虑引起心理现象的原因和条件,还要考虑与这些原因、条件相联系的其他因素的影响。

(三) 发展性原则

发展性原则,就是要坚持发展的观点,对心理活动的变化进行动态的研究。心理现象和其他物质现象一样,始终处于发展变化之中。因此,在研究中必须遵循发展的原则,不仅要阐明儿童已经形成的心理品质,看到当时的特点,而且要看到发展中新产生的特点,绝不能把心理现象看成固定不变的东西。即使是比较稳定的个性心理特征,也可能在较长时间里因受各种因素的影响而发生变化。

二、儿童心理的研究方法

儿童心理研究的方法有很多，在此我们介绍以下几种常用的方法：

1. 观察法

观察法是指在自然条件下，对心理现象的外部活动进行有系统、有计划的观察，从中发现心理现象产生和发展的规律性。观察法可分为客观观察法和自我观察法。

客观观察法。这是在日常生活条件下，研究者通过观察被试在自然情境中的表情、动作、行为和言语等外部表现，以了解人的心理活动的方法，必要时也可采用录音录像等辅助手段进行。例如，教师经常通过学生的劳动、学习、游戏等活动，通过学生在课堂、考试或竞赛中的表现，以及通过学生日常交往情况等的观察，便能了解学生的许多心理特点和变化，这里采用的就是客观观察法。但是，作为科学研究的方法，客观观察法必须要有严格的要求。观察要有明确的目的性和计划性，要较系统地、长期地进行，对观察的具体情境和被试的各种表现要做详细的记录，对系统观察获得的材料要能做出科学的分析和评估，使其具有理论认识的价值。如达尔文的《一个婴儿的传略》和我国心理学家陈鹤琴的《一个儿童发展的程序》等著作，主要就是采用客观观察法取得的研究成果。

自我观察法。个体对自己的心理活动也能进行观察和分析，这通常叫作自我观察法。人在实践中的认识活动、自我体验、动机的意识，或对某些心理特点和行为的感受与评价等，都可以进行自我观察和分析。这是由于心理学对象的特殊性而采用的一种可行的，也是必要的特殊方法。不过，自我观察时需要按照客观的指标，只有具备一定的心理学知识和观察技能，才能更有效地实施。自我观察法和客观观察法可以相互补充，相互验证。如研究者对其他被试进行客观观察时，亦可要求被试本人做出自我观察的口头陈述，以进行比较验证，这样更能提高观察研究的效果。

2. 实验法

实验法是指通过有目的地控制一定的条件或创设一定的情境，以引起被试的某些心理活动从而进行研究的一种方法。心理学的实验法主要有实验室实验法和自然实验法两种形式。

实验室实验法。这是指在实验室内利用一定的设施，控制一定的条件，并借助专门的实验仪器进行研究的一种方法。例如，当我们需要知道室内光亮度对学生视觉阅读效果有什么影响时，即可选择正常同等视度的若干名学生作为被试，在实验室条件下，一方面要控制室内光亮度的不同变化（自变量），另一方面要测量被试在不同亮度下阅读的速度（因变量），然后通过实验所获得的各项数据，加以处理和分析，即可得到某种光亮度对视觉阅读最适宜的实验结果。实验室实验法便于严格控制各种因素，并通过专门仪器进行测试和记录实验数据，一般具有较高的信度，通常用于研究心理过程和某些心理活动的生理机制等方面的问题。但对研究个性心理和其他较复杂的心理现象，这种方法仍有一定的局限性。

自然实验法。这是在日常生活等自然条件下，有目的、有计划地创设和控制一定的条件来进行研究的一种方法。例如,研究教师评价对激发学生学习积极性的作用问题,就可以采用自然实验法进行。选择40名条件相当的学生作为被试,把他们随机分成四个不同评价性质的实验组。然后令所有被试做数学口算,练习一周,每天练习十分钟,在评定时,表扬组只给予正确评价,批评组只给予批评,忽视组只可以间接了解评价,控制组则不给予了解任何评价。最后检查学习效果,发现表扬组最好,批评组次之,控制组最差。这说明对激发学生的学习积极性,表扬和批评都是必要的,而应以表扬为主,不做任何评价反而会降低学习积极性。自然实验法比较接近人的生活实际,易于实施,又兼有实验法和观察法的优点,所以这种方法被广泛用于教育心理学、儿童心理学和社会心理学的大量课题。

3. 调查法

调查法是以搜集被试各种材料来间接了解其心理活动的一种方法。[①] 根据研究的需要,可以向被调查者本人做调查,也可以向熟悉被调查者的人做调查。调查法可以有问卷法、访谈法和活动产品分析法等。

问卷法是根据研究课题的要求,设计问题表格和相应内容让被调查者自行书面陈述的方法。它可以同时向许多人搜集同类型的资料,加以分析、处理和研究。例如,我国早期儿童心理学家葛承训通过用问卷表来对儿童兴趣进行调查并加以统计说明,出版了《儿童心理与兴味》一书。问卷法的正确实施应注意:首先,要尽可能消除被试的各种顾虑,便于说出真实的想法,为此常需要足够量的被试,以减少可能出现的误差。其次,提出的问题要简单明确,易于作答,而又能反映出某种心理状况。最后,还要注意某些技术性问题,如设问的策略、要求的一致性、问题的量和质的关系、所获答案便于处理和统计,等等。

访谈法是根据预先拟好的问题向被调查者口头提出,以一问一答的方式进行的调查方法。要使访谈法富有成效,首先,应创造坦率和信任的良好气氛,使被调查者做到知无不言;同时,研究者应该有良好的准备和训练,尽量使谈话标准化,记录指标的含义并保持一致性,这样才有可能对结果进行客观的分析和概括。访谈法与问卷法相比,其优点是,研究者可以直接控制访谈进程,可以不同的方式考察被调查者对问题回答的真实程度,并可以根据被调查者的反应即时提出临时应变的问题等。但是访谈法较费时间,调查对象的数量有限。

活动产品分析法是通过对被试的作业、绘画、日记、手工作品等进行分析,研究其心理特点的方法。这种方法可以了解被试的能力水平、知识的范围,也可能揭示出人对事物的态度和某些个性品质。考虑到人的活动产品和人的心理活动之间的关系并不是简单的一一对应的关系,所以它一般只作为儿童心理研究的辅助。

4. 测验法

测验法是采用专门的测量工具(如测验量表)对被试的某些或某方面的心理品质做出测定、鉴别和分析的一种方法。如学校应用测验法可以了解儿童的智力水平及分布

---

① 王雁.普通心理学[M].北京:人民教育出版社,2002:17.

比例,学校心理健康教育老师可以针对来访学生实际,选择相应的测验量表,对其施测,为儿童心理问题的早期诊断提供依据。目前,心理测验名目繁多,如按其目的的不同,可分为智力测验、才能测验、人格测验、诊断测验等;如按性质的不同,可分为文字性测验和非文字性测验两种;如按实施方式不同,可分为个体测验、团体测验等。不过,对人进行心理测验涉及的因素较复杂,测验量表的制定也较困难,实施的精确性和可信性还需要在测定之后的较长时期才能看出。但这种方法如能同其他方法配合使用,仍不失为儿童心理研究的一种具体方法。

5. 个案法

个案法是对单一的研究对象进行深入而具体研究的方法,个案研究的对象可以是个人,也可以是个别团体或机构,是儿童心理研究中经常采用的方法。它可以是对一个人的心理发展过程进行较系统而全面的研究,也可对一个人某一心理侧面的发展进行研究,或者对几个人同一心理侧面进行研究。在研究中要全面调查被试的家庭情况、生活条件、教育影响、智力表现、年龄特征、身体状况,以及在这些因素的影响下的心理活动和人格品质的发展变化,从而找出心理活动发展、变化的规律。个案研究的优点是便于对被试进行比较全面深入的考察,缺点是代表性较小,有时缺乏典型性。

总之,每一种具体的方法,其作用都不是孤立的、绝对的,从心理活动的整体来看,它们都有其局限性。因此,心理学的研究经常需要采用多种方法相互补充,相互配合,相互验证,这样才能更好地反映人的心理活动的客观规律。

第三节 本课程的学习任务与意义

明确课程的学习任务,可以帮助师范生对本课程的内容框架以及学习要求有一个全面的认识;了解课程的学习意义,则可以帮助师范生进一步明确学习目的,以激发他们的学习兴趣。

一、学习任务

本课程的学习任务主要集中在以下几个方面:

(一) 了解儿童心理发展的普遍模式

个体从出生开始,其身心就会不断地发生变化。从心理机能的发展来看,个体都会经历由动作思维到形象思维再到抽象思维,由无意注意到有意注意,由机械记忆到理解记忆,遵循一定的顺序性;从发展速度来看,个体都会经历两个身心发展的高峰期,出生后的第一年和青春发育期,表现出一定的不均衡性;同时个体还拥有明显的年龄特征,比如青春期被心理学家称为狂风骤雨期,个体自尊感强烈,情绪起伏比较大。这些儿童心理发展的普遍规律在本课程中均有详细的介绍,师范生对此应有初步的了解。

(二) 理解儿童心理发展的原因和机制

学习不仅要知其然,还要知其所以然。在本课程的学习中,师范生不仅要了解儿童心理发展的普遍模式,而且要理解儿童心理发展的原因和机制。比如儿童的记忆恢复现象是怎么回事?为什么记忆后过几天测得的保持量反而高于记忆后立即测得的保持量?这与艾宾浩斯所揭示的遗忘规律是不是相矛盾?个体的思维发展为什么总会经历由动作思维到形象思维再到抽象思维的发展历程呢?思维阶段不断变化推移的原因或条件是什么呢?心理学家们的相关理论都会给出充分的论证,让你茅塞顿开、豁然开朗。

(三) 解释和测量儿童个别差异

虽然每个儿童发展经历的阶段或发展变化的模式是相同的,但每个儿童心理发展的速度、发展最后达到的水平、各种心理过程和行为的特点并不相同。有的儿童外向、热情、喜爱交往,有的儿童内向、冷漠、讨厌与人接触;有的儿童长于形象思维,有的儿童长于抽象思维;有的儿童有艺术天赋,有的儿童五音不全;有的儿童智力超常,有的则智力低下,哪怕是同卵双生子,在兴趣爱好、个性特点等方面也会存在差异。儿童与儿童之间为什么会存在这些差异?如何测量这些个别差异呢?解释形成原因,选择合适的心理量表对儿童进行测量,这也是本课程的学习任务。

(四) 探究不同环境对儿童发展的影响

儿童在从自然人成长为社会人的进程中,由家庭、学校、同伴、社区、文化团体等所构成的生态环境对其发展的影响是不容忽视的。不同的生态环境会对儿童产生什么样的影响?这也是儿童心理学研究的课题。如不同的家庭结构(完整家庭或不完整家庭、主干家庭或核心家庭、独生子女家庭或多子女家庭)对儿童发展会有什么不同的影响?同样的家庭结构,不同的家庭教养方式(权威型、娇宠型、专制型)对儿童个性形成有什么影响呢?社会经济地位高的家庭和社会经济地位低的家庭对儿童的教育有什么不同特点?教师的教育教学理念、学校的育人环境、儿童的同伴交往等对儿童的发展有哪些影响?了解儿童成长的生态环境对儿童发展的影响可以进一步揭示儿童心理发展的原因和机制,也能为正确指导儿童健康发展创造条件。

(五) 提出促进儿童发展与学习的建议

了解儿童心理发展的普遍模式,理解儿童心理发展的原因和机制,解释和测量儿童个别差异,探究不同环境对儿童发展的影响,最终的目的就是能够从儿童的实际需求出发,为他们的发展与学习提出切实可行的意见和建议,帮助儿童顺利地度过每个发展阶段,促进他们更好地成长。比如儿童在英语学习中不会科学地复习,导致每次考试成绩均不理想,面对这样的问题,应引导儿童对考试情况进行分析,合理归因;再从儿童的实际出发,给予复习策略方面的指导,可以在介绍遗忘规律的基础上,要求儿童复习要及时,要合理分配复习时间,复习时要做到"五到"(眼到、耳到、口到、手到、心到),复习方法多样化;同时,教会儿童在英语单词的背诵中可以尝试适当的超额学习,以提高记忆效果。

二、学习意义

作为师范专业的学生,学习本课程无论是从自身发展还是从将来从事教育工作的角度,都是十分重要的。

(一) 有助于建立辩证唯物主义世界观

本课程揭示的心理学规律为学生辩证唯物主义世界观的形成起到了不容忽视的作用,其科学地解释了人的心理内容和现象,探讨了人的心理过程和个性心理形成的规律。美国心理学家、诺贝尔奖获得者斯佩里的"裂脑人"研究,揭开了困扰心理学界多年的人脑两半球功能之谜,有力地说明了没有头脑的思维是不存在的,脑是人的心理活动产生的重要器官。心理是脑的机能,是客观现实的主观的能动的反映的"科学的心理观",更是阐明了人的心理活动的物质基础和对社会实践的依存关系,也为辩证唯物主义关于物质与意识的关系原理提供了科学的依据。学习和掌握本课程知识,可以帮助学生正确认识人的心理现象的实质,更深刻领会马克思主义哲学的基本原理,特别是认识论原理,自觉地同唯心主义偏见做斗争,同各种形形色色封建迷信活动做斗争,并能提高识别真伪科学的能力,树立起辩证唯物主义、历史唯物主义世界观。

(二) 有助于学会自我观察、自我教育

在我们的日常生活中,每个人的内心深处都存在着两种基本的需要:一是解决心理与行为之间的种种冲突、障碍与困惑;二是要充实与完善自我,维护心理健康,提高生活质量。本课程为我们揭示了心理活动的规律,这就有助于人们科学地了解自己的心理特点,认识到自身的优点与不足,这对于将来从事中学教育的师范生来说,显得尤为重要。比如,通过课程相关章节的学习,我们可以掌握记忆的规律,学会科学地组织复习;知道如何解除经常焦虑的困扰,维护身心健康;了解人格到底是什么、自己如何形成现在的性格和气质特点以及如何完善自己的人格等一系列的问题。本课程不但可以让我们了解自己的某些行为为什么会出现,更重要的是让我们了解了潜藏在这些行为背后的心理活动及其规律。所以,学习本课程不仅能够帮助我们认识自我、悦纳自我、完善自我,而且还能帮助我们发现许多有价值的生活理念,丰富我们的人生体验,提高我们的生活质量。

(三) 有助于提高教育教学素养

教师的根本任务是教书育人。从教学的角度看,提高教学质量永远是我们每位老师锲而不舍努力的方向,学校更是把它作为教学改革的根本目标。然而,任何教学活动都是师生共同参与的双边活动,因此,教师在确定教学内容、选择教学方法、组织教学过程时都应建立在对学生的认识、情感、意志以及个性心理、年龄特征了解的基础上。只有满足学生需要、符合学生心理活动规律和发展水平的教学,才会被学生所接受,才可能产生良好的教学效果,促进学生的发展。所以,掌握本课程知识可以提高教学的主动性和有效性。从德育的角度看,师范生在将来教学的同时,还担负着育人的重任,特别是现今德育的内涵更加丰富,包括政治教育、思想教育、道德教育、法制教育、心理健康

教育等,师范生要成为合格的人类灵魂的工程师,就需要从心理学中获取相应的科学知识和操作指导。

我国《中小学教师职业道德规范》明确指出,教师"要提高教育教学和科研水平"。一名合格的教师不仅要很好地完成教书育人的任务,还要善于在自己教书育人的实践中积极地探索,投入到教育科研和教学改革中去。我国著名数学教育家苏步青用他五十多年的经历告诉我们,只有教学,才能深刻地了解专业知识的基础内容和实质,为科学研究打下良好的基础,而只有亲自参加科学研究,教学才能有新的成果和内容,使教学做到"为有源头活水来"。而在教育科研和教育改革的过程中,本课程具有十分重要的作用。例如,美国教育心理学家布鲁纳提出的"学科结构论",苏联教育家赞科夫提出的"新教育体系"等,都是以心理学为依据的,我国的一些教育教学改革,如"成功教育"、"愉快教育"等也都是建立在心理学的基础之上的。因此,学习本课程,掌握心理学的原理和研究方法,夯实教育理论基础,可以增强将来从事教育科研的能力,在教育领域发挥更大的作用。

脑科学与类脑研究①

脑科学和类脑智能技术是21世纪最具挑战性的两个重要的前沿科技领域;二者相互借鉴、相互融合的发展是近年来国际科学界涌现的新趋势。理解认知、思维、意识和语言的神经基础,是人类认识自然与自身的终极挑战。脑科学对各种脑功能神经基础的解析,对有效诊断和治疗脑疾病有重要的临床意义;脑科学所启发的类脑研究可推动新一代人工智能技术和新型信息产业的发展。

发达国家纷纷推出大型脑研究计划。其中最受关注的是2013年美国和欧盟分别提出的"通过推动创新型神经技术开展大脑研究计划(BRAIN)"和"人脑计划(HBP)",以及2014年日本启动的"脑智(Brain/MIND)计划"。

我国《国家中长期科学和技术发展规划纲要(2006—2020年)》亦将"脑科学与认知"列入基础研究8个科学前沿问题之一。

1. 本课程研究的对象是什么?心理现象包括哪些方面?
2. 关于儿童心理发展有哪些主要流派,其主要观点是什么?
3. 心理学研究的原则有哪些?它有哪些常用的研究方法?

---

① 蒲慕明,徐波,谭铁牛.脑科学与类脑研究概述[J].中国科学院院刊,2016(07):729-732.

4. 本课程的学习任务有哪些？

5. 作为师范生，你认为学习本课程有哪些重要意义？

1. 中国科学院心理研究所网址：http://www.psych.ac.cn/.
2. 心理学空间网址：http://www.psychspace.com/.

第二章
儿童感知觉发展与观察力训练

> 学习目标：
> 1. 识记、领会感觉、知觉、感受性、感觉阈限、适应、联觉、观察、观察力等基本概念。
> 2. 理解感受性的变化形式以及知觉的特性。
> 3. 掌握儿童感知觉发展的特点和观察力的训练方法，并应用感知觉的基本规律进行教学。

我们对客观事物的认识是从什么开始的？如果突然失去或被剥夺了感觉，那将意味着什么？感知觉有何特点？随着年龄的增长，儿童的感知能力又是如何发展的？作为未来的教师，我们应该如何按照感知觉的特点和规律安排教学？有人说观察力非常重要，不会观察就不会学习，不懂观察就不懂生活。观察力真的有那么重要吗？在日常学习和生活中，怎样才能提高儿童的观察能力？

第一节 感知觉概述

一、感觉概述

（一）感觉的概念及意义

感觉（sensation）是个体借助于感觉器官对客观事物的个别属性（比如物体的颜色、形状、声音等）进行直接反映的过程。例如，看到某种颜色，听到某种声音，闻到某种气味，觉察到自身的姿势和头部的运动，感受到饥饿、疼痛、舒适，这些都是通过作用于感觉器官而引起的一种最简单的心理现象，即感觉。

感觉有两个基本特点：一是从产生条件上来说，它离不开事物的直接作用。感觉是一种直接的反映,它要求客观事物直接作用于人的感觉器官。因此,类似于感觉的幻觉、在记忆中对事物再现的映像都不是感觉。二是就反映内容而言,它反映的是客观事物的个别属性。感觉是对事物个别属性的反映,因此仅凭感觉,我们只能知道物体的颜色、形状、声音等,不能对事物的整体形成认识,不能获得事物的意义。

感觉虽很简单,但它却在人的心理活动中有着十分重要的意义。首先,感觉提供了内外环境的信息。通过感觉,人们获得了内外环境的各种信息,以帮助人们认识事物的各种属性以及自身的状态。其次,感觉是保持信息平衡,维持正常心理活动的必要条件。任何信息过载或信息不足都会破坏这些平衡,给人的生理和心理活动带来严重的不良影响。例如,加拿大心理学家赫布(D. O. Hebb)和贝克斯顿(W. H. Bexton)等人在1954年进行了著名的"感觉剥夺"实验。实验中,让被试进入专设的与外界完全隔离的房间内(如图2-1),躺在一张舒适的小床上,眼睛被蒙上眼罩,耳朵被堵住,手也被套上。除了进食与排泄外,就是无聊地昏睡或胡思乱想。被试在感觉被剥夺后,心理活动发生异常,出现注意力不集中、思维不连贯,甚至产生了幻觉,感到难以忍受的痛苦。即使给予再高的报酬,也很少有人在这样的环境中生活上一周。实验证明,感觉对维持人的正常生存和心理活动是十分重要的。最后,感觉是一切较高级、较复杂的心理现象的基础。人类的认知过程,就是从感觉开始的。一切较高级、较复杂的心理现象,如知觉、思维、情绪、意志等,都是在感觉的基础上产生的。如果没有感觉提供的信息,人类的信息加工过程和其他较高级的、较复杂的心理活动就无法进行。

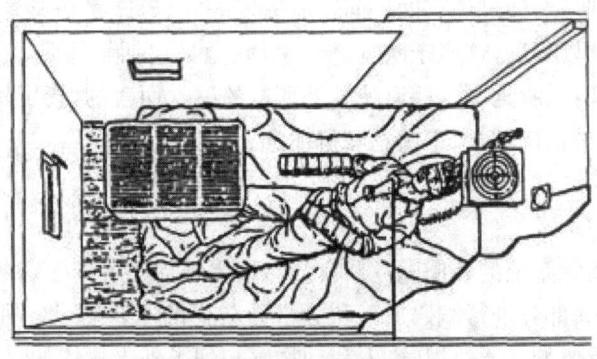

图2-1 感觉剥夺的实验

(二)感觉的种类

感觉的产生需要两个基本条件:一是刺激物,即直接作用于人体,并能引起人们感官活动的客观事物;二是感觉器官,即能把客观刺激物转换为主观映像的生理装置。因此,根据接受的刺激信息和感觉器官,心理学一般把感觉分为两大类:外部感觉和内部感觉(见表2-1)。外部感觉是由外部刺激作用感觉器官所引起的感觉,其刺激来自于机体外部,其感受器位于人体的表面或接近表面的位置,主要有视觉、听觉、嗅觉、味觉、肤觉等。

表2-1 主要的感觉分类

感觉种类		适宜刺激	感受器	反映属性
外部感觉	视觉	波长为380～780纳米的电磁波	视网膜上的视锥细胞和视杆细胞	黑、白、彩色
	听觉	频率为16～20 000赫兹的可听声波	耳蜗内基底膜上的毛细胞	声音
	嗅觉	有气味的挥发性物质	鼻腔上部黏膜内的嗅细胞	气味
	味觉	溶解于水或唾液中的化学物质	舌面、咽后部和腭上的味蕾	甜、苦、酸、咸和鲜味
	肤觉	压力、温度、电击等	皮肤的和黏膜上的冷点、温点、痛点、触点	触觉、压觉、冷觉、温觉和痛觉
内部感觉	运动觉	肌肉收缩,身体各部分位置变化	肌肉、肌腱、韧带、关节中的神经末梢	身体运动状态位置变化
	平衡觉	身体位置、方向的变化	内耳、前庭和半规管的纤毛上皮细胞	身体位置变化
	机体觉	内脏器官活动变化时的物理化学刺激	内脏器官壁上的神经末梢	饥、渴、气闷、恶心、窒息、牵拉、性、便意、胀和痛等

例如,我们可以通过眼睛看一看物体的颜色,这属于视觉;通过耳朵听一听物体发出的声音,这属于听觉;通过鼻子闻一闻物体散发的气味,这属于嗅觉;通过皮肤接触感受物体的温度或软硬程度,这属于肤觉。其中,肤觉又包括触压觉、温度觉和痛觉。内部感觉是相对于视觉、听觉等这些反映外部环境的感觉而言的,指反映机体内部状态和内部变化的感觉,包括运动觉、平衡觉和机体觉。

1. 外部感觉

(1) 视觉

视觉是通过视觉系统的外周感觉器官(眼)接受外界环境中一定波长范围内的电磁波刺激,经中枢有关部分进行编码加工和分析后获得的主观感觉。视觉在人们各种感觉中的作用是最重要的。通过视觉,人和动物感知到了外界物体的大小、明暗、颜色、动静,这些信息对机体生存具有重要意义。人类从外界所接收的信息,有80%～90%是通过视觉实现的。

视觉的适应刺激是波长在380～780纳米(nm)之间的电磁波,这一段的电磁波也叫光波。纳米是长度单位,1纳米等于百万分之一毫米。比380纳米短的电磁波,如紫外线,我们是看不到的;比780纳米长的电磁波,如红外线,我们也是看不到的。光波在整个电磁波中只占很小的一部分。

光波的基本特性表现在三个方面,即强度、波长、纯度。与物理属性相对应,人对光波的感知也有三种特性:明度、色调与饱和度。① 与光的强度对应的视觉现象是明度。明度指由光线强弱决定的视觉经验,是对光源和物体表面的明暗程度的感觉。光的强度越大,颜色越亮,最后接近白色;光的强度越小,颜色越暗,最后接近于黑色。② 与光的波长对应的视觉现象是色调。色调指物体的不同色彩。不同波长的光作用于人眼引起不同的色调感觉,如 700 纳米的光波引起的色调感觉是红色,620 纳米的光波引起的色调感觉是橙色,70 纳米的光波引起的色调感觉是蓝色。③ 饱和度反映的是光的成分的纯度。光波成分越单纯,颜色就越鲜艳。例如,浅绿色、墨绿色等是饱和度较小的颜色,而鲜绿色是饱和度较大的颜色。

色觉是视觉功能的一个基本而重要的组成部分。对某些颜色辨别能力差,或对某些颜色,甚至所有颜色都不能辨别的现象称为色觉异常。大约有 8% 左右的男性与 0.5% 左右的女性的色觉存在缺陷。色觉异常在临床上分色弱或色盲两种。色弱是指对颜色辨认能力降低;色盲是指辨色能力消失。色觉异常根据情况可分为三色觉异常(色弱)、二色觉(部分色盲)及单色觉(全色盲)。色弱患者又有红色弱和绿色弱之分。患色弱的人虽然仍可具有三色视觉,但对颜色的感受性却很低。常见的色盲是红绿色盲,红绿色盲对红光和绿光反应不敏感,不能区分红光与黄光或绿光。蓝黄色盲则较罕见,患者只有红、绿色感觉。单色觉者完全丧失对任何颜色的辨别能力,这种人很少,他们只有明暗的感觉,把一切物体都看成是灰色的和白色的。色盲多是先天的,也有后天的。先天色盲与遗传有关,一般是隔代遗传。先天色盲目前尚无法医治。后天色盲往往由于各种原因造成,如视网膜疾病、视神经障碍、脑损伤、医药中毒以及维生素缺乏等。采用假等色图案可以检查色觉异常,具有正常色觉的人能很容易地分辨出图案,而色觉异常者却不能从背景中分辨出图案。

(2) 听觉

听觉是声波作用于听觉器官,使其感受细胞兴奋并引起听神经的冲动发放传入信息,经各级听觉中枢分析后引起的感觉。听觉是仅次于视觉的重要感觉通道,它在人的生活中起着重大的作用。除了视分析器以外,听分析器是人的第二个最重要的远距离分析器。从生物进化上看,随着专司听觉的器官的产生,声音不仅成为动物攫取食物或逃避灾难的一种信号,也成为它们彼此相互联络的一种工具。

在一般情况下,听觉的适宜刺激是频率为 16~20 000 赫兹(次/秒)的声波,也叫可听声。听觉的感受性在 1 000~4 000 赫兹的声波范围内最高,500 赫兹以下和 5 000 赫兹以上的声波则需要大得多的强度才能被感觉。对于 16 赫兹以下和 20 000 赫兹以上的声音,一般人是听不见的。不过,不同年龄的人,其听觉范围有所不同。例如,小孩子能听到 30 000~40 000 赫兹的高音,50 岁以上的人只能听到不超过 13 000 赫兹的声波。当声强超过 120 分贝时,声波引起的不再是听觉,而是压痛觉。

人类的听觉具有音调、音响、音色三种特性。这些特性主要是由声波的物理特性决定的。① 音调主要是由声波的频率决定的。频率高,声音听起来尖高;频率低,声音听起来低沉。例如,成年男子的声带厚而长,振动缓慢,说话的频率一般约为 95~142 赫兹,声音较为低沉;成年女子声带薄而短,振动较快,说话时的频率一般约为 272~653 赫兹,声音较为尖高。② 音响主要是由声波的振幅决定的。振幅越大,声波越强,听起来就越响,普通说话声的响度约为 60 分贝。③ 音色主要是由声波成分的复杂程度决定的。我们听到说话声就能分辨出是谁在说话,就是因为每个人的说话声都有独特的音色。

(3) 嗅觉

嗅觉是某些物质的气体分子作用于鼻腔黏膜时产生的感觉。

人类嗅觉的敏感度是很大的。对于同一种气味物质的嗅觉敏感度,不同人具有很大的区别,有的人甚至缺乏一般人所具有的嗅觉能力,我们通常称为嗅盲。就是同一个人,嗅觉敏锐度在不同情况下也有很大的变化。如某些疾病,对嗅觉就有很大的影响,感冒、鼻炎都可以降低嗅觉的敏感度。环境中的温度、湿度和气压等的明显变化,也都对嗅觉的敏感度有很大的影响。嗅觉不像其他感觉那么容易分类,在说明嗅觉时,通常用产生气味的东西来命名,如玫瑰花香、肉香、腐臭……

许多动物要借助嗅觉来寻找食物、躲避危险、寻求异性。人的嗅觉已退居较次要的地位。例如,德国牧羊犬的嗅觉比人类的嗅觉敏锐一百万倍。但即使这样,人的嗅觉仍为我们的生存提供重要的信息。例如,有毒的、腐烂的物质常伴有难闻的气味,这对于想食用它们的人来说是一种警告。在听觉、视觉损伤的情况下,嗅觉作为一种距离分析器具有重大意义。盲人、聋哑人运用嗅觉就像正常人运用视力和听力一样,他们常常根据气味来认识事物,了解周围环境,确定自己的行动方向。

(4) 味觉

味觉是指可溶性物质在人的口腔内对味觉器官化学感受系统的刺激并产生的一种感觉。引起味觉的适宜刺激是可溶于水或其他液体的物质,接受味觉刺激的感受器是位于舌表面、咽后部和腭上的味蕾。心理物理学长期以来认为存在四种基本的味道:甜、苦、酸和咸。1908年,鲜味被第一次提出来,直到科学家成功复制出一种专门识别氨基酸的感受细胞,鲜味才被认定为第五种基本的味道,因为鲜味可以通过某些自由氨基酸——例如,谷氨酸单钠盐(味精的主要成分)引起的非咸味感觉而得到验证。因此可以认为,目前被广泛接受的基本味道有五种:苦、咸、酸、甜以及鲜味,其他味觉都是由这五种味觉混合而来。

口腔内感受味觉的主要器官是味蕾,其次是自由神经末梢。婴儿有10 000个味蕾,成人有几千个,味蕾数量随年龄的增大而减少,对呈味物质的敏感性也降低。味蕾大部分分布在舌头表面的乳状突起中,尤其是舌黏膜皱褶处的乳状突起中最密集。味蕾一般由40~150个味觉细胞构成,大约10~14天更换一次,味觉细胞表面有许多味觉感受分子,不同物质能与不同的味觉感受分子结合而呈现不同的味道。味蕾的再生能力很强,所以即使因吃热的食物烫伤了舌头,也不会对味觉有太大影响。但是,随着年龄的增长,味蕾的数量会逐渐减少,因此人的味觉敏感性会逐渐降低。吸烟、喝酒会加速味蕾的减少,因而会加速味觉敏感性的降低。舌尖对甜味最敏感,舌中对咸味最敏感,舌的两侧对酸味最敏感,舌后对苦味最敏感。食物的温度对味觉敏感性有影响,一般来说,食物的温度在20 ℃~30 ℃时,味觉敏感性最高。机体状态也会影响味觉敏感性,饥饿的人对甜、咸较敏感,对酸、苦不太敏感。

（5）肤觉

肤觉是皮肤受到物理或化学刺激所产生的触压觉、温度觉和痛觉等皮肤感觉的总称。因此，肤觉的基本形态一般包括触压觉、温度觉和痛觉，其他各种肤觉是由这几种基本形态构成的复合体。

由非均匀的压力在皮肤上引起的感觉叫作触压觉，触压觉包括触觉和压觉。当机械刺激作用于皮肤表面而未引起皮肤变形时产生的感觉是触觉；当机械刺激使皮肤表面变形但未达到疼痛时产生的感觉是压觉。相同的机械刺激在皮肤的不同部位引起的触压觉的敏感性是不同的，额头、眼皮、舌尖、指尖较敏感，手臂、腿次之，胸腹部、躯干的敏感性较低。

温度觉指皮肤对冷、温刺激的感觉。温度觉包括冷觉和温觉两种。冷觉和温觉的划分以生理零度为界限。生理零度指皮肤的温度，随温度的变化而变化。温度刺激高于生理零度，引起温觉；温度刺激低于生理零度，引起冷觉；温度刺激与生理零度相同，则不能引起冷觉和温觉。人体不同部位的生理零度不同，面部为 33 ℃，舌下为 37 ℃，前额为 35 ℃。当温度刺激超过 45 ℃ 时，会使人产生热甚至烫的感觉，这种感觉是温觉和痛觉的复合。

痛觉是对伤害有机体的刺激所产生的感觉。引起痛觉的刺激很多，包括机械的、物理的、化学的、温度的以及电的刺激。痛觉对有机体具有保护作用，天生无痛觉的人常常寿命不长，因为他们体会不到因机体受伤或不适而产生的痛觉，所以不会主动去为医治自己的身体而努力。不仅仅是皮肤，全身各处的损伤或不适会产生痛觉。因此，痛觉既可以是外部感觉，也可以是内部感觉。痛觉常伴有生理变化和情绪反应。皮肤痛定位准确；肌肉、关节痛定位不准确；内脏痛定位不准且具有弥散的特点。影响痛觉的因素很多，我们可以通过药物、电刺激、按摩、催眠、放松训练、分散注意力等方法减轻痛觉。我国学者研究表明，人体皮肤对痛觉的敏感性一年中经历两次周期性的变化，春、秋两季要比夏、冬两季迟钝，其原因尚不明了。

肤觉对人类的正常生活与工作有重要意义。没有肤觉，人们就不能觉察到危险存在，不能感觉到体温的适宜，因而也就不能逃避伤害、调节体温。有了肤觉，人们才可以认识到物体的软硬、轻重等特征，而且把它和视觉联系起来，人们还能准确认识物体的大小、粗细和形状。

2. 内部感觉

（1）运动觉

运动觉又称动觉，是对身体各部分的位置及相对运动进行反应的感觉。运动觉在人的感知、言语、思维过程中，在各种动作技能（包括生产操作、体操、舞蹈等）的形成和运用中，都起着极其重要的作用。人在活动时，不断有冲动传至中央前回产生动觉。皮层对所有冲动进行分析综合，再下传冲动对肌肉进行控制调节。正是由于这样的过程，人的活动才能动作协调，准确到位，人才能完成复杂的动作。

运动觉常常是和其他感觉联合行动的，其他的感觉器官如眼等都离不开运动器官的配合。特别是触觉，经常和动觉一起发生，形成触摸觉。在昏暗的地方，人们常会伸出手摸索前进,以触摸觉补偿视觉。

语言动觉是一种很重要的动觉。大量动觉感受器分布在舌和嘴唇上,以帮助完成大量而又精细的言语运动。如果没有唇、舌、声带的精确运动,就不可能有人的言语活动。

(2) 平衡觉

平衡觉又称静觉,是对人体做直线的加速或减速运动或做旋转运动进行反映的感觉。接受平衡觉刺激的感受器位于内耳的前庭器官,即椭圆囊、球囊和三个半规管。

前庭器官是与小脑密切联系的。刺激前庭器官所产生的感觉在重新分配身体肌肉紧张度、保持身体自动平衡等方面起着重要的作用。前庭感觉也与视觉有联系。当前庭器官受刺激时,可能会使人看见物体发生位移的现象。前庭器官也与内脏器官密切联系着,当前庭器官受到较强烈的刺激时,会产生恶心、呕吐等现象,如晕船或晕车等。

平衡觉的研究在航空、航海方面有着重要意义。例如,为了适应航空及宇航飞行的需要,生理心理学必须研究加速度以及失重、超重等现象对人的心理的影响。对于从事航海或航空工作的人需进行此方面的检查,以便发现个体前庭感受性特点,通过练习去适应工作条件。

(3) 机体觉

机体觉又称内脏感觉,是机体内部器官受到刺激而产生的感觉。在工作异常或发生病变时,个别的内部器官就能产生痛觉或其他感觉。内感受器的神经末梢比较稀疏,一般强度的刺激信号,在从内感受器到达大脑时常被外感受器的信号所掩盖,因而引不起机体觉。只有在强烈的或经常不断的刺激作用下,机体觉才较鲜明。可单独划分出来的机体觉有饥、渴、气闷、恶心、窒息、牵拉、性、便意、胀和痛等。

机体觉在调节内脏器官的活动中起重要作用。它能及时反映体内环境的变化和内部器官的工作状态,使有机体能更好地适应环境,维护生命。

(三) 感觉的测量

1. 感受性和感觉阈限

在我们的周围存在许多刺激,但不是所有的刺激都能引起我们的感觉。例如落在我们皮肤表面的灰尘、0级静风、专注听课时旁边同学轻微的翻书声等,我们是觉察不到的。刺激必须达到一定强度才能引起人们的感觉。我们把感觉器官对适宜刺激的感觉能力称作感受性(sensitivity)。感受性的衡量指标是感觉阈限(sensory threshold)。感觉阈限指能引起感觉的持续一定时间的刺激量或刺激强度。能引起感觉的刺激,其强度必须是适宜的。例如,人类最低可以听到16赫兹的声音,最高到2万赫兹的声音。应该说,这样的阈限值恰如其分。试想,如果耳朵能听到16赫兹以下的音高,那么,我们将听到自己肌肉运动的声音,可以想象,如果我们每动一下身体时自己都能听到像摇破木船时发出的吱吱嘎嘎的声音,我们该有多么烦恼。

不同的个体之间,或在同一个体的不同身心状态之下,其感受性是有差异的。年龄、机体状态、情绪、个人的注意和态度都对感受性具有明显的影响。随年龄增长,感受性呈现先上升后下降的变化,青年时达到高峰,老年时感受性普遍下降。老年人对视、听、嗅、味的感觉越来越迟钝,但对痛的感觉有上升的趋势。处于疲劳状态时,机体的感受性降低;患病时,人可能对声、光、温度等都十分敏感,甚至对自己内脏的活动及身体的姿势也非常敏感,直接影响到睡眠和情绪。感受性可以通过学习而得到提高,如有经验的染色工人能辨别出几十种不同的黑色,而一般人则很难分辨。

每一种感觉都有两种感受性和感觉阈限:绝对感受性和绝对阈限;差别感受性和差别阈限。

2. 绝对感受性和绝对感觉阈限

绝对感受性是指刚刚能觉察出最小刺激强度的能力。绝对感觉阈限是指刚刚能引起感觉的最小刺激量,又称绝对阈限。绝对感受性可以用绝对阈限来衡量。绝对阈限的值越小,则绝对感受性越大;绝对阈限的值越大,则绝对感受性越小。不同感觉的绝对阈限是不同的,同一感觉的绝对阈限也会因刺激物的性质和有机体的状况而有所不同。

表 2-2　不同感觉通道的绝对感觉阈限

感觉通道	觉察阈限
感觉	晴朗的黑夜中看见 48 公里外一根燃烧的蜡烛
听觉	安静条件下听到 6 米远手表的嘀嗒声
味觉	9 升水中 1 茶匙糖的甜味
嗅觉	6 间屋子中 1 滴香水的气味
触觉	从 1 厘米高降落到面颊上的苍蝇翅膀

3. 差别感受性和差别感觉阈限

在已有感觉的基础上,如果增加或减少刺激量,并不是任何量的变化都能被我们觉察出来的。刚能觉察出两个同类刺激物之间最小差异量的能力叫作差别感受性。刚能引起差别感觉的两个同类刺激物之间的最小差别量叫作差别感觉阈限,又称差别阈限。差别感受性可以用差别阈限来衡量。例如,手上放上 100 克的重量,再加上 1 克是不能引起原来重量感觉的改变,只有使重量增加到 2 克时,才能察觉出重量的改变,这 2 克就是重量感觉在原重量 100 克情况下的差别阈限。差别阈限的值越小,则差别感受性越大;差别阈限的值越大,则差别感受性越小。

1830 年,德国生理学家韦伯(E. H. Weber)研究差别阈限时发现,差别阈限值与原有刺激量之间的比值在很大范围内是稳定的,即在中等刺激强度的范围内,对两个刺激物之间的差别感觉,不是由两个刺激物之间相差的绝对数量来决定的,而是由两个刺激物之间相差的绝对数量与原刺激量之间的比值来决定的,这就是韦伯定律。例如,对于 50 克的重物,如果其差别阈限是 1 克,那么该重物必须增加到 51 克,我们才刚能觉察出稍重一些;对于 100 克的重物,则必须增加到 102 克,我们才刚能觉察出稍重一些。不同感觉的韦伯分数是不一样的,在中等刺激强度的范围内,视觉的韦伯分数是 1/60,听觉的韦伯分数是 1/10,重量感觉的韦伯分数是 1/50。

(四) 感觉的基本规律

1. 感觉后像

刺激物对感受器的作用停止后,感觉现象并不立即消失,还能保留一个短暂的时间,这种现象叫作感觉后像。各种感觉器官都能产生感觉后像。比如,电灯灭了,眼睛里还保留着亮灯泡的形象;声音停止后,耳朵里还有这个声音的余音在萦绕,这些都是感觉后像。在各自感觉中,痛觉后像特别显著,其次是视觉后像。视觉后像残留的时间大约为1/10秒,其残留的时间与刺激的强度和作用的时间有关。一般而言,刺激的强度越大,时间越长,后像持续的时间也越长。

感觉后像有正后像和负后像之分。正后像在性质上和原感觉的品质相同,负后像在性质上则同原感觉的品质相反。例如,在暗室里把灯点亮,在灯前注视灯光三四秒钟,再闭上眼睛,就会看见在黑的背景上有一个与灯差不多的光源。这是正后像,因为它保持着原来效应刺激物——灯光的同样的"亮"的品质。随着正后像出现以后,如果继续注视,就会发现在亮的背景上出现一个黑色的斑点。这是负后像,因为它保持的"黑"品质和原来效应刺激物——灯光的"亮"品质相反。彩色的负后像是刺激色的补色,如红色的负后像是绿色,黄色的负后像是蓝色。例如,对一个红色的四方形注视一定时间以后,再把目光移到一张灰白纸上,那么在这张灰白纸上可以看到一个绿色的四方形,这是负后像,因为它保持着与原来效应刺激物(红色四方形)互为补色的色觉(绿色四方形)。在彩色的视觉中,很少有正后像出现。

2. 感觉适应

感觉适应是指由于刺激物对感受器的持续作用,使感受性发生变化的现象,包括感受性的提高与降低。感觉适应是机体在刺激条件发生改变的条件下主动做出的调整,它可以实现机体与环境的平衡,具有明显的生物学意义。例如,当我们从暗室走到亮处,最初的一瞬间会感到强光耀眼炫目,眼睛睁不开,什么都看不清楚,要几秒钟以后才逐渐看清周围的物体,这叫明适应。明适应使视觉器官在强光的刺激下感受性降低了。当我们从亮处来到暗室,开始会一片漆黑,什么也看不见,一段时间后才逐渐看清周围事物的轮廓,这叫暗适应。暗适应使视觉器官在弱光的刺激下感受性提高了。因此,视觉适应包括明适应和暗适应两种。

除了视觉适应外,还有听觉、嗅觉、味觉等其他感觉的适应。例如,去参加一个舞会,刚到舞会现场时会觉得音乐声很强,待一会儿后,会觉得音乐声没有刚开始听起来那么大,这是听觉适应。"入芝兰之室,久而不闻其香;入鲍鱼之肆,久而不闻其臭",这句话说的是嗅觉适应。现实生活中,我们都有味觉适应的经验。如果我们把一种食物放进嘴里,很快,食物的味道实际上消失了。温度觉的适应也较快,大约三四分钟后便能感受到。刚进浴池,可能感到水烫,但只要坚持一会儿后就不再感觉那么热了,这就是温度觉的适应。触压觉的适应较快、也很明显。例如,手表戴上之后,就觉察不到手腕上手表的重量。但是,痛觉是很难适应的。牙疼、胃疼一般很少有人能够忍受,非得要吃镇痛药,就是因为痛觉是难以适应的。

3. 感觉的相互作用

感觉的相互作用一般是指一种感觉的感受性，因其他感觉的影响而发生变化的现象。感觉相互作用的一般规律是：弱刺激能提高其他刺激引起感觉的感受性，强刺激能降低其他刺激引起感觉的感受性。例如，悠扬、舒缓的音乐声可使疼痛觉降低，强烈的噪音可以引起对光的感受性降低。感觉的相互作用既可以发生在同一感觉通道之内，也可以出现在不同的感觉通道之间。前者叫同一感觉的相互作用，后者为不同感觉的相互作用。

（1）同一感觉的相互作用

同一感觉的相互作用是指同一感受性中的其他刺激影响着对某种刺激的感受性的现象。同一感觉相互作用的突出事例是感觉对比。感觉对比指感受器因接受不同刺激而产生的感受性发生变化的现象。根据发生的时间关系，感觉对比可以分为同时对比和继时对比。当不同刺激同时作用于同一感受器时，便产生了同时对比。如左手泡在热水盆里，右手泡在凉水盆里，然后双手同时放进温水盆里，结果左手感觉凉，右手感觉热。这叫同时对比。不同刺激先后作用于感受器时，便产生继时对比。如吃过山楂再吃苹果，觉得苹果很甜；吃完糖后再吃苹果，会觉得苹果很酸。

（2）不同感觉的相互作用

不同感觉的相互作用是指不同感受器因接受不同刺激而产生的感觉之间的相互影响。也就是说，对某种刺激的感受性会因其他感受器受到刺激而发生变化。

联觉（synesthesia）是不同感觉的相互作用的一种特殊表现。synesthesia 一词源自古希腊语 syn（共同）和 aisthesis（感觉）。它是一种具有神经基础的感知状态，反映了一种感官刺激或认知途径会自发地引起另一种感知或认识。例如，切割金属的声音会使人产生寒冷的感觉；同是一个黄瓤西瓜挤出的汁，一杯加入食用红色，一杯不加，不知者品尝起来，大都感到红色西瓜汁更甜。又如，红、橙、黄色往往引起温暖感、接近感、沉重感；而绿、蓝、紫色则往往引起凉爽感、深远感和轻快感。

拓展阅读

早在现代科学产生前的古希腊，亚里士多德在《心灵论》(On the Soul)中就对这种感官互相作用的现象进行了讨论，而另外一位哲学家毕达哥拉斯也曾探讨过颜色和声音之间的关联性。中国春秋战国时期的《列子·黄帝篇》也阐述了"眼如耳，耳如鼻，鼻如口，无不同也"的朴素认知。这些早期的哲学思辨说明联觉并不只是简单的文学表现手法，而有可能是一种非常重要的五感相通的认知体验。尽管那时候还不能对联觉现象进行科学合理的解释，但先哲们早已意识到不同感觉通道的信息是可以互通和整合的。

近代对联觉的系统研究始于 19 世纪末到 20 世纪初，在此之后经过一段长时间的沉寂，直到最近才又一次迎来联觉研究的热潮。联觉在医学研究中最早被当作一种病理症状，具有明显联觉能力的人被称为"联觉人"（synesthete）。20 世纪初，记忆研究者 Luria 在对一位叫 S. V. Shereshevsky 的人进行研究时发现,当 Shereshevsky 听到音乐声时眼前会立刻呈现出色彩,而触摸东西能够诱发不同的味觉。2006 年,《Nature》上的一篇研究报告了一名 27 岁的音乐家 E.S. 在听到不同音调的声音时会"品尝"到不同的味道。研究人员通过精巧的实验发现 E.S. 的联觉能力不仅远高于正常人,并且表现出相当的一致性和可重复性。尽管这些有联觉能力的人表现出异于常人的"病症",但随着研究的深入,人们逐渐承认联觉其实是一种正常的大脑功能,全世界大约 23 个人里面就有一个拥有明显的联觉能力。

具有联觉能力的人在很多领域都有过杰出的贡献。例如,小说《洛丽塔》的作者 Nabokov,音乐家 Liszt,等等。而在《最强大脑》中的王昱珩很有可能也是一位具有超凡联觉能力的人。如果你发现自己也有这样的能力不必惊慌,在一百年前你可能会被当作有病要治,而现在可以很自豪地说"能力越大,责任越大"。其实绝大部分人都有或多或少的联觉体验,唯一的不同是这种感知觉的交互是否能上升到意识层面。

由于联觉现象的发现和运用远早于科学的产生,早期在音乐绘画等领域产生的联觉效应更多的是无意识和直观的运用。而今天人们已经开始有意识地在各个领域利用联觉效应来达到不同的目的。McDonald,KFC 和 Burger King 这些知名快餐店的 logo 大都选用红色、橙色和黄色等鲜亮明快的颜色。这是因为研究发现这几种颜色能够更好地引起饥饿感,有利于吸引客人进门消费。伦敦泰晤士河上的波利菲尔大桥一度成为自杀大桥,而自从大桥颜色由最初的黑色重新喷涂成绿色后,自杀率下降了 30%。还有类似色彩心理学、音乐治疗、芳香疗法等,其实都和联觉有着密切关系。除此之外,科研工作者们正在尝试将大脑的神经活动转换成音乐,通过这种途径来评估大脑功能和情绪状态,能够直接用耳朵"听到"原本神秘而又多变的思想,岂不也是一种乐趣。

二、知觉概述

(一) 知觉的概念

知觉(perception)是人脑对直接作用于感觉器官的当前客观事物的各种不同属性、各个不同部分及其相互关系的综合反映。

感觉和知觉既有区别,又有联系。

感觉和知觉是不同的心理过程。第一,知觉反映的是事物的意义,而感觉只是个别属性的信息摄入。也就是说,感觉是通过某一感觉器官获取某一事物单个属性信息的过程,如事物的形状、大小、颜色、光滑粗糙、气味、声音等。通过感觉我们还不能了解事物的意义,甚至不知道反映的事物是什么。而知觉则不同,由于事物多重属性的整合,我们就能够知道反映的事物的意义。如我们看到的红色,不是脱离具体事物的红色,而是红旗的红色,或红花、红衣、红车等的红色;对于听到的声音,我们总是知觉为言语声、流水声或汽车声等有意义的声音。第二,知觉是对感觉属性的整体概括,而感觉只是对事物个别属性的反映。任何一种感觉,反映的是事物的个别属性。当我们把对事物的不同个别属性加以综合时,就产生了对事物的全面的反映,这就是知觉。知觉以感觉为前提,但它不是感觉的简单的集合,而是在综合了多种感觉的基础上形成的整体映像。在日常生活中,极少有单纯的感觉,当我们感觉到某一事物的个别属性时,同时也就反映了该事物的整体。不可能离开某一具体事物去单纯感觉它的个别属性,感觉到的个别属性愈丰富,对事物的知觉就越完整。第三,感觉是以生理作用为基础的简单的心理过程,而知觉则是纯粹的心理活动。感觉是介于心理和生理之间的活动,主要来自感觉器官的生理活动和客观事物的刺激,所以不同的人感觉同一对象,感觉的结果是一样的。知觉是各种属性的综合反映,不仅受感觉系统的生理因素影响,还依赖于人们的知识、经验,所以不同的人知觉同一对象,知觉的结果不尽相同。

感觉和知觉都是对直接作用于感觉器官的事物的反映。如果事物不再直接作用于我们的感觉器官,那么我们对该事物的感觉和知觉也将停止。感觉和知觉都是人类认识世界的初级形式,反映的是事物的外部特征和外部联系。如果要想揭示事物的本质特征,光靠感觉和知觉是不够的,还必须在感觉、知觉的基础上进行更复杂的心理活动,如记忆、想象、思维等。

（二）知觉的种类

按照不同标准,可以对知觉进行不同的分类。根据知觉活动中占主导地位的感受器的不同,可将知觉分为视知觉、听知觉、嗅知觉、味知觉等。看到连绵不断的山脉,这是视知觉;听到悠扬动听的歌声,这是听知觉;尝到梨的鲜美,这是味知觉。

根据知觉对象的不同,可将知觉分为物体知觉和社会知觉。物体知觉是关于物体空间特性、时间特性和运动特性的知觉,它包括空间知觉、时间知觉和运动知觉。其中,空间知觉是对客观世界三维特性的知觉,具体指物体大小、距离、形状和方位等在头脑中的反映。空间知觉包括形状知觉、大小知觉、深度与距离知觉、方位知觉等。时间知觉是对事物发展的延续性、顺序性的知觉,具体表现为对时间的分辨、对时间的确认、对持续时间的估量、对时间的预测。运动知觉是指物体在空间的位移特性在人脑中的反映。社会知觉就是对人的知觉,对由人的社会实践所构成的社会现象的知觉,具体包括对他人的知觉、对自己的知觉、对人与人之间关系的知觉等。例如,与陌生人初次交往时,对他人的知觉常常受对方给自己留下的第一印象的影响,即首先获得的印象好坏比后来获得的印象好坏占有更大的比重。物体知觉是传统实验心理学的主要研究领域,而社会知觉主要是社会心理学的研究范畴。

根据知觉是否正确,还可将知觉分为正确的知觉和错误的知觉。错误的知觉又叫错觉,它是指不能正确反映客观事物本质属性的知觉。例如,利用仪器使左边来的声波先进入右耳,会觉得声音是从右边来的,这是听错觉;把一种气味闻成另一种气味,如把杉木气味闻成油漆味,这是嗅错觉;一公斤铁和一公斤棉花的物理重量相同,但人们用手来比较时会觉得一公斤铁比一公斤棉花重得多,这是形重错觉;当你坐在正在开着的火车上,看车窗外的树木时,会以为树木在移动,这是运动错觉。错觉是一种特殊的知觉,其产生的原因是由于外界的客观刺激,因而不是通过主观努力就可以纠正的。错觉不存在个体差异。在众多的错觉中,以视错觉最为普遍,它常发生在对几何图形的认知上。错觉在人们的日常生活中具有特殊意义。错觉常常混淆人的视听,扰乱人的心智,影响人的正确判断。错觉也被人们广泛地加以应用,如军事上的伪装,魔术、化装等行业的以假乱真手法等。

（三）知觉的特性

1. 知觉的选择性

在我们的周围,无时无刻不存在大量的信息。在一定的时间内,我们不能同时对所有刺激物都做出相应的反应。所谓知觉的选择性,是指人在进行知觉时总是有选择性地从复杂的环境中把某些事物或现象作为知觉对象,而把另一些事物或现象作为知觉的背景。例如,在看书时,白纸上的黑字成了我们知觉的对象,而白纸便成为知觉的背景。知觉的对象和背景之间的关系是相对的,在一定的条件下知觉对象和知觉背景可以相互转换。如图2-2所示,如果以黑色为背景,我们会看到白色的柱状物,反之,如果以白色为背景,我们则看到了几个人物。

图2-2 对象与背景

知觉的选择性受刺激物强度、对象与背景的差异、对象活动性的影响。刺激物强度越大,越容易被感知;当对象与背景的差别越大、对比越明显时,对象则越容易被感知;在相对静止的背景上,运动的刺激物容易被知觉为对象。此外,知觉的选择性还受主体需要、动机和知识经验的影响。当对象是自己熟悉的、感兴趣的内容时,或与人的需要、愿望、任务相联系时,也容易被感知。如在嘈杂的环境中我们很容易听见有人喊自己的名字,球迷会首先看到有关球赛的广告和新闻。

2. 知觉的整体性

知觉的整体性是指知觉的对象具有不同的属性、由不同的部分组成,但是人们并不把知觉的对象感知为个别的孤立部分,而总是按照某种组织原则把它知觉为一个统一的整体。如图2-3,尽管三角形的线条看似孤立、并不闭合,但仍被知觉为三角形。格式塔心理学对知觉的组织原则进行了大量研究,并概括了一系列的知觉组织原则,主要包括接近性原则、相似性原则、封闭性原则。在时空上较接近的事物更容易被知觉为一个整体；相同或相似的事物容易成为一个整体；具有封闭关系的事物常常被知觉为一个整体。知觉的整体性与人的知识经验有关，知识经验越丰富，越能识别出事物之间的关系和关键特征，从而精确地把握知觉对象。

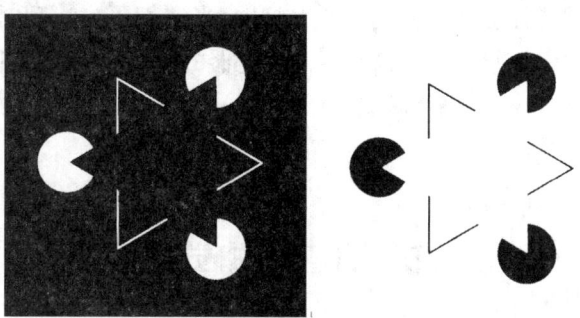

图2-3 知觉的整体性

3. 知觉的理解性

在知觉的过程中，人们总是根据过去所获得的有关知识经验，对感知到的事物进行加工处理，并用词把它们标示出来，知觉的这种特性就是知觉的理解性。对知觉对象赋予一定的意义，并用词汇或概念对其进行命名或归类，这是知觉的主要目标之一。

知觉的理解性与人们的知识经验具有直接关系。有了丰富的知识经验，我们才能深入理解对象。例如，对于一张发动机设计图，一个毫无专业知识的人是无法从中得到具体信息的，但工程技术人员就能从设计图中一眼看出它的工作原理，从而找出发动机不能工作的原因。言语的指导对知觉的理解性也有较大的作用，在较为复杂、对象的外部标志不是很明显的情况下，言语指导作用，能激活人们的过去经验，有助于对知觉对象的理解。如图2-4，初看时只觉得是一些黑色的斑点，很难知觉出是什么，但如果告诉你"这是一只行进中的狗"时，你会立刻看出图中的狗。言语的指导激活了有关的知识经验，从而对刺激材料进行重新组织，最终影响了知觉的过程。

图2-4 你看见了什么？

4. 知觉的恒常性

在知觉过程中，当知觉的条件在一定范围内发生变化时，知觉映像却保持相对不变，这就是知觉的恒常性。

常见的知觉恒常性有亮度恒常性、形状恒常性、大小恒常性、颜色恒常性等。例如，把粉笔放在暗处，煤块放在太阳底下，煤块实际上反射出的亮度要远大于粉笔，但我们还是把粉笔知觉为明亮的，而把煤块知觉为暗的，这是亮度恒常性；一辆公共汽车，当从正面看和从侧面看时，其在我们视网膜中留下的形状是不一样的，但我们知觉到的公共汽车的形状却没有改变，这是形状恒常性；一个人站在距离我们不同位置1米、2米、5米、10米，其形象在我们眼中的成像大小是不同的，但我们知觉到的大小并不因为距离的远近而发生变化,这是大小恒常性;一条红领巾不管是在白天看还是晚上看,我们总是把它知觉为相同的红色,这是颜色恒常性。

知觉的恒常性依赖于我们的经验。客观事物具有相对稳定的结构和特征,经过我们的感知后,其关键特征会储存在我们的大脑中,当它们再次出现时,虽然外界条件发生了变化,但无数次的经验矫正了来自每个感受器的不完全的甚至歪曲的信息,大脑会将当前事物与大脑中已有的事物形象进行匹配,从而确认为感知过的事物。

第二节 儿童感知觉的发展

感知觉是人们认识客观世界的最基本的方式,是整个认知过程的开端,是一切高级、复杂心理现象的开始。青少年儿童的各种感觉器官都在迅速发育,有些方面甚至已经超过成人。但是在另一方面,青少年儿童的感觉器官相对于成人更容易出现疲劳和损伤。

一、视觉

视敏度俗称视力,是指在一定距离内感知和辨别细小物体的视觉能力。进入初中后,儿童的视觉感受性不断提高,辨别各种颜色和色度的精确性在不断增加。与小学一年级学生相比,初中生区别各种色度的精确性要提高60%以上。到15岁前后,视觉和听觉的敏度甚至可以超过成人。

近视目前已成为我国青少年一代最为常见的一种眼病。虽然可以通过戴眼镜或激光手术进行矫正,但仍给正常的学习、生活、工作带来诸多不便。一项关于视敏度的调查研究结果表明,青少年近视患病率达49.4%。近视眼形成的遗传因素在目前近视眼人群所占的比例逐渐减少,而学习负担过重、上网、看电视和不良的用眼习惯正成为近视发病的重要因素。例如,有的儿童不注意用眼卫生,经常在暗淡的光线下长时间地注视,造成眼睛过度疲劳;眼睛离书本的距离太近,使眼睛只习惯近视力;写字时执笔的姿势不正确。有人曾对五百多名中小学生进行调查,发现执笔姿势不正确的达65%。这不仅直接影响了学生的视力,还会影响学生的骨骼、体形的健康发育。为此,教师应特别注意指导学生正确用眼。此外,教室的光线要明亮,学生的座位安排要高低适当,教室里坐靠边位置的学生每隔一定的时间要调换等,以保证学生视力得到正常的发展。

尽管视觉存在缺陷,但这些儿童中的四分之三都具有残余视力。过去一般认为视觉损害程度同视觉限制是等同的,而现在认为一个人的视力及视觉发展能力和实际的视觉功能是不存在相互关系的。因此,认为有视觉缺陷的儿童应避免用眼过度,过度运用视力可能会损坏残余视力,这种观点或假设都是错误的。实际上,儿童越是更多地运用他们的视觉,他们的视觉功能才会变得更有效。

大多数视觉正常的儿童在日常视觉功能方面都可以获得诸如定向、追踪、聚焦的调节和辐合的技能。但是,有视觉缺陷的儿童在发展这些技能方面存在困难。当只有很少的光线能进入眼睛或者到达视网膜上的神经元,眼部肌肉的控制可能很难发展,因此特定的视觉学习任务也许有必要鼓励儿童最大限度地运用他们的视觉技能,完善或提高这样的视觉技能可以提高视觉功能,因为视觉功能能使儿童更容易接受视觉印象。当越来越多的视觉刺激发生,儿童就能很自然地开始更有效地运用眼睛。

虽然视觉技能运用本身并没有提高视觉学习,但它肯定提高了视知觉发展的可能性。当然,只有当通过眼睛所传递的信息在大脑被接受和理解时,才真正意味着人们看见了。甚至当视觉信息模糊不清、变形或不完整时,只要大脑能把这种视觉意象同听觉和其他感觉加以整合的话,人们仍然能把视觉作为认知发展方面的一个因素。一种较为普遍的观点认为"看"本身是一种学习过程,合适的刺激和视觉活动能提高低视力儿童的视觉功能性技能。许多医学专家和教育工作者证明视力差并不一定造成学习成绩不良,大脑对所接受视觉信息的加工决定了一个人视觉技能的好坏。

二、听觉

进入初中后,儿童的听觉感受性也在不断提高,区别高低音的能力明显增强。根据有关研究材料(朱智贤,1993),个体在15岁前后,其听觉等感觉能力甚至超过成人。初中生对音高的分辨能力也比小学生高很多,在青少年中很多人表现出特殊的音乐才能。

随着年龄的增长,人的听觉感受性会发生有规律的变化。尽管个体之间存在着个别差异,但年龄特点是非常明显的。很多研究一致指出:儿童时期的听觉感受性是随着年龄的增长而不断增长的。研究表明,儿童辨别音调高低的能力,在6~19岁之间有显著的提高。高一学生的视觉和听觉的感受性已达到成人的水平,有的甚至超过成人。

儿童在声音听觉和言语听觉之间是有差异的。由于作为声音刺激物的词具有更大的复杂性,儿童为了感知词,不仅需要良好的声音听觉,而且需要能在第二信号系统的水平上对这种语音进行复杂的分析和综合。例如,汉语中四声的差别是极为细微的。汉语声调细微的不同常常会导致意义上的很大的差异。在言语交际过程中,儿童对汉语声调的细微辨别能力是逐渐锻炼出来的。同时,声音听觉和言语听觉又是互相促进的。在言语听觉的发展过程中,有赖于声音听觉的发展;而言语听觉的发展,反过来也能促进声音听觉的发展。

三、空间知觉

空间知觉是人脑对物体空间特性的反映。人没有专门感知空间的感觉器官,它是由多种感官联合协调活动的结果。视觉、触觉和运动觉在空间知觉中起着特别重要的作用,听觉和平衡觉也常协同参加感知空间的活动,如通过听觉可以分辨声音发出的方位及远近。

在中学阶段,学生空间知觉有了很大的发展。这主要表现在两个方面:首先,空间知觉的抽象性有了明显的发展。在小学阶段,个体的空间知觉虽然有了一定的发展,已形成了"上下、左右、前后"初步的空间观念。但这些空间观念是以自我为中心的,离不开具体事物的支持。初中以后,个体逐渐能够在抽象的水平上理解图形的形状、大小及其相互间的位置。例如,他们能比较熟练地掌握三维空间中各维度间的关系,理解透视的原理。但对较复杂的空间关系,仍需要具体经验的支持。其次,宏观的空间观念逐渐形成起来。例如,掌握地理空间的各种关系,形成关于地球、世界、宇宙等空间表象。青少年空间知觉的发展是学习立体几何等学科的重要心理基础。

四、时间知觉

时间和空间一样,是运动着的物质存在的基本形式。时间知觉是对客观事物运动过程的先后和长短的辨认。时间是流动的、连续的、匀速进行而又不可逆转的。人对时间的感知无专门的分析器,因而,没有办法直接感知时间。在实际生活中,常常是把自然界匀速而有规律的周期性变化的现象和生理方面有节律的活动作为判断时间的重要标准。如以太阳的升降来确定一天的时间,以月亮的盈亏标志一个月的时间,以四季的变化来计算一年的时间;在生理方面,常以呼吸、心跳、消化等活动的有节奏的次数为感知时间的信号。此外,人们还用节拍性动作或口头计数来估计时间。随着科学的发展,尤其是时钟的发明,人们便有了更为准确的计时指标。儿童的时间知觉总是借助于生活中的具体事情或周围现象为指标,如早晨是起床、上学的时候或太阳升起的时候;上午是午饭前上课的时候;下午是午饭后的时候;晚上是放学回家或天黑的时候;明天是今天晚上睡觉醒来的时候。

儿童对于"正在""已经""就要"这三个表示时间次序的副词的理解是以现在为起点,逐步向过去和将来延伸,先理解"正在",然后理解"已经",最后为"就要"。在一般情况下,单一的时间"先""后"比合成时间词"以前""以后"先掌握。但同一个词由于所处语言环境不同,儿童在理解上有难易之别。凡句子中动作出现的次序和实际动作的次序相一致的顺向句子,如大娃娃先走,小娃娃后走,就容易被儿童所理解,而二者次序不一致的逆向句子,如小娃娃后走,大娃娃先走,就不易被理解。

在中小学阶段,学生时间知觉也有了很大发展。首先,在时间单位的理解方面,小学生对小时、日、周等与其生活制度有关的时间单位理解较好,但对秒、分钟、月、年等与生活制度关系较远的时间单位则理解不够确切。初中以后几乎所有的学生都能确切地理解秒、分钟、小时、日、周、月、年等时间单位。其次,青少年对各种事件或现象的时间顺序的知觉逐渐完善起来。这对他们学习历史和阅读文艺作品起了很大作用。再次,青少年开始理解世纪、纪元等历史时间单位。对于这些时间单位,小学高年级学生还不能确切地理解,而初中生一般能够较为精确地理解了。

五、知觉特性

由于感知觉是认知活动中较低级的形式,它出现早、发展快,所以许多简单、基本的感知觉在婴幼儿期已达到成人水平,但与思维的概括性和语言的发展有关系的感知觉的发展,是在小学到初中的一段时间发生质变的。如时空关系的区分、时空概念的准确把握,都是在9岁前后。这种情况还集中体现在青少年知觉的整体性、理解性、选择性和恒常性的发展上。

当知觉对象的某些属性缺乏、模糊或是相互矛盾时,人们会自动将它修补、删改或替代,使知觉尽量完整并赋有意义。知觉整体性的这一特点,体现了人们对事物的整体反映并不是对个别部分的反映的简单堆积,而是获得了大于各个部分之和的信息,即反映了各因素之间的关系。初中生已经具备了知觉整体性的特点,在教学活动或日常生活中他们能对存在一定缺欠的事物进行修补。但是由于知识和生活经验所限,初中生常忽视弱刺激部分而过分注重强刺激,从而常做出不完全甚至是错误的反应。

人们在对现实事物的知觉中,常伴有以过去经验、知识为基础的理解,所以能够对事物做出最佳解释说明的特征。由于人与人之间知识经验的不同,对同一个知觉对象的理解也不会相同。初中生已经能够根据经验,对事物加以组合、补充、删减或替代,从而形成比较完整的理解。但初中生运用这几种加工方式时还很幼稚,很大程度上还依靠自己的主观想象,表现出更多的随意性,这样有时对知识的理解就显得牵强附会,如果没有正确的指导和更合理的解释,他们还会把这种理解顽固地坚持下去。

人们能把所要知觉的对象迅速从背景中分离出来,从而实现对事物的正确理解。一切影响青少年注意发展的因素都影响着他们知觉对象的选择,比如知觉事物的直观性、新异性,学生自身的兴趣、需要、动机等。

在知觉恒常性方面,由于受逻辑思维发展水平的限制,初中生比起高中生有所差距。初中生很容易受到局部、片面的刺激的困扰,不能稳定不变地反映客观事物;而高中学生更能抓住事物的本质特征,能够更从容、灵活地使用各种概念、定理或规律,更能做到触类旁通、举一反三。

学生的感知能力是在各科教学和各种实践活动的推动下迅速发展起来的。一方面,各科教学和青少年的实践活动不断地对其感觉能力提出更高的要求,推动了青少年的感知活动。另一方面,图画、音乐、几何、生物等学科的教学和参观、劳动等实践活动,为青少年增强感知能力提供了必要的练习条件。

第三节　感知规律的应用与儿童观察力的训练

一、感知规律的应用

根据感知觉的规律,在教学中正确运用直观性原则,可以有效提高学生感知教材的效果,激发学生的学习兴趣和热情,从而有助于学生对所学知识的理解和掌握,提高课堂教学的质量。

（一）目标刺激物应达到一定强度

作用于感觉器官的刺激物必须达到一定的强度，才能被我们清晰地感知。因此，教师在讲课时，一定要注意自己的声音是否洪亮，语速是否适中，板书是否清晰。总之，要让全班同学看得见、听得清。教师在制作、使用教具时，也要考虑到教具的大小、颜色、声音等是否能被全班学生清楚地感知。

（二）注意扩大对象与背景之间的差异

在课堂教学中，教师应该根据教学目的安排学生共同的知觉对象。为此，我们应该尽量扩大知觉的对象与背景在颜色、形态、声音等方面的差别。这样，知觉的对象才容易被感知到。如在讲课时，教师的形象化语言应集中使用在对象部分，对背景部分要尽量淡化；对于重要的知识，可以反复强调几次，提高音量；在进行字词教学时，把不易分辨的形近字，如未、末的不同部分用红笔标出，以示醒目；不要在黑板前演示深色教具；使用挂图时，可以将其中不需要学生看的部分遮住；要使学生区分出地图上的不同部位，就可以着上红绿或黄蓝等对比色；特别是板书时，一节课中重要的部分，或容易弄错的地方，应该用颜色鲜艳的粉笔写。

（三）多采用活动教具，变静为动

在相对静止的背景上，活动的物体更容易被感知。因此，教师在直观教学时，多采用活动教具，设法使教具变静为动。例如，教学中使用活动性教具，演示实验，放幻灯片、教学电影或录像等，容易吸引学生的注意力，可以起到很好的教学效果。

（四）根据知觉的整体性，合理组织教学内容

根据知觉的整体性，凡在空间上接近、时间上靠近的事物，容易被当作一个整体而被我们知觉。因此，在教学中，教学内容应进行合理组织，使知识易于产生清晰的感知觉。教师板书时，应力求在时空上进行合理布局，位置顺序应排列得当，大小主次分明，让学生一目了然，章与章、节与节等不同内容之间要留空。讲课时，语言流畅，针对不同的内容，采用不同的语速。

二、儿童观察力的训练

（一）观察与观察力

观察是有目的、有计划、比较持久的知觉。它是以视觉为主，融其他感觉为一体的综合感知，是知觉的一种高级形式。观察中包含着积极的思维活动。因此，人们也把它称为思维的知觉。

观察是人们认识世界、获取知识的一个重要途径，也是科学研究的重要方法。一切科学实验，科学的新发现、新规律，都是建立在周密、精确、系统的观察基础之上的。居里夫人的女儿曾把观察誉为"学者的第一美德"。巴甫洛夫一直把"观察、观察、再观察"作为座右铭，并告诫学生：不学会观察，你就永远当不了科学家。著名的进化论创始人达尔文在谈到自己的成就时曾说过："既没有突出的理解力，也没有过人的机智，只是在

观察那些稍纵即逝的事物,并对其进行精细观察的能力上,我可能在他人之上。"因此,观察是科学研究、创造发明不可缺少的重要环节。学生的学习也离不开观察,各科教学中只有运用观察,才能使学生对学习对象获得鲜明、生动、具体的感性认识,积累丰富的感性经验,通过抽象概括达到理性认识。

观察力即观察能力,是指能够迅速准确地看出对象和现象的那些典型的但并不很显著的特征和重要细节的能力,它是个人通过长期观察活动所形成的。观察力是智力结构的第一要素,是智力发展的基础。观察力的高低,直接影响人感知的精确性,影响人的想象力和思维能力的发展。观察力是个体智力发展的重要条件,要发展人的智力,就要重视培养人的观察力。观察是学习知识、认识世界的重要途径,在学生系统地学习文化科学知识的过程中,无论学习哪一门功课,都需要一定的观察力。

(二) 观察的特点

1. 目的性

一个人在进行感知时,如果没有明确的目的,那只能算是一般感知,不能称作观察。只有当感知活动具有明确的目的时,它才能算是观察。因此,目的性是区分一般感知和观察的重要特点之一。

作为观察的目的性,至少应当包括:明确观察对象、观察要求、观察的步骤和方法。而这些内容,可以在观察前的观察计划中以书面的形式写下来。一般地说,不论是长期的、系统的观察,还是短期的、零星的观察,都须制定观察计划。

观察的目的性,还要求我们在进行观察时,必须勤做记录,这种记录是我们保存第一手资料最可靠的手段。记录要力求系统全面,详尽具体,正确清楚,并持之以恒。贝弗里奇(Beveridge)告诉我们:"做详尽的笔记和绘图都是促进准确观察的宝贵方法。在记录科学的观察时,我们永远应该精益求精。"实践证明,要做好观察记录,特别是长期的、系统的观察记录(如观察日记),必须坚持到底,持之以恒,切忌为山九仞,功亏一篑。中国科学院副院长、气象学专家竺可桢在北京几十年如一日,对气候变化进行长期观察,从不间断。他每天都坚持测量气温、风向、温度等气象数据,直到逝世的前一天,他的观察记录为编写《中国物候学》积累了丰富的资料。

2. 条理性

观察是一种复杂而细致的艺术,不是随随便便、漫无条理地进行所能奏效的。观察必须全面系统、有条不紊地进行。长期的观察需要如此,短期的观察也需要如此。观察的条理性,可以保证输入的信息具有系统性、条理性,而这样的信息,也就便于智力活动对它进行加工编码,从而提高活动的速度与正确性。如果一个人做事杂乱无章,那他所获得的信息也就必然是杂乱无章的。这样,他的智力活动要在一堆乱麻中理出一个头绪来,必然要花费较多的时间和精力,甚至还可能影响到智力活动的正确性。

要做到有条理的观察,应该遵循一定的观察顺序。例如,按事物出现的时间,可以由先到后进行观察;按事物所处的空间,可以由远及近或由近及远地进行观察;按事物本身的结构,可以由外到内,也可以由内到外,或者由上到下,由左到右,可以由局部到整体,也可以由整体到局部进行观察;按事物外部特征,可由大到小或者由小到大进行观察。

3. 理解性

观察包含两个必不可少的因素：一是感知因素（通常是视觉），二是思维因素。

思维参与到观察之中，可以提高观察的理解性。理解可以使我们及时地把握观察到客体的意义，从而提高我们对客体观察的迅速性、完整性、真实性和深刻性。在观察过程中，运用基本的思维方法，对事物进行有效的比较、分类、分析、综合，找出它们之间的不同点和相同点，这样，就易于把握事物的特点。考察事物的各种特性、部分、方面以及由这些特性、部分、方面所联成的整体，就会使我们易于把握事物的整体和部分。

4. 敏锐性

观察的敏锐性是指迅速而善于发现易被忽略的信息，科学家和发明家的可贵之处就在于此。牛顿根据苹果坠地发现了万有引力规律，瓦特看到沸腾的开水喷出的蒸汽顶得壶盖跳动而改善了蒸汽机。在学习活动中，同学们的观察力千差万别。同是一个问题，有的同学一眼就看出问题的要害和内在联系，有的同学则相反，敏锐性的高低是观察力高低的一个重要指标。

观察的敏锐性与一个人的兴趣往往是密切相关的。不同的人在观察同一现象时，会根据自己的兴趣而注意到不同的事物。例如，同在乡野逗留，植物学家会敏锐地注意到各种不同的庄稼和野生植物；而一个动物学家则又会注意到各种不同的家畜和野生动物。达尔文曾经谈到自己和一位同事在探测一个山谷时，如何对某些意外的现象视而不见："我们俩谁也没有看见周围奇妙的冰河现象的痕迹；我们没有注意到有明显痕迹的岩石，耸峙的巨砾……"显然，达尔文对各类生物的观察力是非常敏锐的，但对于地质现象却没有什么兴趣。

观察的敏锐性是与一个人的知识经验密切相关的。一个知识渊博、经验丰富的人，他在错综复杂的大千世界中，自然容易观察到许多有意义的东西。相反，一个知识面狭窄、经验贫乏的人，他面对许多被观察的对象，总有应接不暇的感觉，而结果什么都发现不了。当然，知识对观察的敏锐性还有消极作用。有些人常常凭借知识对一些事物进行主观臆断，歌德曾说过："我们见到的只是我们知道的。"

5. 准确性

首先，观察的准确性是指正确地获得与观察对象有关的信息。在观察过程中，不只是注意搜寻那些预期的事物，而且还要注意那些意外的情况。其次，观察的准确性是指对事物进行精确的观察，既能注意到事物比较明显的特征，又能觉察出事物比较隐蔽的特征；既能观察事物的全过程，又能掌握事物的各个发展阶段的特点；既能综合地把握事物的整体，又能分别地考察事物的各个部分；既能发现事物相似之处，又能辨别它们之间的细微差别。再次，观察的准确性是指搜寻每一细节。一个具有精确观察品质的人，他在观察事物的过程中，就会避免那种简单的、传统的、老一套的方式，选择那种不寻常的、不符合正规的、复杂多变的创新方式，这往往是富有创造力的表现。例如，让被试者在30分钟之内用22种不同颜色，一寸见方的硬纸片，拼成24厘米长、33厘米宽的镶嵌图案时，创造能力高的人通常尝试用22种颜色，而较平凡的人则趋于简单化，利用颜色的种类较少。不但如此,创造能力较高的人所拼的图案,近乎奇特,无规律,不美观,他们不愿意依样画葫芦,仿拼任何普通图形,而愿意大胆地独出心裁,标新立异,不怕冒险,宁愿向通俗的形、色挑战。

各种观察的特点在学习活动中有各自不同的作用。观察的目的性是学习目的性的一个有机组成部分,它保证我们的学习能够按照一定的方向和目标进行。观察的条理性,是循序渐进地从事学习的不可缺少的心理条件,它有助于我们获得系统化的知识。观察的理解性可以帮助我们在学习中对由观察而获得的知识的理解,不至于生吞活剥,囫囵吞枣。为了获得某些看起来平淡无奇、实际上意义较大的知识就必须具有敏锐的观察力。观察的准确性可以帮助我们深刻准确地领会所得到的知识,不至于似是而非,以假乱真,错误百出,疑窦丛生。在学习中,我们必须把观察力的各种品质结合起来,按照预定的目标去获得系统的、可理解的、深刻的、真实可靠的感性知识。

(三) 儿童观察力的发展

由于年龄的增长、知识经验的丰富,初中生的认知发展呈现出逐渐成熟的趋势,其认知活动要比小学生更加复杂和个性化。随着智力活动自觉性的提高和学科内容的变化,初中生的观察力有了显著提高。高中生学习内容的复杂、思维水平的提高、自我意识的增强,使得观察力的发展具有新的特点。

1. 观察目的更明确

中学生观察的目的性有了很大的提高,除了能够完成教师布置的观察任务外,还能自觉地选择观察对象,自觉制订观察计划,自觉采用观察方法。因此,中学生观察的效果较小学生有了很大的提高。具体来看,初中生虽能使观察服务于一定目的,并持续较长时间,但其观察的目的仍有很大一部分依赖于成人的要求,具有被动性。直到高中阶段,高中生的自觉性增强,他们能主动地制订观察计划,有意识地进行集中的、持久的观察,并能对观察活动进行自我调控。

2. 观察时间更持久

中学生的意志力得到增强,他们能排除各种干扰,坚持长时间的观察。特别是有意注意的时间不断增长,并能善于思考,这些都是持久观察的条件。总之,中学生已能够进行有意识的持久观察,不过有时也会出现观察不稳定或以情绪为转移的现象。有人以有意注意稳定时间作为指标,对中学生的观察力进行研究:在一次飞机模型故障的观察中,初中学生平均坚持1小时35分钟,而高一学生平均能坚持3小时。

3. 观察准确性更高

随着年级增长,初中生比小学生在观察精确性、完整性和系统性方面有明显的提高。在一项研究中,让学生在10分钟内找出50张小照片各属于9张大照片的哪一部分。结果,初中生观察正确率为30%,而高中生则达50%以上。

在观察过程中,中学生已能全面、深入、细致地了解事物的细节。他们不只限于观察事物的整体轮廓,而且对事物的细节也有较高的感受性。观察的准确率在逐步提高,对观察对象的本质属性的理解逐步深化,并能用较准确的语言表述观察的过程和结果。他们能抓住事物的主要特点,把它和相近的事物区别开来,不仅能感知事物的外部属性,同时能抓住事物的本质属性和主要属性进行全面、深刻的观察,并且在这个基础上了解和掌握事物各个部分之间的相互关系。这些都是中学生对观察对象本质属性的理解不断深化、语言表达能力不断增强的结果。因此,观察的准确性有了明显的提高。

4. 观察角度更概括

低年级小学生对所观察事物做出整体概括的能力很差,表述事物特征分不清主次,往往忽略了有意义的特征而注意无意义特征,而中学生的分辨力和判断力就好多了。初中生抽象逻辑思维日趋成熟,言语表达能力日益熟练,观察的概括性、深刻性有了明显提高,已能概括事物的本质特点和规律,这是思维和感知同步发展的结果。

(四)儿童观察力的训练

观察力的训练对于学生的一生具有重要意义。古今中外许多伟大的科学家、研究者都十分重视观察,并具有敏锐的观察力。观察力不是天生的,而是通过培养和训练,在实践活动中逐渐形成和发展起来的。观察力的训练应体现在整个观察的过程中。

1. 观察前做好观察准备

(1)明确目的与任务

目的能引起个体身心的紧张度,起着定向的作用。因此,观察的目的、任务是否明确直接影响观察的效果。如果观察的目的、任务不明确,学生就会东张西望,不得要领,结果没有什么重要的收获。要使学生的观察取得成效,教师必须预先明确地向学生提出观察的目的和任务,告诉学生要看什么,有可能看到什么。

给学生指明观察的目的、任务固然重要,但更重要的是培养他们能独立地给自己提出观察的目的、任务的能力。如果学生时时处处依赖教师的指示,观察力是培养不起来的。要使学生能独立地自己提出观察的任务,重要的是培养他们的观察兴趣。观察兴趣可通过郊游、参观、访问等多种途径来培养。最终要使学生在观察时能自觉地、准确地确定观察目的和任务,知道应该看些什么。

(2)丰富相应的知识

没有足够的知识,不仅不能理解所观察的事物,而且对于事物的某些特征也难以觉察。例如,缺乏文史知识背景的人在参观一些人文景观时常常走马观花。观察前,有关知识的准备越充分,观察的效果就越好;相反,观察前毫无知识准备,观察时就会"视而不见",不知道问题所在,观察的效果就一定不好。比如要组织学生观看乒乓球比赛,为中国队加油,那就要事先让学生们懂得一些乒乓球比赛的知识,这样在观察的过程中就知道哪些是好的技术,什么时候打得精彩。

2. 观察中训练观察技能

观察作为一项操作性极强的活动,需要掌握一定的观察技能。

(1)观察要有顺序

有顺序地进行观察才能保证信息加工和结果表达的条理性与全面性。观察的顺序应根据观察对象的特点而变化,观察一个事物,可以遵循空间顺序,可以从头到尾,可以从左到右,可以由近及远,可以先整体再部分后整体等。观察是一种过程,可以遵循时间顺序,有时也可以按照事物的内在逻辑顺序进行观察。

(2) 多感官参与

在观察中,要把视觉、听觉、嗅觉和运动觉等多种感觉器官结合起来,做到观其形、辨其色、闻其声、触其体、嗅其味。只有这样才能获得丰富全面的信息,提高观察的敏锐性和深刻性。在此基础上引导学生,根据观察的目的、任务,将观察到的事物的具体的个别对象,经过思维分析、综合,进而揭露事物的本质和内在联系。例如,观察春天,不仅要看春天,看柳枝吐芽、看碧波荡漾、看草地新绿,还要听,听微风、听鸟语、听流水、听春耕,还有嗅,嗅花香、嗅泥土清香。各种感官的活动使得我们能够了解事物的各种属性,从而全面地认识对象。

(3) 有积极的思维

观察不是纯粹的客观信息的输入,其中不可避免地要渗透主体的思维活动,所以,观察又被称作"思维的知觉"。其实就感官的灵敏度而言,人的嗅觉还不如狗,人的视觉还不如鹰,但人的观察之所以能远远比动物高明,是因为人有思维活动的介入。人与人在观察水平上的差异,究其实质也在于思维参与上的差异。因此,观察的过程伴随积极的思维就是一项重要的观察技能。

观察中的思维体现在善于比较,从相似对象中寻找到不同,在貌似无关的对象中发现联系。有比较,才有鉴别。比较是就两种或两种以上同类的事物辨别异同或高下,即在相似的事物中找出它们的不同点,在似乎无关的事物中发现它们的相似点和相互联系。观察中的思维还体现在善于概括规律,例如从四季的更替中揭示春天与生命活动的关系。观察中的思维更体现在善于发现事物的内在联系,能够透过现象看本质。

3. 观察后及时总结观察结果

为了使观察中获得的知识成为意识的经验、巩固的经验,观察后有必要对观察的结果进行及时总结。当然,观察结果的总结方式应该在观察前就提出,这样有利于提高观察的目的性。总结的方式可以是口头的表述或书面的记录,记录可以是文字的形式,如日记、作文、报告,也可以是图画的方式。这样做有利于促进学生观察的积极性,使观察更仔细、认真,观察更真实、可靠,还有利于巩固观察结果,便于学生在观察后对观察结果的反复思考中不断发现新问题,促进学生观察力的发展。

4. 观察时应注意的问题

做什么事,只要能坚持下去,就会取得成功。习惯成自然,观察力贵在培养,更重要的是能养成长期观察的良好习惯。观察应注意些什么呢?

(1) 忌漫无目的

许多人在观察事物时,东张西望,漫无目标,他们观察过的事物如过眼烟云,脑子里没有留下丝毫印象,因而总形不成观点。

(2) 忌片面观察

有的人观察事物,只注意它的正面,不注意它的反面;只观察表面,不观察内部;只注意现在,不注意过去;只去注意事物的一个方面而忽视其他方面。由于这种片面观察,他们所观察到的往往是一些假象,因而得出了错误的结论。中国古代兵书上有疑兵计和兵不厌诈的谋略,就是故意利用一些手段混淆敌人的视听,破坏他们的观察能力,引导他们做出错误的判断。比如《三国演义》中"张飞独断当阳桥"的故事:曹操看见张飞雄赳赳,横枪立马在桥头之上,又看见张飞身后的树林背后尘埃蔽日,似乎埋伏有大队人马。他又想起关羽曾经告诉他的话:"吾弟张翼德于万马军中取上将首级如探囊取物耳。"这时张飞连吼三声,声如巨雷,势如猛虎,曹操立即转身逃走,退兵 30 里。曹操这时犯的就是片面观察的错误。

(3) 忌无重点

有人虽然去观察事物却不带目的性。一股脑儿地观察,把所有现象都收留,囫囵吞枣,结果抓不住重点,浪费时间,观察结果不理想。

(4) 忌走马观花

有人观察事物,不深入、不细致,只是粗略地浏览一下。这样既得不到具体印象,又遗漏许多细节,使观察结果一般化。

(5) 忌不用心思

有人在观察中,不用心去分析、去比较,也不思考事件的来龙去脉,因而也得不到令人信服的结论。中学生由于兴趣广泛,性情活泼,最容易在观察中出现这样的错误,他们往往凭借一时的好奇心,不做更深入的探求。

(6) 忌半途而废

有人在观察中,遇到复杂和难于解决的问题时,便停止观察,结果常常功亏一篑。

此外,观察过程中还应忌情绪不稳定。有人在愉快时就有兴趣观察,不愉快时就心情烦躁,观察不下去,甚至在某种特殊情况下,由于心情紧张而根本无力进行观察。有人对智力较高的中学生进行调查和观察,发现他们一般都有较强的自控能力,情绪稳定,不忽冷忽热,在遇到困难时能坚持下去,不达目的,决不罢休。

▶微信扫描目录页二维码,阅读"五个方法练习观察力"。

研究动态

心理学家把发生在知觉过程中的学习称之为知觉学习。这种知觉学习是在对刺激进行训练或经验后,知觉发生了相对长期稳定的变化。它是内隐学习的一种重要形式,也是一种基本的学习方式。在行为水平上,知觉学习的结果常表现为三种形式:学习者提高了行为效率、增强了知觉辨别力和形成了自动化加工。知觉学习研究较为丰富的领域主要是视知觉,也包含听知觉、触知觉等领域。

人类关于知觉学习的研究已经有一百多年的历史。从赫尔姆霍兹、威廉·詹姆斯和桑代克那里,我们已经看到了研究知觉学习的蛛丝马迹,到吉布森对其进行精确定义,知觉学习的研究经历了一个多世纪。近年来,随着 fMRI(功能性磁共振成像)、ERP(事件相关电位)技术的应用和电生理、心理物理学技术的提高,知觉学习应用价值的逐渐显现和其对人工智能、计算机模拟研究的贡献,知觉学习成为认知神经科学领域研究的热点和前沿问题。

关于知觉学习,目前人们最为关心的问题是:知觉学习的过程和本质是什么?知觉学习的特性是什么?知觉学习的内在机制,特别是如何改变个体神经系统活动的?学习是在大脑的什么地方,在什么时候,以何种方式发生的?

1. 解释概念:感觉、知觉、感受性、感觉阈限、适应、联觉、观察、观察力。
2. 举例说明感受性变化的基本形式。
3. 举例说明知觉的基本特征及规律。
4. 谈谈感知规律在课堂教学中的应用。
5. 试述儿童感知觉发展的特点。
6. 联系实际说明观察的特性及其观察力的训练。

1. 李轶.心理学基础(案例版)[M].北京:科学出版社,2011.
2. 理查德·格里格.心理学与生活[M].北京:人民邮电出版社,2003.
3. 吴建光,崔华芳.培养孩子观察力的50种方法[M].北京:北京工业大学出版社,2007.
4. 王辉.特殊儿童感知觉训练[M].南京:南京大学出版社,2012.
5. 哈维·理查德·施夫曼.感觉与知觉(第5版)[M].李乐山等,译.西安:西安交通大学出版社,2014.

第三章
儿童记忆发展与知识巩固

学习目标：
1. 了解记忆的概念和分类。
2. 理解记忆的过程和规律。
3. 掌握儿童记忆的特点。
4. 应用记忆的规律和特点促进儿童的有效学习。

"一切知识的获得都是记忆。记忆是一切智力活动的基础。"英国哲学家培根如是说。千百年来，人类依靠记忆积累经验、自立生活；凭借记忆得到的能力去改造旧社会、征服大自然、创造世界，到达理想的彼岸。假如没有记忆力，人就如同行尸走肉——过去和现在所接受贮存于脑中的一切信息，随着时间一分一秒地流逝，都将一去不复返地消失在过去之中，智力和技能亦将荡然无存。记忆对于人类来说实在是太重要了，所以记忆成为认知心理学的重要研究内容，其研究结果广泛地服务于我们人类。

第一节 记忆概述

一、记忆的概念

记忆（memory）是人脑对过去经验的反映。人们感知过的事物、体验过的情绪、思考过的问题和从事过的活动，都会在头脑里留下一定的"痕迹"，在一定条件下都会重现出来。例如，遇到一位老朋友，我们能叫出他的名字；曾经看过的电影，我们多少还会记得一些情节；拿到大学通知书时激动喜悦的心情，其印象还是那么鲜明；小时候学过的儿歌、背诵的唐诗，我们至今还能歌唱、背诵。由于记忆，人才能保持过去的反映，使当前的反映在以前反映的基础上进行，使反映更全面、更深入。也就是说有了记忆，人才能积累经验，扩大经验。

信息加工的观点则认为，记忆是人脑对外界信息的编码、存贮和提取的过程。记忆是一种积极能动的心理活动，这表现在人不仅对外界信息的摄入是有选择的，而且信息在人脑中也不是静止的，而是处于编码、加工和储存的过程中。研究证明，输入脑中的信息只有经过编码才能记住，只有将输入的信息汇入已有知识结构时才能在大脑里得到保留。信息能否提取和提取得快慢，与编码的完善程度以及贮存的组织结构有密切联系。

记忆同感知一样也是人脑对客观现实的反映，但记忆是比感知更复杂的心理现象。感知过程是反映当前直接作用于感官的对象，它是对事物的感性认识。记忆反映的是过去的经验，它兼有感性认识和理性认识的特点。

二、记忆的作用

记忆作为一种基本的心理过程，是和其他心理活动密切联系着的。在知觉中，人的过去经验有重要的作用，没有记忆的参与，人就不能分辨和确认周围的事物。在解决复杂问题时，由记忆提供的知识经验起着更大的作用。近年来，认知心理学把记忆的研究提到了重要的地位，原因也在于此。

记忆在个体的心理发展中也有重要的作用。人们要发展动作技能，如行走、奔跑和各种劳动技能，就必须保存动作的经验。人们要发展语言和思维，也必须保存词和概念。可见，没有记忆，就没有经验的积累，也就没有心理的发展。另外，一个人某种能力的出现、一种好的或坏的习惯的养成、一种良好的行为方式的形成和人格特质的培养，也都是以记忆活动为前提的。

记忆联结着人们的心理活动的过去和现在，是人们学习、工作和生活的基本机能。学生凭借记忆，才能获得知识与技能，不断增长自己的才干；演员凭借记忆才能准确地表达各种情感、语言和动作，完成各种精彩的艺术表演。离开了记忆，个体就什么也学不会，他们的行为只能由本能来决定。所以，记忆对人类社会的发展也有重要的意义，在一定意义上也可以说，没有记忆和学习，就没有我们现在的人类文明。

三、记忆的分类

记忆是一种复杂的心理现象，可以根据不同的标准分为不同的类别。

（一）形象记忆、情景记忆、语义记忆、情绪记忆和运动记忆

根据记忆内容的不同，记忆可分为形象记忆、情景记忆、语义记忆、情绪记忆和运动记忆。

1. 形象记忆

形象记忆是指以感知过的具体事物的形象为内容的记忆。它保持的是事物的感性

特征,具有鲜明的直观性。形象记忆可以是视觉的、听觉的、嗅觉的、味觉的、触觉的。如我们见到过的人或物、看到过的画面、听过的音乐、嗅过的气味、尝过的滋味、触摸过的物体等的记忆都属于形象记忆。作家、建筑设计师、画家、音乐家、表演艺术家等都有惊人的形象记忆能力。

2. 情景记忆

情景记忆是指对亲身经历过的,以发生在一定时间与地点的事件或情景为内容的记忆。例如,我记得与我的一位好朋友在3天前一起在这家电影院看过的电影;我还记得在读小学三年级时,我语文考了第一名,老师当着全班同学奖励了我一本笔记本;回想起来,那天我坐在第几排,老师站在讲台上的样子还是那么历历在目。情景记忆和个人的亲身经历密不可分,具有一种传记性质。

3. 语义记忆

语义记忆是指以各种有组织的知识为内容的记忆。语义记忆在本质上是以语言文字为载体的,对事物本身的意义、性质及其事物之间关系的记忆。人类只有凭借语义记忆才能把思维的结果保存下来,并获得间接的知识。它与抽象思维密切相关,并且随抽象思维的发展而发展。例如,我们对心理学概念的记忆,对数学、物理学中的公式、定理的记忆等都属于语义记忆。它是人类所特有的,具有高度理解性、逻辑性的记忆,对我们学习理性知识起着重要作用。

4. 情绪记忆

情绪记忆是以个体曾经体验过的某种情绪、情感为内容的记忆。例如,对拿到大学录取通知书时激动心情的记忆,对过去曾经受过的心理创伤的记忆,或对过去曾经历过的有辱自尊的记忆等都属于情绪记忆。对情绪的记忆有时比对其他内容的记忆更为深刻、更为持久,甚至终身不忘。最有意思的是,对这类记忆,我们有时主动想忘却偏偏忘不了。

5. 运动记忆

运动记忆是以个体过去操作过的动作或动作形象为内容的记忆。例如,对体操、舞蹈、打篮球动作的记忆等都属于运动记忆。运动记忆一旦形成,在很长的时间内都有可能不会遗忘。对会骑自行车的人而言,即使是10年之内从没有再碰过自行车,但只要自行车一到手中就会骑了。

(二) 瞬时记忆、短时记忆与长时记忆

根据记忆的材料在头脑中保持时间的长短,记忆可分为瞬时记忆、短时记忆与长时记忆。

外界刺激首先引起感觉,其痕迹就是瞬时记忆;瞬时记忆中呈现的信息如果受到注意就转入短时记忆,未被注意和编码的信息就消失了;短时记忆的信息若得到及时加工或复述,就转入长时记忆,如果没有复述和加工,信息就会被遗忘,其关系如图3-1所示。

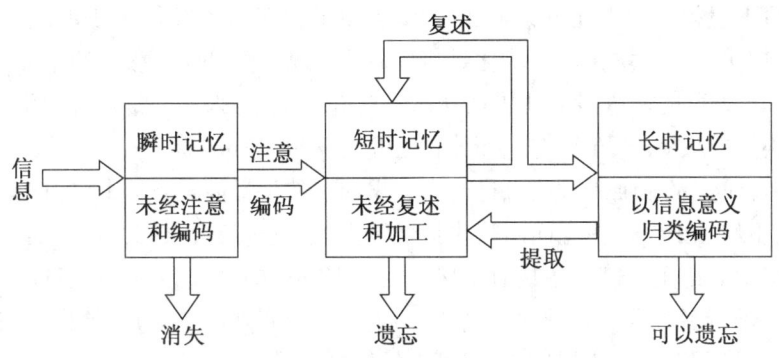

图 3-1　瞬时记忆、短时记忆、长时记忆关系图

1. 瞬时记忆

瞬时记忆，或感觉登记，是指客观刺激物停止作用后，在人脑中只保留一瞬间的记忆。也就是说，刺激物停止作用后，感觉印象并不立即消失，而是仍有一个极短的感觉信息保持过程。

瞬时记忆的特点有三：一是其保留的时间很短，不同的瞬时记忆的信息保留时间并不相同，视觉信息只能保存1秒，而听觉信息有时可以保存4秒；二是记忆容量较大，进入感受器的信息几乎都被储存；三是瞬时记忆中的信息基本上是按其原有的物理特征进行编码的，尚属未经加工的原始状态，具有鲜明的形象性。

在瞬时记忆中呈现的材料如果受到注意，就转入记忆信息加工过程的第二阶段——短时记忆；如果没有受到注意，则很快消失。

2. 短时记忆

短时记忆是指记忆的信息在头脑中贮存、保持的时间一般不超过1分钟的记忆。短时记忆的信息除非得到积极复述，否则会很快在短时间内遗忘。例如，打电话时，我们看一眼电话本，就能根据记忆拨出这个电话号码，但是当打完电话后，刚才拨打过的电话号码我们却不记得了，这就是短时记忆。在进行四则混合运算时，中间每个运算的结果我们都回想不起来，这时发生的也是短时记忆。短时记忆具有一些明显的特征：

第一，短时记忆的时间较短，大约20秒，但一般不超过1分钟。在给予注意时，信息保存得较为完整和持久些，甚至可以进入到长时记忆中，但如果不加以注意，信息很快就会被遗忘。

第二，短时记忆的容量有限，大约是 7 ± 2 个组块(chunk)。组块是用来测量短时记忆容量的单位，是指人们在过去经验中已变为相当熟悉的一个刺激独立体，如一个字母、一个单词、一组数字、一个成语等。米勒(Miller,1956)认为短时记忆的信息容量为 7 ± 2 组块，这个数量是相对恒定的。究竟多大的范围和数量为一个组块，没有一个固定的说法，它可以是一个或几个数字、一个或几个汉字、一个或几个英文字母，也可以是一个词、一个短语、一个句子。例如，呈现一系列的数字"149162536496481"给你，让你听一遍或读一遍之后立刻回忆，只能回忆起5～9个数字。但如果我告诉你这16个数字依次由1的平方、2的平方……组成，就很容易使这16个数字保持在短时记忆中，使记忆内容的量扩大。由此可见,短时记忆容量的决定因素往往不是取决于记忆的项目数,而是取决于其组块化。组块化是将项目组织成熟悉的、有意义的单元,这个过程通常是自动发生的。因此,组块的大小、复杂性都是因人而异的。例如,记数字8976543,你可能按 89 - 76 - 54 - 3 记忆,他可能按 89 - 76543 记忆。

第三,短时记忆是唯一对信息进行有意识加工的记忆阶段。因此,短时记忆又称工作记忆,它不仅加工经过注意而由瞬时记忆转入的信息,还会根据个体的需要加工来自于长时记忆中的信息。信息在短时记忆中的主要加工方式是复述,复述指为了保持信息而对信息进行多次重复的过程。例如,学生为了记住外语单词,必须出声或不出声地重复念单词,只要没有其他干扰,它就可以保持在短时记忆中。

3. 长时记忆

短时记忆中的信息经过记忆者的复述和加工后,就进入长时记忆。长时记忆是指信息在记忆中的贮存时间超过一分钟以上,直至数日、数周、数年乃至一生的记忆。长时记忆也具有自己鲜明的特点。第一,长时记忆的保持时间相对较久,从 1 分钟到终身不忘;第二,长时记忆的容量是没有限制的。所以,根本不用担心记得内容太多,大脑会被"涨爆"的。我们平时所说的记忆好坏也主要指长时记忆。

长时记忆里储存了两类知识:一类为陈述性知识(declarative knowledge),另一类为程序性知识(procedural knowledge)。前一类知识是对事实信息的记忆,包括各种特定的事实,如姓名、人脸、单词、日期和观点等。如"中国的首都在哪里?""第二次世界大战的原因是什么?""人的心脏结构与血液循环有什么关系?"等问题。后一类知识是关于怎样做某些事情的记忆,包括基本条件反射和各种习得的动作。如回答"1/3 + 2/5 = ?""将'We go to school yesterday'改成合适的时态"等问题。陈述性知识以命题、命题网络、图式的形式进行编码,而程序性知识主要是以产生式或产生式系统储存在长时记忆里。

(三) 外显记忆和内隐记忆

根据记忆时意识的参与程度,可以把记忆分为外显记忆和内隐记忆。

1. 外显记忆

外显记忆是指当个体需要有意识地或主动地收集某些经验用以完成当前任务时所表现出的记忆。外显记忆强调的是信息提取过程的有意识性,而不在意信息识记过程的有意识性。外显记忆所涉及的是被试明确地意识到的,并能够直接提取、能用较准确的语言进行描述的信息。例如,在考试时,我们完成填空题、选择题、论述题的过程,需要借助外显记忆。此时,我们是通过自由回忆、线索回忆以及再认等,要求参照具体的问题将所记忆的内容有意识地、明确无误地提取出来。

2. 内隐记忆

内隐记忆是指在不需要意识或有意回忆的情况下,个体的经验自动对当前任务产生影响而表现出来的记忆。内隐记忆强调信息提取过程中的无意识性,而不管信息识记过程是否有意识。个体在内隐记忆时,没有意识到信息提取这个环节,也没有意识到所提取的信息内容是什么,而只是通过完成某项任务才能证实其保持有某种信息。例如,在一个活动的屏幕上每隔5秒以3/1 000秒的速度呈现信息"请吃爆米花"和"请喝可口可乐"。这样快的速度呈现信息,可以说观众是丝毫觉察不到的,观众在意识层面上没有主动地对这些信息进行加工。但它的结果却是令人出乎意料的——影院周围的爆米花和可口可乐的销售量分别增加了57%和18%,这就是一个内隐记忆的例子。我们对于骑自行车、游泳的记忆也是内隐记忆。

四、记忆的神经生理机制

记忆加工是在我们的大脑中进行的。以前对记忆的储存或组成因素的讨论很容易使人觉得记忆似乎位于大脑的某个地方——大脑有一种保存记忆痕迹的神经"公文柜"。但事实上,神经心理学的研究发现,记忆并非只储存在一个地方。

(一)脑损伤的研究

拉什利(Lashley,1929)训练大鼠走迷宫,然后切除它们大脑的不同部位,接着再测验它们对迷宫的记忆。结果发现:由大脑损伤引起的记忆损失程度与切除组织的数量成正比,皮质损伤得越多,记忆损害就越严重。记忆痕迹并不存在于特定的脑区,而是广泛分布于整个大脑中。

德斯蒙(Desimone,1992)对脑损伤病人的研究表明:小脑损伤会损坏经典条件作用动作反应的获得,影响程序记忆;纹状体是习惯的形成和刺激—反应间的联系的基础,它的损伤和病变会影响习惯的刺激—反应学习;大脑皮质负责瞬时记忆以及感觉间的关联记忆,其中颞下回皮质的损伤会影响视觉的辨识和联想记忆,颞上回皮质的损伤会损害听觉识别记忆。杏仁核与海马组织负责事件、日期、名字等的表象记忆,也负责情绪记忆。脑的其他部位,如丘脑、前脑叶基部和前额叶也都与不同种类的记忆有关。

神经心理学研究中有一个著名案例:一位27岁的癫痫病人H. M.,手术前其智力正常,手术中切除了大脑两侧颞叶内部的许多组织,包括大部分的海马体、杏仁核,以及一些连结区(见图3-2)。手术明显减轻了H. M.的病情发作,但他丧失了形成新的情景记忆的能力。H. M.能记住语义信息和手术前几年经历过的事情,却再也不能形成对新事件的记忆(Schacter,1996)。

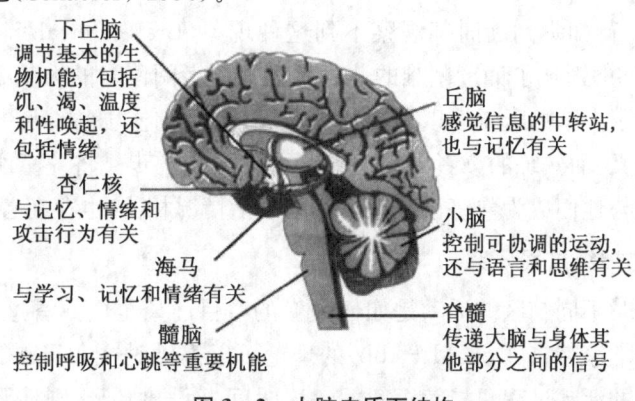

图3-2 大脑皮质下结构

长期酗酒会导致科尔萨克夫综合征(Korsakoff syndrome),这种病人的海马严重受损,患有遗忘症。给这种病人和正常被试对照组呈现一列词表,让他们判断是否喜爱这些单词。线索回忆测验表明,遗忘症病人的成绩显著低于正常组被试。但在词干补笔测验中,遗忘症病人的成绩与正常组被试的成绩相当。所谓词干补笔测验是向被试呈现一系列单词的词干,如 sha _____,要求被试用最先想到的单词来把它补全,如 sha _____ 填成 shade。这一结果表明,科尔萨克夫综合征的脑损伤影响了病人的外显记忆,但其内隐记忆保存完好(Cave & Squire,1992)。内隐记忆即使是在海马组织持久性损坏以后,仍能很明显地表现出来。

当代神经科学的研究表明,尽管不同类型的知识是分开加工且分别定位于大脑的限定区域,但复杂信息的记忆是分布于很多神经组织的(Markowitsch,2000;Rolls,2000)。

(二) 脑成像研究

正电子成像术也叫 PET 扫描,能为我们提供更多的关于记忆神经基础的信息。如果要对人脑的工作过程进行 PET 扫描,先要给被试注射一种含有称为示踪物(tracer)的放射性同位素的溶液。示踪物溶液注射后 15 秒左右便可为被试的血液吸收并进入大脑,从而放射出正电子。正电子与大脑中的负电子碰撞产生光子,这些光子则被环绕在被试头部的一圈传感器记录下来。PET 扫描的研究表明,情景记忆的编码和提取过程在大脑两半球之间的活动有显著的不同。情景记忆编码过程在左前额叶表现出不对称的高度脑活动,而情景记忆提取过程在右前额叶表现出高的脑活动(Nyberg et al.,1996)。还有研究表明,右大脑前额叶更多地涉及情景信息提取,左大脑前额叶则更多地涉及语义信息提取(Buckner,1996)。

功能磁共振成像研究可以发现大脑中血液在磁化状态下的变化,因为这类变化取决于该点氧化的程度,而氧化程度的变化又可以用来推测局部大脑血液的变化。在一项研究中,要求被试看一些场景或单词,并做一些简单的判断(如这个词是具体的还是抽象的)。在被试完成这些任务的时候,对他们进行功能磁共振成像扫描。结果发现,前额叶皮质和旁海马皮质(离海马很近的一个皮质区)在扫描中的激活越剧烈,被试对所呈现的场景或单词的再认就越好。被试在语义信息编码过程中,左前额叶有很高的激活水平,而只进行知觉判断时却观察不到这种现象(Brewer et al.,1998)。伊登等(Eden et al.,1996)对比了诵读困难的儿童和正常读者阅读时的大脑激活情况。诵读困难的儿童激活了大脑的听觉区以及视觉区,好像他们很吃力地将字母转化为声音,再把声音转化为意义,而熟练的读者则完全省略了听觉这一步。将儿童刚刚学习阅读时的大脑激活情况与他们成为熟练读者时的大脑激活情况相比,也存在着类似的差异。

(三) 记忆的神经过程研究

当记忆形成时不同脑区的活动是如何改变的?目前离全面回答这个问题还很远。加拿大神经心理学家赫布(Donald Hebb)的理论可以提供对这个问题的初步解释。赫布认为短时记忆的活动过程只持续短暂的一段时间,而长时记忆则涉及神经系统结构上的改变,故较持久。它们有不同的神经生理机制。脑部有大量的神经元彼此连接,互通信息。一旦神经元 a 被激活,就依次传递到 b、c、d……最后又返回神经元 a,如此循环,形成神经回路,往返于皮质的不同区域,也可以通往皮质下的结构(如丘脑、海马)。任何心理过程都可以看作某特定神经回路的活动。回路的活动由感觉刺激所引起,在刺激消除后会持续一短暂的时间。这个短暂的活动属于回路的反响。反响回路可以使神经活动在一段时间里循环和"自我维持",以引发巩固过程。反响回路可能是短时记忆的生理基础。而如果两个神经元间的一个突触一再被激活且大约在同时向突触后神经元传递神经冲动,突触的结构或化学成分就会发生改变。一种更复杂的机制称为长时程增强(long term potentiation)就起作用,在这个过程中,受到重复强烈电刺激的海马体神经回路,会激发更为敏感的海马细胞,导致这种作用能持续数周甚至更长的时间,这可能就是长时学习和保持的机制。研究表明,如果破坏长时程增强作用(比如通过不同的药物),就会破坏学习和记忆。因此海马在形成长时记忆中起着重要的作用,海马损伤病人在将短时记忆的信息转入长时记忆的过程中有较大的困难。

五、记忆的一般过程

传统的观点一般把记忆区分为三个环节:识记、保持、再认与再现。实际上,也可理解为对输入信息的编码、储存和提取过程。

(一)识记

识记是指个体获取经验而记住事物的过程。识记是记忆过程的开端,它涉及对外部信息的输入与编码,外部信息只有经过大脑的输入与编码,才可以把该信息记录在人的大脑里。例如,看到一个汉字时,人们会注意到字的结构、发音或含义,从而形成相应的视觉编码、声音编码或语义编码。编码的效果直接影响着记忆的效果,编码的完善程度直接影响到记忆的储存和以后的提取。一般情况下,对信息采用多种方式编码会收到更好的记忆效果。此外,强烈的情绪体验也会加强记忆效果。

1. 根据识记过程的目的性和努力程度,可将识记分为无意识记和有意识记

(1) 无意识记

无意识记是指没有预定目的、也不需要一定意志努力、自然而然发生的识记。在日常生活中,人们的许多经验都是通过无意识记获得的。如看过的电视、听奶奶讲的故事、亲身的经历等,当时并没有识记的意图,但它们却在我们的头脑中留下了印象。

无意识记精力消耗少,但缺乏目的性,不能获得系统的科学知识。但凡容易被人们无意识记的内容具有两个特点:一是这些刺激对于个人而言具有重大意义或引人注意,如只要某人被滚烫的开水壶烫过一次,就自然地把它记住了,以后再也不敢用手去碰开水壶了;二是符合个人需要,或能够产生深刻情绪体验的事物,如参加高考时的情景,拿到大学录取通知书的那一时刻。

(2) 有意识记

有意识记是指具有预定目的、需要付出一定意志努力的识记。有意识记的目的性决定了该记忆是一个积极主动的编码过程。编码过程涉及"识记什么"和"怎样识记"。"识记什么"确定了识记的方向和内容,"怎样识记"是指采用何种方法才能更好地把内

容记住。在其他条件相同的情况下,有意识记的效果优于无意识记。在系统学习知识与技能的过程中,人们主要依赖有意识记。

2. 依据识记内容是否被理解,有意识记又可进一步分为机械识记和意义识记

(1) 机械识记

机械识记是指根据识记材料的外部联系或表现形式,采用机械的重复的方法进行的识记。机械识记的特点是基本上没有理解材料的意义及其它们之间的联系,只是按照材料呈现的时空顺序进行逐字逐句的识记。在日常生活中多指死记硬背。如幼儿背诵唐诗宋词,即使不懂也可死记硬背下来,这就是机械识记。机械识记一般记忆保持时间不会长久,但有助于识记材料的精确化。

(2) 意义识记

意义识记是指在理解的基础上进行的识记。学习者运用已有的知识经验,弄清学习材料的意义和内在联系,从而把它记住。意义识记是人们有效掌握学习材料的基本方法之一。

意义识记与机械识记是人们识记的两种基本方法。一般说来,意义识记比机械识记迅速、持久,但机械识记在人类主动获取经验,特别是初次认识新事物时也是重要的。因为我们所学习的知识当中大量无意义的材料依赖于机械识记,即使有意义的材料在理解的基础上也需要机械识记的参与。教师在教学中应该要求学生以意义识记为主,机械识记为辅,引导学生将两种识记方法结合在一起使用,各取所长,才能提高整个识记的效果。

(二) 保持

保持是指已识记的材料在头脑中保存和巩固的过程。保持是记忆过程的中心环节。保持是一个动态变化的过程,这种变化表现在质和量两个方面。从质的方面看,不重要的信息趋于消失,而另一些信息被更改,而使整个信息更简约、更概括和更合理;有的信息被有选择性地保留,并被添上了新的特征,而使整个信息变得更为丰富充实。从量的方面讲,保持信息量随时间的推移而逐渐减少和短暂增长。记忆保持内容的最大变化是遗忘。

1. 记忆内容在质上的变化

巴特利特(Bartlett,1922)在实验中让第一个人看一张图(图 3-3 中的 0),然后要他默画出来给第二个人看(图 3-3 中的 1),再让第二个人默画出来给第三个人看(图 3-3 中的 2)……依次下去直至第 18 个人画出第 18 幅图(图 3-3 中的 18),结果图形从一只枭鸟变成了一只猫。可见记忆图形在质的方面起了显著的变化。

伍尔夫(F. Wulf,1922)以图形为记忆材料研究记忆内容所发生的变化。结果表明:原图形变得更为匀称、更为标准,其某些特征得到了突出强

图 3-3 记忆内容在质上的变化

调。需要指出的是,记忆内容的变化不仅发生在保持阶段,有的在开始识记时就被改变了,还有的发生在再现阶段。

2. 记忆内容在量上的变化

一般而言,随着时间的推移,记忆内容在量上会逐渐减少,甚至遗忘。例如,对于教师讲课的内容,当天回忆可能很清楚,可一周或一个月后再去回忆,效果就不一样了。我们可以用回忆、再认和重读时节省的学习时间三种记忆指标来测量识记过的材料在我们头脑中保持的情况。对识记过的材料能回忆,保持效果最好;不能回忆或回忆中有错误,但能再认,保持效果次之;如果材料既不能回忆,也不能再认,我们则通过重新学习时节省的时间多少来测定识记材料在我们头脑中的保持量。重新学习时节省的时间越多,保持效果越好。

但在一定条件下,也有例外的情况,学习后过2~3天测得的保持量反而比学习后立即测得的保持量要多。这种现象叫作记忆恢复(reminiscence)。

巴拉德(Ballard)在1913年以12岁左右的儿童为被试做了一个实验。实验要求儿童用15分钟学习一首诗,在学习后立即进行测验,并把测验结果的平均数定位为100%。在此之后的第1、2、3、4、5、6天内又对其进行了测验,结果发现儿童在学习后的2~3天的保持量比学习后立即测得的保持量高6%~9%(如图3-4所示)。许多人都重复了这一实验,得到了相同的结果。记忆恢复现象在儿童身上要比成人更为普遍,学习较难的材料要比学习较易的材料更为明显,在学习程度较低的学生身上要比学习纯熟的学生身上更容易看到。

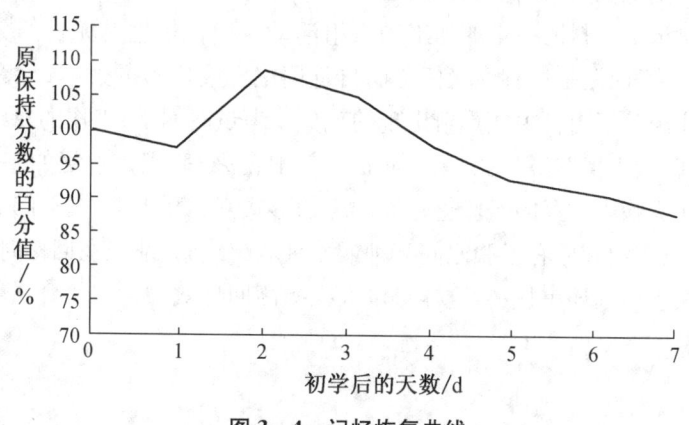

图3-4 记忆恢复曲线

学者们对于记忆恢复现象有着不同的解释。一种观点认为,识记后立即进行回忆,学习者对学习材料还没有形成一个整体的认识,材料的储存也是零散的,因而回忆成绩低;过后学习者经过思考,把学习材料作为一个整体来认识,这样回忆的内容就更充分了。另一种观点认为儿童记忆恢复的内容大部分都集中于学习材料的中间部分,由于识记时有累积抑制,影响了识记后的立即回忆成绩,经过充分的休息之后,抑制解除了,记忆的成绩也就提高了。

记忆保持在量上的最大变化是遗忘。遗忘和保持是矛盾的两个方面。记忆的内容不能保持或者提取时有困难就是遗忘,如识记过的事物,在一定条件下不能再认和回忆,或者再认和回忆时发生错误。遗忘有各种情况:能再认不能回忆叫不完全遗忘;不能再认也不能回忆叫完全遗忘;一时不能再认或重现叫临时性遗忘;永久不能再认或回忆叫永久性遗忘。

(三) 再认和再现

再认和回忆是记忆的第三环节,是对自己所保持的信息进行提取的过程,是指在需要的时候将储存在记忆中的信息予以解码输出并通过反应表现出来的过程。

1. 再认

经历过的事物再度出现在眼前,能做出正确的识别和辨认过程,称为再认。原有经验的巩固程度会影响再认的效果。对旧事物的保持越为巩固,再认就越为容易,否则再认就越困难。再认一直被实验心理学家用来测验人类记忆的效果。实验通常是这样做的:先让被试者学习一张词表,学完后让他看另一张词表,其中有的词是学过的,有的则是新词,让他指出哪些词是学过的,哪些是新的,由此就可测出他再认的成绩。学习的项目可以是单词或语句,也可以是无意义音节或图画等。

2. 再现

再现是指以前感知过的物体、思考过的事情、体验过的情绪在头脑中再次呈现并加以确认的记忆过程,又叫回忆。它是以前经验过的事物不直接作用于人的感官时发生的,包括从长时记忆存储中对信息的搜索和再认两个阶段,因此比较复杂的再认与单纯的再认相比较,是记忆效果的更有力的证明。再现并不是简单机械地恢复过去形成的映像,它包括对记忆材料的一定的加工和重组活动。回忆依据有无目的分为有意回忆和无意回忆。有意回忆是指有回忆任务而自觉回忆已往经验的过程;无意回忆是没有预定目的,既往经验不由自主地重新出现的现象。考试时回忆、工作的总结汇报等都属于有意回忆,"触景生情"是常见的无意回忆。一般说来,联想是追忆的基础,因为事物是有联系的,在头脑中贮存的经验也是以网络的形式互相联系着的。在识记材料时,建立它们之间以及它们和已有经验之间某种或多种联想线索,那么在回忆时,只要记住某一线索,就能联想出一连串材料,这样可以大大提高回忆效果。

第二节 儿童记忆发展的规律和特点

一、儿童记忆发展的规律

记忆的每一个环节都有它的规律,掌握这些规律有助于有针对性地运用教学提高儿童记忆的效果。

(一) 儿童识记的规律

识记效果的好坏一般受以下几个因素的制约:

1. 识记的目的和任务

识记是否有明确的目的和具体的任务对识记的效果具有很大的影响,识记的目的越明确,效果越好。因为有了明确的识记任务,人们的全部识记活动就会集中在所要识记的对象上,而且会采取各种各样的方式和方法去实现它。所以在其他条件相同的情况下,有意识记比无意识记的效果要好得多。

彼得逊(L. R. Peterson,1959)曾对两组被试进行在有或无目的要求的情况下学习词语的对比实验。结果:有目的的识记,即时回忆14个词语,两天后回忆9个;无目的的识记,即时回忆10个,两天后回忆6个。在另一项实验中,要求两组被试听同样的故事,甲组有复述的任务,乙组则没有,结果甲组记忆效果要优于乙组。

实验证明,提出的任务越明确、越具体,识记的效果就越好。

识记任务时间长短也会影响识记的效果,这是因为确立长久识记的任务能引起更为复杂的自觉的行动。在学习中,只是为了应付考试、提问"临时抱佛脚"的学生,考试后会很快忘记,相反,为了长期理解知识去识记的,则能保持长久。

2. 信息加工的深度

外部的信息必须经过大脑的编码才可以在大脑中留下"痕迹"。"痕迹"的深浅、持久取决于该信息被加工的程度。信息加工的程度越深,其保留的效果就越好。有人通过编写提纲和无编写提纲两种不同方式来识记同一段文字材料,九天后进行测试,结果是无编写提纲组遗忘43.2%,编写提纲组只遗忘24.8%。两组被试在识记材料时唯一不同的就是识记方法,无编写提纲要求学生加工的程度低,而编写提纲则需要学生对信息进行深度加工。

当识记的材料成为人的活动的直接对象时,识记的效果就好,其原因就在于相对没有成为活动的直接对象而言,这些材料得到了更多的加工。同样,理解识记要比机械识记好,其原因也在于理解识记的加工程度要比机械识记的加工程度深。

3. 材料数量和性质对识记的影响

在复习的次数和其他条件相同的情况下,识记的效果因材料内容的性质和范围的大小、数量的多寡有所不同。

(1) 识记材料的数量

一般来说,要达到同样的识记水平,材料越多,识记所用的平均时间和次数就越多,呈现出材料数量与识记效率呈负相关的趋势。实验表明,识记12个无意义音节达到背诵,平均一个音节需要14秒;识记24个无意义音节达到背诵,平均一个音节需要29秒;识记36个无意义音节达到背诵,平均一个音节需要42秒。对有意义材料进行意义识记的实验也会得到相同的结果。有人在实验中,让被试背诵不同字数但难度相同的课文,结果平均每100字的识记时间随课文字数的增加而增多,同样呈现出识记数量与识记效率呈负相关的趋势。

（2）识记材料性质

识记不仅受材料数量的影响,而且也受材料性质的制约。一般来说,直观形象的材料的识记效果比抽象材料的识记效果要好;识记视觉材料比识记听觉材料的效果要好;识记一篇有联系的故事性课文比识记一系列单独的句子,记住的内容要多得多,但在逐字逐句地重现程度和精确性上,识记单独的句子却比识记故事要好些。

4. 识记的方法对识记的影响

采用什么样的方法和途径去识记材料,其效果是不同的。以理解为基础的意义识记比机械识记的效果好得多。意义识记在全面性、精确性和巩固性等方面,都要比机械识记优越得多。这是因为,理解了的东西与过去巩固了的知识经验发生内在联系,它的存在不是孤立的,而是被纳入已有的知识系统中去,成为其中的一部分。相反,不理解的东西总是作为孤立的、在内容上与过去经验没有联系的东西出现在头脑中,即使暂时能背,迟早也会遗忘的。所以,我们在识记时要尽量地去理解,把所学的东西与已有的知识联系起来。

5. 不同分析器对识记的影响

大量的实验都证明多种分析器参与识记比单一分析器识记的效果好。如某一外语老师在一节课中教10个单词,他在甲班采用了看、听、读、写4种方法,让学生记住;在乙班采用了看、听、读3种方法;在丙班只让学生听,课后对3个班进行了考试。甲班学生的错误率仅为4%,乙班为28%,丙班则高达90%。这主要是因为多种分析器协同活动,可以使同一内容在大脑皮层建立多通道的联系,识记效果较好。

6. 识记时的情绪状态

情绪也会影响记忆。如在遇到一位多年不见的朋友时,我们所能回忆起来的事情往往是有过强烈情绪体验的那些经历。人们曾经都有过愤怒、激动、莫名其妙的恐惧,或被快乐冲昏头脑的经历。这些经历总是那么令人难以忘怀,这是因为人们在经历这些事件时,强烈的情绪促进了记忆。研究表明,信息的输入是有优先等级的,首先是影响人们生存的信息进入工作记忆中,并得到了加工,例如烧焦的味道、影响人身安全的危险;其次,就是能够产生情绪的信息;最后,才是新学习的信息。[①] 但是,有一点要强调的是,只有识记者在感觉身体安全和情绪稳定的情况下,才能将注意集中于识记的对象。

以上六个主要影响因素,在一定程度上影响到识记的效果。

(二) 儿童遗忘的规律

保持的对立面是遗忘。遗忘是有规律的。

1. 艾宾浩斯遗忘曲线

德国心理学家艾宾浩斯(Hermann Ebbinghaus)最早对记忆保持量的变化进行了系统的实验研究。他为了使记忆尽量避免受旧经验的影响,以无意义音节(在他的实验

---

① [美]David A. Sousa. 脑与学习[M]. "认知神经科学与学习"国家重点实验室,脑与教育应用研究中心,译. 北京:中国轻工业出版社,2005:37.

中是由三个字母构成的、无意义的"单词",如 FLW、BOZ、CEF 等)作为记忆材料,以再学法的节省率作为保持量的指标。结果发现:学习一结束,遗忘就开始。在学习结束后的 20 分钟,遗忘了 41.8%;1 小时后遗忘了 55.8%;8 小时后遗忘了 64.2%;9 小时后,遗忘的速度变得逐渐缓慢;若干天后,遗忘渐趋平稳,最终到达一个变化很小的状态。这条曲线被称为保持曲线,也常常被称为遗忘曲线(图 3-5)。艾宾浩斯的遗忘曲线揭示了遗忘在数量上受时间因素制约的规律:随时间的递增,遗忘量也在增加,其速度是先快后慢,在短时间内遗忘特别迅速,然后逐渐缓慢。也就是说,遗忘的进程是不均衡的,其规律是先快后慢。

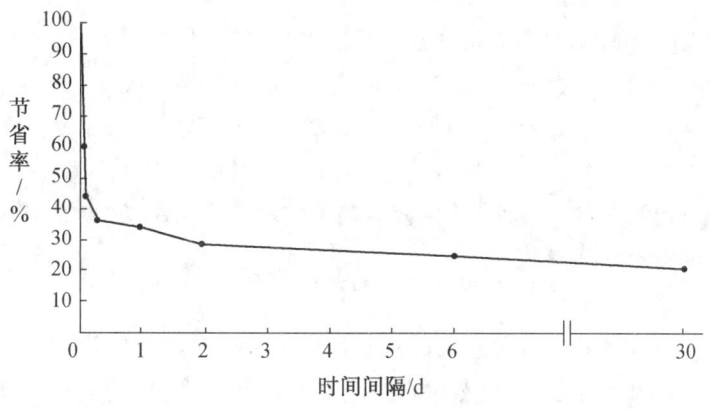

图 3-5 艾宾浩斯的遗忘曲线

拓展阅读

赫尔曼·艾宾浩斯

赫尔曼·艾宾浩斯(1850 年 1 月 24 日—1909 年 2 月 26 日),德国心理学家。艾宾浩斯出生于德国巴门的商人家庭,17 岁进入波恩大学学习历史学和语言学。1873 年在波恩大学获得博士学位。1875—1878 年游学于英国、法国,受费希纳的影响开始用实验方法研究记忆。

艾宾浩斯在 1885 年出版了《关于记忆》一书,里面记录了一个他自己做被试的关于记忆的试验。在这个实验里,他用无意义音节作为记忆材料,用完全记忆法和节省法测定保持量,并以自己做被试,比较了学习有意义材料和无意义材料的不同速度,比较了学习材料的不同长度对学习速度的影响,考察了过度学习、集中学习和分散学习的效应。记忆是一种高级的心理过程,受许多因素影响。旧联想主义者只从结果推论原因,没有给予科学的解释;艾宾浩斯则从严格控制原因来观察结果,对记忆过程进行定量分析。首先,他注意到识记材料有长有短、有难有易、有生有熟,必须严格加以控制。为了排除旧经验对识记的影响,使识记材料处于同等难易的程度,他创造了一种无意义音节。其次,在学习时间或诵读次数以及识记间隔时间和识记方式等这些中对影响识记效果的条件都加以严格控制。至于主观条件,艾宾浩斯以自己为被试,力求做到生活一律化,使主观条件保持一致。艾宾浩斯就是这样从控制影响识记的因素入手,用节省法对记忆的各个方面进行了定量分析。后人根据他的实验结果所绘制的保持曲线,表明遗忘的发生是先快后慢的规律。

他的研究给联想或学习的研究带来了客观性、数量化的实验方法。正是由于艾宾浩斯的研究,才使联想的概念从只有对它的特性进行思辨改变为借助于科学方法对它进行实验研究。另外,他对学习和记忆的许多研究在百年后的今天仍然可靠。心理学史家E.G.波林评论道:"这是划时代的,不仅由于它所涉及的范围和文章风格的新颖,而且因为它立即被看作实验心理学突破了研究高级心理过程的障碍。艾宾浩斯开创了一个新的领域……"

艾宾浩斯之后,许多人用无意义材料和有意义材料对遗忘的进程进行了进一步的研究,并采用不同的测量方式,虽然遗忘曲线有所不同,但它们的总趋势还是和艾宾浩斯的遗忘曲线一致,这表明了人类遗忘过程的基本趋势。

遗忘的进程不仅受时间因素影响,还受其他因素影响:

(1)从识记材料的性质来看,有意义材料要比无意义材料保持得好,形象直观的材料要比抽象的材料保持得好。例如,艾宾浩斯在研究中发现学习有意义的材料比学习无意义的材料速度要快得多。艾宾浩斯设计了一些实验来确定各种条件对学习和保持的影响。这些研究之一是查明记无意义音节的速度与记有意义材料的速度之间的差异。为了确定这种差异,他记拜伦的《唐·璜》(Don Juan)一诗中的节段,每一段有80个音节,他发现大约需要读9次能记住一段。然后他记80个无意义音节,发现完成这个任务几乎需要重复80次。他得出结论说,无意义材料的学习比有意义材料的学习在难度上几乎达到9倍。

(2)从材料的长度、难度来看,较长、较难的材料要比长度、难度适中的材料遗忘得快。

(3)从材料的序列位置来看,材料的顺序对记忆效果有重要影响。在一项实验中,实验者要求被试学习32个单词的词表,并在学习后要求他们进行回忆,回忆时可以不按原来的先后顺序。结果发现,最后呈现的项目最先回忆起来,其次是最先呈现的那些项目,而最后回忆起来的是词表的中间部分。在回忆的正确率上,最后呈现的词遗忘得最少,其次是最先呈现的词,遗忘最多的是中间部分。这种在回忆系列材料时发生的现象叫序列位置效应。

(4)从材料的意义看,学习材料一旦重要,便不容易遗忘。那些对于学习者具有重要意义、符合需要和兴趣、在生活和工作中有着重要价值的材料,最不容易遗忘。

(5) 从学习程度上讲,适当的过度学习有利于保持。学习程度有三种水平:一是低度学习,即学习后或多或少地记了一部分,但似是而非、马马虎虎;二是适度学习,即刚刚能达到背诵的效果就停止学习;三是过度学习,即对材料达到背诵以后,再复习几遍。过度学习理论是由艾宾浩斯提出的,艾宾浩斯对这一效应做了最早的实验研究。他为测量超过记诵学习所需的过度学习的量,曾以不同的次数读过几组16个无意义的音节,结果发现,过度学习的材料比刚能回忆的材料保持效果较好,而且其保持效果和原学习的分量大致成比例。低度的学习材料容易遗忘,过度学习了的材料要比刚能回忆出来的材料保持得要好一些。研究表明,过度学习达150%,保持效果最佳。

2. 遗忘的原因

对于遗忘的原因,学界有各种不同的理论解释,主要有以下几种:

(1) 痕迹衰退说。这是一种对遗忘原因的最古老的解释。按照这种理论,遗忘是由于记忆痕迹衰退引起的,消退随时间的推移自动发生。它起源于亚里士多德,由桑代克进一步发展。桑代克在其"练习律"中指出,习得的刺激—反应联结,如果得到使用,其力量会加强;如果失去使用,则联结的力量会减弱,以致逐渐消失。这实际上是用痕迹衰退说对遗忘所做的解释。尽管许多心理学家对痕迹衰退说提出了种种怀疑,并设计了大量实验来否认痕迹衰退说。但至今没有可靠的证据表明神经系统中留下的记忆痕迹可以永久保持而不会衰退,并且记忆痕迹随时间的推移而逐渐消退的观点也符合事物的发生、发展和衰亡的一般规律,所以痕迹衰退仍然被认为是导致遗忘的原因之一。

(2) 干扰说。现在,大多数心理学家认为,长时记忆中信息的相互干扰是导致遗忘的最重要原因。干扰说认为,遗忘是由于在学习和回忆之间受到其他刺激干扰的结果,一旦排除了干扰,记忆就可以恢复。在保持期间,如果没有其他信息进入记忆系统,则原有的信息不会遗忘。这种遗忘理论得到了大量实验的支持,近一个世纪以来它一直占据着统治地位。研究表明,干扰主要有两种情况,即前摄抑制和倒摄抑制。所谓前摄抑制,是指前面学习的材料对识记和回忆后面学习材料的干扰,倒摄抑制指后面学习的材料对保持和回忆前面学习材料的干扰。前摄抑制和倒摄抑制在许多记忆实验中,都获得了强有力的证据。在其他条件相等的情况下,一个学习材料的两端的项目学习快、记忆得牢一些,而中间部分的项目总是学得慢、记得差一些。中间部分的记忆效果之所以较差,可能是由于同时受到前摄抑制和倒摄抑制双重干扰,而最前部与最后部的记忆效果之所以较好,可能是由于仅受到倒摄抑制或前摄抑制的干扰。

(3) 同化说。奥苏贝尔根据他的有意义接受学习理论,对遗忘的原因提出了一种独特的解释。他认为,干扰说是根据机械学习的实验提出来的,只能解释机械学习的保持与遗忘,不能解释有意义学习的保持与遗忘。奥苏贝尔认为,在真正的有意义学习中,前后相继的学习不是相互干扰而是相互促进的,因为有意义学习总是以原有的学习为基础,后面的学习则是前面的学习的加深和补充。遗忘就其本质来说,是知识的组织与认知结构简化的过程。当我们学到了更高级的概念与规律以后,高级的观念可以代替低级的观念,使低级观念遗忘,从而简化了认识并减轻了记忆。这是一种积极的遗忘。但在有意义学习中,或者由于原有知识结构不巩固,或者由于新旧知识辨析不清楚,也有可能以原有的观念来代替表面相同而实质不同的新观念,从而出现记忆错误。这是一种消极的遗忘,教学中必须尽量避免。

(4) 动机说。动机性遗忘理论认为,遗忘是因为我们不想记,由于它们太可怕、太痛苦或有损自我的形象,而将一些记忆信息排除在意识之外。这一理论最早由弗洛伊德提出。他在给精神病人施行催眠术时发现,许多人能回忆起早年生活的许多琐事,而这些事情平时是回忆不起来的。它们大多数与罪恶感、羞耻感相联系,因而不能为自我所接纳,故不能回忆。也就是说,遗忘不是保持的消失而是记忆被压抑,故这种理论也叫压抑理论。

总之,遗忘的原因是多方面的。上述每一种理论都能解释部分的遗忘现象,但不能解释所有的遗忘现象。因此对于遗忘的原因,应当把上述几种理论综合起来加以解释。

(三) 儿童再认和再现的规律

1. 影响再认的因素

第一,对原有材料识记和保持的巩固程度。识记越充分,保持越牢固,再认就越快越准确。反之则容易发生再认困难或错误。如考试中做判断题、选择题时,有时会模棱两可,不知道该选择哪一个,这就是因为平时对它的学习识记的巩固性差,没有彻底掌握。

第二,时间间隔。识记和再认之间间隔的时间越短,再认的效果越好,间隔越长效果越差。夏佩德(Shepard, 1978)给被试依次呈现612张图片,然后从识记过的这些图片中选出68张,再将这些图片与从未识记过的图片混在一起,进行再认测验。时间间隔有1小时、2小时、3天、7天,直至12天。结果表明,间隔2小时的再认成绩最好,再认效果随时间延长逐渐下降。

第三,以前经历过的事物及其环境条件的变化程度。如果当前呈现的事物与以前识记的事物相似程度高,或者识记时的环境条件变化不大,则容易再认,否则难以再认。

第四,有关的线索。再认主要是依据线索进行的,线索可能是事物的个别部分或特点,利用这些线索与当前呈现的事物进行对照分析以唤起对事物整体或其他部分的回忆。如再认一个人时,他的姓名、外貌、举止、声调、职业乃至过去相处的情景都可能成为线索。因此,再认也是一种较复杂的心理活动,它包括了知觉、回忆、比较、推理等一系列认识活动。

第五,主体的身心状态。再认者的思维活动积极主动,或者对事物存在着期待心理,则再认容易。另外,具有独立性个性特征的人比具有依存性个性特征的人再认迅速、准确。

2. 能够充分再现的条件

第一,要充分利用中介联想,也就是要利用事物的多方面的联系去寻找线索,既可利用反映事物外在联系的联想,如用接近联想、类似联想和对比联想,也可用反映事物之间内在联系的逻辑推理来进行追忆。

第二,要求思维灵活性和批判性,当依靠单一线索不能重现时,要及时改变并运用其他线索进行再现,同时还要求在众多线索中,善于找出和解决问题有必然联系的线索。

第三,要求有坚强的毅力和不懈的求索精神。长时间冥思苦想仍回忆不起来时,有时使人产生急躁或畏难情绪,而这种情绪直接影响回忆的进行,必须以坚强的毅力和不懈的求索精神加以克服。

二、儿童记忆的特点

(一)无意识记和有意识记的发展

有意识记是随着年龄的增长而不断发展的,随着学习动机的激发、学习兴趣的发展、学习目的的明确,它在学习中的主导地位越加显著。从小学中年级开始有意识记渐占主导地位,初中阶段随着学习难度的增加,学生为了搞好学习必须主动地识记一些难记的材料,必须学会自觉地检查识记效果,正是这些因素促使他们的有意识记得到有效发展。少年期的学生有意识记和无意识记都在发展,但有意识记比无意识记发展得快。据研究,少年期前后的学生无意识记成分比小学二年级学生约增加25%,比小学中年级学生约增加1%。而有意识记成分比小学二年级约增加48%,比小学中年级约增加16%。所以,教师要有这样的教学艺术:既要把教材组织得能让学生有目的地进行识记,又要适当地通过无意识记让他们记住一些有益的知识。

中学阶段不仅有意识记在发展,无意识记及其效果也在发展。不管有意识记或无意识记,其记忆的效果主要在于记忆过程的思维活跃程度,也就是能否将所记忆的东西或材料当作智力活动的内容或对象。

(二)机械识记和意义识记的发展

随着年龄的增长和年级的升高,到了中学阶段,教学内容更加深刻地反映着事物的本质特点,因此,对学生的意义识记提出了更高的要求,要求他们对记忆材料进行逻辑加工。

从识记方法的角度看,小学生还习惯于用机械识记来学习材料。到了初中阶段,学生慢慢地学会并掌握了意义识记的方法和技巧,机械识记的成分就相对地减少了。进入高中前后,学生的意义识记开始明显地占有优势。一项研究表明,在正常情况下,机械识记成分与意义识记成分之比在小学低年级是7:3,在小学中年级是6:4,在初中前后是5.5:4.5,在高中前后是2:8。促使中学生意义识记逐渐占有优势的原因,一是随着学习内容难度的增加,教师经常要求意义识记,二是学生在学习中必须通过理解来识别和记住一些定理、法则、公式等。这个阶段是学生从机械识记向意义识记过渡的关键期。教师应当通过各种教育和训练的手段,促使学生的机械识记与意义识记和谐地得到发展。

(三)形象识记和抽象识记的发展

中学生在学习过程中,必须大量掌握各种科学概念,必须进行逻辑判断、推理、证明,这样随着中学生言语和思维的发展,词语的、抽象的识记能力也日益发展。

小学低年级学生主要以直观形象的方式来识记事物的特征和属性,积累个别事物的表象。从小学中年级开始,学生学会了改造记忆中的表象,开始在脑中形成一般的记忆表象和想象表象。在这个基础上,初中学生对词的抽象识记能力得到了迅速发展。用具体形象的词和抽象助词作为材料在不同年级的学生中进行实验,结果表明初中前后的学生对具体形象材料的识记比小学一年级学生增加84%,比小学中年级学生增加34%。而对抽象材料的识记比小学一年级学生增加192%,比小学中年级学生增加124%。

初中学生对具体形象材料与抽象材料识记能力的提高,是因为他们不仅要从直观、具体的材料中学习知识,而且要大量掌握各门学科的概念、规则、原理并进行判断、推理和证明。所以,初中学生一方面发展着形象识记能力,另一方面又要去理解大量的语汇概念,抽象识记能力也日益增强。因此,在初中阶段,发展学生形象识记和抽象识记的能力都是教学的重要任务。

(四) 记忆范围不断扩大

记忆范围的大小用在同一范围内记忆材料数量的多少来衡量。采用记忆广度数字表是测量记忆范围的最简易的方法。这种数字表一般由3~12位数字组成。在呈现数字表之后,让被试从3位数开始重现,直到发生错误为止。测量结果表明,小学低年级学生平均的记忆范围可以达到5位数,初中学生平均记忆范围达到7位数。另一项用文字材料作为记忆内容,对8~16岁的学生进行实验的结果发现,初中一、二年级学生对文字材料的记忆增加量最为明显。可见,这个阶段的学生的记忆范围在迅速扩大。由于初中学生还缺乏记忆经验,也不善于把所学的知识与已有的知识联系起来,因此记忆的方法往往不够合理。教师要注意指导他们采用科学的记忆方法去促进他们记忆范围的扩大。

(五) 记忆带有情绪体验材料的兴趣增强

与小学生相比,初中学生的智力活动更明显地伴有情绪色彩。因此,他们在积累知识经验的过程中,也就同时记忆着当时所体验到的情绪情感,甚至于日后将体验到的内容忘掉了,但却留下了对它的情绪与情感的体验。在用痛苦、喜悦、悲伤、满意、蔑视、愉快、恼怒、高兴、挫折、沉思、坚强、失望、懦弱、灰心、厌烦等词为材料进行的实验中发现,从小学高年级起,学生对带有情绪色彩的材料的记忆量增加得很快,平均是小学低年级学生的一倍多,初中学生对这类材料的记忆量又比小学高年级学生平均增加30%以上。

第三节 促进儿童知识巩固的策略

一、培养儿童良好的记忆品质

一个人的记忆力水平,可以从记忆品质的敏捷性、持久性、正确性和准备性四个方面来衡量和评价。

(一) 培养儿童记忆的敏捷性

记忆的敏捷性是指一个人在识记事物时的速度方面的特征。能够在较短的时间内记住较多的东西,就是记忆敏捷性良好的表现。在敏捷性方面,有的人可以过目不忘,有的人则久难成诵。但各人的特点不同:有的人记得快,忘得也快;有的人记得慢,忘得也慢。记忆是否敏捷取决于大脑皮层中条件反射形成的速度。条件反射形成得快,记忆就敏捷;条件反射形成得慢,记忆就迟钝。每个儿童都希望自己的记忆具有敏捷性,因为这样就可以在单位时间里获得更多的知识。要想达到这个目的,一是平时要加强对儿童的锻炼,通过锻炼使儿童的记忆敏捷起来;二是促使儿童在记忆时集中注意力;三是要充分利用原有的知识,以此来获得新的知识。也就是说在旧有的条件反射基础上去建立新的条件反射,这样记忆就会逐渐敏捷起来。

(二) 培养儿童记忆的持久性

记忆的持久性是指记忆内容在记忆系统中保持时间长短方面的特征。能够把知识经验长时间地保留在头脑中,甚至终生不忘,这就是记忆持久性良好的表现。记忆的这一品质,与人的暂时神经联系的牢固性有关:暂时神经联系形成得越牢固,则记忆得越长久;暂时神经联系形成得越不牢固,则记忆得越短暂。在持久性方面,有的人能把识记的东西长久地保持在头脑中,而有的人则会很快地把识记的东西遗忘。一般来讲,记忆的敏捷性与记忆的持久性之间有正相关,记得快的人,保持的时间较长。但也不尽然,有的人记得快,但保持的时间短。儿童都希望自己的记忆长久,但是仅仅持久仍然是不够的,如果不善于灵活运用也是枉然。既有持久性又有运用的灵活性,才能牢固地掌握所学到的知识。记忆不长久,一般是与功夫不深、复习记忆密度不够有关。要经常地并在适当的时机进行复习,使条件反射不断强化而得到巩固,这样就可以使记忆获得持久性。

(三) 培养儿童记忆的正确性

记忆的正确性是指对记忆内容的识记、保持和提取时是否精确的特征。"正确性"是良好记忆的最重要的特点。如果记忆总是不正确,那它只能对儿童的学习知识和积累经验帮倒忙。所以,记忆的正确性是保证儿童获得正确知识的重要的心理品质。我们常常可以看到有的儿童记忆总是非常正确,回答问题,处理事情总是那么信心十足,准确而全面,从不丢三落四或添枝加叶。而有的儿童的记忆不是错误百出,就是犹豫不决,拿不定主意,总是"大概"、"或许"、"差不多"等。这说明儿童的记忆在正确性方面也是大不相同的。记忆的不正确、不准确与识记以及遗忘的选择性有很大关系。对同一件事情,儿童识记的角度和识记后遗忘的角度都不完全相同。例如,几个儿童都看了某本书,看后即问他们记住了什么内容,他们的回答不可能是一样的。从生理上说,记忆的正确与否与条件反射有关。如果条件反射形成得准确、牢固,记忆的正确性就好,反之,如果条件反射形成得不正确、不准确、不牢固,记忆的正确性就差。因此,要想使自己的记忆具有最大限度的正确性,就要从条件反射建立的正确性和准确性上去努力。一般来说,儿童对某一事物的最初印象往往都是最深刻的,这和在白纸上画画看得最清楚是一个道理。心理学的研究证实,最初印象往往对儿童的心理活动产生很大影响。要保证记忆的正确性,首先,要进行认真、正确的识记。其次,必须勤于自我监督。要养成良好的习惯,随时分清自己记忆中正确记忆和错误记忆、精确记忆和模糊记忆的内容。对于正确和精确记住的事物,要不断通过强化条件反射去巩固它;对错误记忆和模糊记忆的内容,要通过修正条件反射之后再去加强它,这样才能有效地保证记忆的正确性。

(四) 培养儿童记忆的准备性

记忆准备性,指的是能够迅速地从已识记的知识储备中提取当时所需用的信息的性能。记忆的准备性是决定记忆效能的主要因素,是判断记忆品质的最重要的标准。记忆的准备性也是记忆的敏捷性、持久性、正确性、系统性和广阔性的体现。儿童进行活动的目的是为了储备知识,并使之备而有用,备而能用。记忆如果没有准备性,它就失去了存在的价值。正像一个仓库,尽管里面储满了货物,如果取货非常困难,那就起不到仓库应有的作用。人们的记忆好比是储存知识的"智慧仓库",如果管理得当,进货、发货就会迅速、顺利。也就是说,当需要使用某种知识时能够很快提取应用,这样才有实际意义。就像学生进考场那样,记忆准备性好的学生,能够迅速、正确地从自己记忆的仓库中提取相应的知识,顺利答完试题。而准备性不好的学生常常会发懵或答非所问,影响考试成绩。现实中有些人,知道的事情并不少甚至可以称得上"渊博"。可是当需要回忆某些事物时,需要的总是想不起来,这就说明他们的记忆缺乏准备性。而另一些人,掌握的知识尽管少一些,但使用时总是得心应手,并在回忆时随时能够再现需要的东西,这就说明他们的记忆具有较好的准备性。

准备性是良好记忆的品质中最重要的一种品质。记忆的准备性并不是天生就有的,而是后天培养、锻炼的结果。要想使自己的记忆具有良好的准备性,首先要使记忆具有正确性、系统性和持久性;还要通过各种方法培养锻炼自己回忆的技巧,并多运用已经记忆的知识,达到"熟能生巧"的程度,这样记忆也就具有较好的准备性了。特别要强调的是,从识记一开始就不要随随便便、马马虎虎。因为记忆的准备性是在识记的过程中形成的。我们应该有意识地记那些有意义的事物,并在识记当时就立刻建立起识记和同需要使用这些知识场合之间的联系。另外还要强调积累知识的系统性,因为记忆的系统性对形成记忆的准备性也是很重要的。拿破仑曾经说过:"一切事情和知识在他头脑里放得像在橱柜的抽屉里一样,只要他打开某个,就能准确地取出所需要的材料。"

记忆的四种品质是有机联系,缺一不可的。为了使儿童具有良好的记忆能力,就必须建立丰富、系统、精确而巩固的条件反射,具备所有优秀的记忆品质。忽视记忆品质中的任何一个方面都是片面的。

二、培养儿童识记的有效策略

(一) 有目的的识记

有目的的识记,比无目的的识记效果好。学习一门学科,完成一个学期、一个单元、一堂课的学习任务,都要有明确的学习目的和学习目标。目的越明确,目标越远大,识记效果就越好。

儿童在识记时,第一,要有明确的记忆意识,清楚知道记忆要达到的目标、记忆的内容,乃至采用什么方法来记。第二,要提高自我参与的程度,无论记什么内容都要有强烈的记忆欲望,要相信自己"能记住"、"会记住",抱着这种信念,识记的效果就会朝着所希望的方向发展。第三,限时记忆。规定识记的内容在一定时限内完成。限时记忆加强了对记忆时间的意识,能增强紧迫感,迫使具有惰性的大脑全面紧张起来,使识记效果大大提高。第四,树立长远的识记目标,保证记住的内容经久不忘。对识记的内容尽量要求自己记久一点、记远一点,终身受用,不要仅为了考试或临时的任务记忆。

(二) 先理解后识记

理解就是运用个体已有的知识经验,经过思维操作去消化新知识的过程。只有理解了的知识,才能记得牢固,也才能灵活应用。艾宾浩斯和肯斯雷(Kingsley)的研究揭示了意义识记在识记的数量上、精确性上以及时间的节省上都大大优于机械识记。

首先,理解识记要促使新知识与旧知识取得联系。一方面,只有当新知识纳入旧知识的系统与网络中,新知识才真正被理解;另一方面,知识也只有固定在旧知识的"桩"上,才不会成为孤立的、零星的、易被遗忘的知识点。因此作为教师,在教学新知识时,要注意揭示新旧知识的联系点、生长点,搭好新旧知识联系的桥梁。就是在教公式、定理、法则等这类必须记住的内容时,也应该多做意义上的分析,充分揭示其内在联系,防止学生死记硬背。其次,对必须记住,而意义不强的内容,赋予人为的意义来提高识记效果。在学习中,我们常常会遇到一些意义不强,甚至枯燥的内容,如历史课的年代、人名,地理课的地名,生物课的类群,外语课的生词,化学课的元素符号、元素周期表等,对这些内容可人为赋予意义来记住。如爱因斯坦在记一个人为24361的电话号码时,以"两打加19的平方"就轻而易举地记住了。

(三) 整体识记与部分识记相结合

根据识记量采用相应的识记方法。一般来说,短且整体性强的材料,以一气呵成的整体法识记为好;材料长可采用部分识记法,即把整体分成几段,一段一段地记。若各段熟记后,段与段的次序易混淆,可采用先部分后整体的方法识记。

(四) 依照组块律,加大信息量

组块律就是指识记信息的容量随组块容量的增大而增大。组块是信息的一种意义单位,它可以是一个字母或数字,一组字母或一连串数字,也可以是一组词或句子。研究表明,我们每个人短时记忆的容量为 7 ± 2 个组块。

根据组块律扩大识记量,就必须将信息组块化。即根据个人的经验将孤立的项目尽量连接成更大的单元。组块的容量越大,能够立刻记住的内容就越多。因此,通常博学强记是互为因果的。知识多、经验多,有助于记;而记得快、记得准又依赖于知识的博。

(五) 识记与操作相结合

参加实际操作,自己动手、动口、动脑,自己分析和解决实际问题。由于亲身经历过、体验过,这样学习的知识容易被记住。

(六) 保持良好的情绪

在识记事物或知识时,保持良好的心境,使儿童的情绪始终处于积极、乐观、向上的状态,识记和学习效果就会较好,并且识记的东西也容易巩固。

三、教给儿童保持知识、避免遗忘的方法——科学复习

复习是学习的重要环节,是与遗忘做斗争的有力武器。

(一) 及时复习

根据艾宾浩斯的遗忘曲线,知识刚学过之后,开始遗忘得特别快,人们对学到的新知识,一小时后只能保持44%,两天后保持量28%,6天后只剩下25%。因此,我们学过新知识后,要"趁热打铁",抓紧时间及时复习、巩固,才能不断强化已经建立起来的神经联系。因此,当天课堂上学过的新知识,在课后要及时再复习;刚刚记下的材料,要在头一个小时内做到复习。要最大限度地利用时间复习,特别是要把平时一些闲散、短暂的时间都利用起来,还可以把每科的基础知识做成一张张小卡片放在身边,以便随时拿出来复习、巩固。

(二) 合理分配复习时间

在时间上,要对复习进行合理和正确的分配。复习既可以连续、集中地进行,也可以在不同的时间间隔内分散进行。一般来说,复习的时间过分集中,容易互相干扰;时间过于分散,又容易发生遗忘。时间的分配要适中。对于需要机械识记的内容,分散练习比集中练习要好;学习复杂、需要思考的内容,则应该比较集中地来学习。对内容难,在缺乏兴趣和容易疲劳的情况下,还是分散复习为好。但是,在时间上复习不宜过于分散,要根据材料的性质、数量、已经达到的记忆程度合理地安排复习时间。一般而言,开始复习时,时间间隔要短,随后,慢慢地延长间隔的时间;识记有意义材料,开始的间隔时间短些,以后时间可以长些。总之,复习的时间间隔先短后长,随着记忆巩固程度的

加深,每次复习的间隔时间也可越来越长,到了一定的时候,知识就能牢固记忆,不复习也不会忘记了。

(三) 反复阅读与尝试回忆相结合

在对复习材料没有完全熟记之前不宜一遍又一遍地单纯诵读,而是要积极地试图回忆,即读几遍后合起书来回忆其中的内容或尝试背诵,遇到回忆不起来的部分再阅读,这就是反复阅读与尝试回忆相结合的方法。实验证明:这种方法比一遍一遍地阅读,省时省力,效果更好。因为这是一种积极主动的复习方法,能够及时发现哪些记住了,哪些没有记住,使复习更有目的性。它可以看到成绩,增强信心。

(四) 复习方法多样化

有人把复习当作单纯的重复,这是不对的。复习方法简单,容易使人产生消极情绪和疲劳感。复习方法多样,会使学习者感到新颖,也容易激起学习者的积极性。学生简单地、多次地重复某一个概念并不容易记住,如果通过多种形式的练习来掌握和运用这个概念,就能够牢固地记住它。例如,在识记材料还没有完全记住前,可以采用尝试回忆的方法进行复习,当回忆不出来时再阅读;重点复习尝试回忆时想不起来、记不清楚、印象模糊的部分;复习时,用红笔把记忆材料的重点部分或容易忽略的部分勾画出来;在记忆材料的周边空白部分用自己的话简要记下体会和理解,这些话应该要能高度概括材料的内容,或是有利于记忆的、带提示性的语句,以便以后再复习时能迅速抓住要点,回忆起关键的内容。

(五) 科学用脑,劳逸结合

学习时间长了,就会引起大脑神经疲劳,从而降低记忆的效率。这时如果让大脑积极休息一下,就会迅速提高大脑活动的机能,从而防止遗忘。研究证明,学生如果在课间有十分钟的积极休息,便可以使脑力活动的效率提高 30%。另外,适当睡眠也是科学用脑、提高学习效率的必要措施。

四、教会儿童有效提取的策略

提取要依靠线索:一靠联想,二靠记忆术。记忆术就是记忆方法,且多是人为的记忆方法。

(一) 联想

利用联想来增强记忆效果的方法,叫作联想记忆法。联想,就是当人脑接受某一刺激时,浮现出与该刺激有关的事物形象的心理过程。一般来说,互相接近的事物、相反的事物、相似的事物之间容易产生联想。用联想来增强记忆是一种很常用的方法。美国著名的记忆术专家哈利·洛雷因说:"记忆的基本法则是把新的信息联想于已知事物。"

联想记忆法主要有以下几种具体方法:

1. 接近联想法

接近联想法是根据有些地理事物在时间上或空间上有所接近之处而建立起来的联想记忆方法。接近联想有助于我们将新、旧知识联系起来,增强知识的凝聚力。两种以上的事物,在时间或空间上,同时或接近,这样只要想起其中的一种便会接着回忆起另一种,由此再想起其他。记忆的材料整理成一定顺序就容易记得多了。如复习亚马孙平原时,从同一地理空间进行联系,想到亚马孙河,全年水量丰富,季节变化量小;想到世界上最大的热带雨林区,树种丰富,破坏严重,"世界肺脏"作用正在不断减弱。又如,记忆洋流的分布规律时,在中低纬形成以副热带为中心的反气旋型大洋环流,想到北半球的反气旋是顺时针方向流动,东西风向如何就一目了然了。

2. 相(类)似联想法

相(类)似联想法是根据事物之间在性质、成因、规律等方面有类似之处而建立起来的记忆方法。类似联想有助于我们发现事物的共性,强化记忆。

当一种事物和另一种事物相类似时,往往会从这一事物引起对另一事物的联想。把记忆的材料与自己体验过的事物相连结起来,记忆效果就好。

在外语单词里,有发音相似的,有意义相似的,这些都可以利用相似联想法来帮助记忆。

3. 对比联想法

对比联想法是根据事物之间具有明显对立性特点加以联想的记忆方法。对比联想有助于我们比较事物的差异性,掌握各自的特性,增强记忆。

当看到、听到或回忆起某一事物时,往往会想起和它相对的事物。对各种知识进行多种比较,抓住其特性,可以帮助记忆。

如唐朝诗人王维的《使至塞上》诗的中间两联:"征蓬出汉塞,归雁入胡天。大漠孤烟直,长河落日圆"。对比之处很多,由前一句可以很自然地想起后一句。

4. 从属联想记忆法

从属联想记忆法是根据事物之间因果、从属、并列等关系增强知识凝聚的联想记忆方法。通过关系联想,引导思考,理解知识彼此之间的关系,使思考问题有明确的方向,知识多而不杂,杂而不乱,有规律可循。如因果关系(以地理学习为例):地理自转→地转偏向力→盛行风向→洋流的流向;从属关系:总星系→银河系→太阳系→地月系;并列关系:风化作用→侵蚀作用→搬运作用→沉积作用→固结成岩作用。

(二) 记忆术

1. 谐音记忆法

谐音记忆法是指把需要记忆的知识通过谐音组合到一块,然后联想创造出一种意境的记忆方法。对于难记忆的知识利用谐音联想记忆,便于想象,能极大地调动自己的积极性和兴趣,收到"记中乐,乐中记"的艺术效果。

人的记忆是以"组块"为单位的,每一个组块内的信息量多少是相对的。一个字母、一个单词、一个词组可以看作一个组块,一个句子也可以作为一个组块。组块内部的信息不是各自独立,而是相互联结的,如果善于把记忆材料分成适当的组块,就能够大大提高记忆效果。谐音记忆法就是符合组块规律的一种记忆方法。

许多学习材料很难记忆,在它们之间不易找出有意义的联系,如历史年代、统计数字等。如果对这些学习材料运用谐音加某种外部联系,这样就便于贮存,易于回忆。

2. 口诀记忆法

口诀记忆法是将记忆内容编写成口诀或歌谣,是一种变枯燥为趣味的记忆方法。

把记忆材料编成口诀或合辙押韵的句子来提高记忆效果的方法,叫作口诀记忆法。这种方法可以缩小记忆材料的绝对数量,把记忆材料分成组块来记忆,加大信息浓度,增强趣味性,不但可减轻大脑负担,而且记得牢,避免遗漏。

口诀大都押韵,朗朗上口,容易记忆,容易提取。

3. 位置记忆法

位置记忆法,又名空间法,顾名思义,就是把我们想要记住的东西放在我们日常所熟悉事物的位置上去记忆,比如身体、车上的空间、办公室或家具的抽屉等都可以,这样就能方便我们去记忆日常所需的资料,如每日新学的英文单词、数字标签和较为简短的文字资料。在使用的时候,将所需记忆的资料放在特定的位置,并加以动感、色彩、空间感觉、夸张、夸大、反逻辑的想象和强烈的感受,这样就可以非常容易记住,并且记住就不会忘记。在使用位置法的时候,我们可以随时抽取所需要的资料,无论是顺背、倒背,还是抽背,都易如反掌。

4. 比较记忆法

这是一种通过辨别事物之间异同来记忆的方法。使用比较记忆法应遵循两条规律:一是异中求同,即在两种或几种记忆材料中找出它们的共同点或相似点,以确定它们之间的联系;二是同中求异,即在共同点和相似点的基础上找出其不同点,并抓住这些不同之处,使事物的精确形象牢固地保持在记忆中。

5. 重点记忆法

这是一种将复杂材料简化,抓住重点的记忆方法。例如,心理学讲四种气质类型在行为方式上的特点,可浓缩为胆汁质——急,多血质——活,粘液质——稳,抑郁质——慢。重点记忆法便于储存记忆且提取迅速。

6. 图表记忆法

这是一种对复杂材料用图表简化进行记忆的方法。如学生学习政治经济学常识之后,可画出图表来标识生产力与生产关系、生产关系与经济基础、经济基础与上层建筑之间的关系,从而形成一个完整的知识结构。

研究动态

现代人类对记忆的研究仍在继续。运用那些经过实践后能有效提高记忆力的方法、技巧,可以使之更好地服务于人类的工作、生活、学习。但是还存在很多的研究空间。比如,当今的科学技术已经有了长足的发展,传统的记忆能力的发展是否仍有足够的意义?在科技迅速发展的时代下,儿童的记忆内容是否有必要做转向?不同的学科有不同的特点,儿童如何依据不同的学科构建自己的记忆系统?

 思考练习

1. 什么是记忆？记忆有何作用？
2. 简述记忆的分类。
3. 瞬时记忆、短时记忆、长时记忆的特点是什么？
4. 简述记忆的过程。
5. 什么是遗忘？遗忘的规律是什么？
6. 影响儿童识记的因素有哪些？
7. 如何有效地再认和再现？
8. 联系实际谈谈应该培养儿童哪些记忆品质？
9. 如何科学地复习？
10. 联系自己的学习经历，谈谈如何教给儿童有效的记忆策略？

 学习资源

1. 彭聃龄. 普通心理学[M]. 北京：北京师范大学出版社，2001.
2. 张道祥. 当代普通心理学[M]. 长春：吉林大学出版社，2006.
3. 张文婷. 心理学基础教程[M]. 北京：新华出版社，2008.
4. 陈烜之. 认知心理学[M]. 广州：广东高等教育出版社，2006.
5. 耶鲁大学公开课：心理学导论. http://open.163.com/special/introductiontopsychology/.
6. 梨花女子大学公开课：青少年心理学. http://open.163.com/movie/2013/9/Q/3/MA5T0OVML_MA5T1OIQ3.html.
7. 世纪心理沙龙：http://www.xlxcn.net.
8. 华夏心理网：http://www.psychcn.com/.
9. 华中师大心理系 BBS：http://www.psyhccnu.com/bbs/.
10. 埃舍尔的世界（英）：http://www.worldofescher.com.
11. 大脑（英）：http://www.brain.com.

第四章
儿童思维发展与知识理解

> 学习目标：
> 1. 了解思维的概念与思维的种类。
> 2. 理解儿童思维发展的特点。
> 3. 掌握促进知识理解的教学策略和创造性思维、批判性思维能力的培养策略。

第一节 思维概述

思维是人脑借助于语言对客观事物的概括和间接的反应过程，它是人类所具有的高级认识活动。按照信息论的观点，思维是对新输入信息与脑内储存知识经验进行一系列复杂的心智操作过程，思维以感知为基础又超越感知的界限。

一、思维概念及其分类

思维（thinking）是人脑借助于语言、表象、符号或动作等，对客观事物的本质属性和内部规律的间接和概括反映。思维是认识过程的高级阶段，它探索与发现事物的内部本质联系和规律，并导致新颖的、有效的主意或结论产生。[1]

（一）思维活动与特点

人类通过思维，能够获得对事物本质属性、内在联系和发展规律的认识，思维活动主要表现为知识表征、概念形成、归纳演绎、问题解决与判断决策等过程。

间接性和概括性是人类思维的两个基本特征。

思维的间接性，指的是思维总是以一定事物为媒介来反映那些不能直接作用于感官的事物。例如，考古学家通过挖掘得到地下文物，经过碳14同位素探测，推断出发生

---

[1] 刘爱伦. 思维心理学[M]. 上海：上海教育出版社，2007：35.

在几千年前的历史事件与确切年代;气象学家根据卫星云图的变化推测未来几天的天气;电脑修理人员根据电脑的运行速度明显比以前慢而推断"电脑中毒了"。由于思维的间接性,人们可以超越感知觉器官提供的信息,认识那些没有直接作用于人的事物,并揭示出事物的本质及其规律。

概括性是指思维能够把同类事物共同的、本质的特征抽取出来并加以概括,反映事物之间的规律性联系。思维的概括性是借助概念来实现的,例如,狗有不同的颜色、不同的大小、不同的形态,但人们通过思维概括出"狗是一种犬科哺乳动物",并把这种认识推广到同类事物中去,进而认识各种各样的狗。思维的概括性使人们的认识摆脱了具体事物的局限,这不仅扩大了人们的认识范围,也增加了人们的认识深度。

(二) 思维与感知觉的关系

思维同感知觉一样都是人脑对客观现实的反映,但又与它们有根本的区别。表现为以下几点:

首先,从反映的内容来看,思维是对事物的共同的、本质的属性及其内在联系的反映,思维的深刻性与有效性受认知主体主客观因素的制约,而感知觉则反映的是主体对客观事物外部特征和外在联系的认识。例如,就圆的认识来说,感知觉只能反映各种具体的圆的形状和大小,而思维则能舍弃圆的具体形状和大小等非本质特征,把任何圆都具有从圆心到圆上任何一点距离都相等这一共同的、本质的特征概括出来。前者是对事物现象的反映,后者是对事物本质的反映。

其次,从反映的形式来看,思维是对客观事物间接的和概括的反映,感知觉只是对当前事物的直接反映。因此,通过思维活动,人就可以运用概念、定理、定义、定律等来解释与理解客观事物。可见思维是我们认识的高级阶段,即理性阶段的集中体现。

最后,从反映的阶段来看,感知觉属于感性认识,它是借助于形象系统对直接作用于感官的事物进行反映,反映范围很小,是认识过程的初级阶段,而思维属于理性认识,它是借助概念系统对客观事物进行反映,它可以反映任何事物,反映范围很大,是认识过程的高级阶段。

思维虽是超出感知范围的理性认识阶段,是更高级更复杂的心理活动过程,但它是以感性材料为基础,与感知、记忆等认识过程密不可分的。感性认识是思维活动的源泉和依据,思维无论多么抽象,它的加工材料还是对个别事物的多次感知,从对个别事物多次感知中,概括出它们的本质和规律。同时,感性认识的材料不经思维加工,就只能停留在对事物表面的、现象的认识上,而不能认识客观事物的本质和规律。

(三) 思维与语言的关系

思维不仅与感性认识相关联,而且与语言也具有密切联系。人类思维最主要的特点就在于使用语言。思维与语言既有联系,也有区别。

1. 思维与语言的联系

首先,语言是思维的工具。思维的活动主要是靠语言这一载体来实现的,人类思维最主要的特点就在于使用语言。正是有了语言,人脑反映事物的本质属性与事物之间的内在联系才有了可能。正如马克思所说:"语言是思维的直接现实。"人类的抽象思维,总是借助语言的思维。这是由语言本身具有的概括性、间接性和社会性所决定的。通过语言,人们才可以把一类事物共同的本质属性概括出来。

其次,语言是思维的结果。语言的存在离不开思维的作用,构成语言的词汇和语法是长期以来人们在相互交流的过程中通过思维而形成的。语言和词的意义就是思维的内容。语言和词的意义正是靠思维的日益发展而不断丰富和深化的。

2. 思维与语言的区别

思维与语言虽密不可分,但不等于二者可以混为一谈。语言就是语言,思维就是思维,语言不是思维。

(1)它们的本质属性不同。思维是一种心理现象,是揭示客观事物本质及其规律的认知活动,以意识的形式存在;语言是一种符号系统,是人们进行思维和思想交流的工具,是以声、形的物质形式存在。

(2)它们与客观事物的关系不同。思维与客观事物之间是反映与被反映的关系,两者有着本质的、必然的联系;语言与客观事物之间是标志与被标志的关系,二者无必然联系,是人们约定俗成的。我们可以用不同的词代表同一事物,例如,"红薯"还可称为"山芋"、"地瓜"。

(3)思维中的概念与语言中的词相关,但并非一一对应。概念是用词来表达的,但同一个概念可以用不同的词来表达;同样,同一个词也可以表达不同的概念。

(4)思维规律具有全人类性,语言的语法结构具有民族性。思维具有全人类性,尽管个体的国籍、民族、职业、性别不同,但其思维都遵循着从感性到理性、从具体到抽象的过程;而语言具有民族性,不同民族的语言有着不同的语法结构。

(四)思维的分类

1. 动作思维、形象思维和抽象思维

根据思维的凭借物,可以把思维分为动作思维、形象思维和抽象思维。

(1)动作思维

动作思维是指依赖身体的具体动作进行的思维。2岁前幼儿尚未掌握语言,他们主要通过摆弄实物、在实际操作中认识物体的属性,动作停止,思维相应停止。因此,动作思维在婴幼儿身上较为常见。成人也有动作思维,如修理自行车时,一边检查一边思考,直至发现问题、排除故障为止,在这一过程中动作思维占据主要地位。

(2)形象思维

形象思维是指凭借事物的表象进行的思维。表象是当事物不在眼前时,个体头脑中出现的关于该事物的形象。这是3~7岁学龄前儿童的主要思维方式。游戏是最好的例证,儿童经常模仿他人的活动,进行角色扮演。成人也经常运用形象思维,如装修房屋、服装设计、艺术创作等。

(3)抽象思维

抽象思维是以概念、判断、推理的形式,达到对事物的本质特性和内在联系认识的思维。人的思维大多是以语言概念和符号进行的抽象思维,这是人类所特有的、复杂而高级的思维形式,是人类思维的核心形态。小学高年级学生的抽象思维得到了迅速发展,初中生的抽象思维已开始占主导地位,如初中一些学科中公式、定理、法则的推导、证明与判断等,都需要抽象思维。

儿童思维的发展,一般都经历动作思维、形象思维和抽象思维三个阶段。成人在解决问题时,这三种思维往往是相互联系,相互补充,共同参与,如科学家在进行科学实验时,既需要高度的科学概括(抽象思维),又需要展开丰富的联想和想象(形象思维),同时还需要进行动手操作(动作思维)。

2. 直觉思维和分析思维

根据思维结论是否有明确的思考步骤和思维过程中意识的清晰程度,可以把思维分为直觉思维和分析思维。

(1) 直觉思维

直觉思维又称非逻辑思维,它是不经过逐步分析就能迅速对问题答案做出合理判断,或突然领悟的思维。例如,遇到一道数学难题,冥思苦想还是不得其解,在你几乎就要放弃的一天,突然间有一个解决这道难题的办法闪现在你的脑海里。历史上,阿基米德在浴缸洗澡时突然发现浮力定律,就是一个直觉思维的典型例子。

(2) 分析思维

分析思维又称逻辑思维,它是严格遵循逻辑规律,经过逐步分析与推导,最后得出明确结论的思维方式。例如,警察通过寻找线索、获取证据、对比结论,从而确定犯罪对象;学生在解几何题时,通过逐步推理和多步论证进行证明;医生对疑难病症进行多种检查、专家会诊等,他们都采用了分析思维。

3. 聚合思维和发散思维

根据解决问题时的思维方向,可以把思维分为聚合思维和发散思维。

(1) 聚合思维

聚合思维又称求同思维、集中思维、辐合思维、会聚思维,是把问题所提供的各种信息集中起来,朝着同一个方向得出一个正确或最好答案的思维,其主要特点是求同。例如,学生在进行数学计算时,通过各种方法比较找出最为简便的运算,或运用一定的公式进行同一类运算;设计人员对各种设计思路进行严格的筛选和比较进而找出最佳的方案。

(2) 发散思维

发散思维又称求异思维、分散思维、辐射思维,是从一个目标出发,沿着各种不同途径思考,寻求各种答案的思维,其主要特点是求异。例如,计算教学中追求算法的多样化或通过不同的方法证明几何问题;某一公司研发部门要求设计人员提出各种设计思路和创意;社会经济政策改革中提出多种解决现实问题的方案。

聚合思维与发散思维都是智力活动不可缺少的思维,都带有创造的成分,而发散思维最能代表创造性的特征。

4. 常规思维和创造性思维

根据思维的创新成分多少,可以把思维分为常规思维和创造性思维。

（1）常规思维

常规思维是指人们运用已获得的知识经验，按现成的方案和程序，用惯常的方法、固定的模式解决问题的思维。例如，学生按例题的思路去解决练习题和作业题，学生利用学过的公式解决同一类型的问题等。

（2）创造性思维

创造性思维指的是遇到问题时，能从多角度、多侧面、多层次、多结构进行思考、寻找答案，既不受现有知识的限制，也不受传统方法的束缚。例如，作家写出一本新小说，科学家发明一台新机器，历史上的飞机、潜艇、航空母舰等的发明都是创造性思维的结果。

二、思维的过程

（一）思维的心智操作

1. 分析与综合

分析与综合是思维过程的基本环节。

分析是在头脑中把事物的整体分解成各个部分，把复杂的事物分解成简单的要素的心智操作。例如，为了帮助学生理解一篇课文，老师将一篇课文分解为段，段分解为一个个的句子；为了研究地球，我们把地球分为海洋和陆地；为了研究植物，把植物分解为根、茎、叶、花、果实、种子。

综合是在头脑里把事物的各个部分、方面与各种特征结合起来，了解它们之间的联系，形成一个整体的心智操作。例如，把文章各个段落的内容综合起来，从整体上把握文章的中心思想；把一个人的人品、性格、气质、能力、外貌等方面综合起来，得出对某人的整体印象，这都属于综合过程。

分析与综合是同一思维过程中彼此相反而又紧密联系的过程。它们相互依存、对立统一。没有分析，对事物的整体认识就不可能深入；只有分析而没有综合，那只能是"只见树木，不见森林"。因此，分析是以事物综合体为前提的，没有事物综合体，就无从分析。综合是以对事物的分析为基础的，分析越细致，综合越全面；分析越准确，综合越完善。例如，学生读一篇课文，既要分析，也要综合。经过分析，理解了词义和段落大意；经过综合，掌握了文章的中心思想，获得了对文章的整体认识。对事物只有分析而没有综合，只能形成片面的、支离破碎的认识；只有综合没有分析，只能形成表面的认识。分析与综合是辩证统一的，只有把分析与综合有机地结合在一起，才能发现事物之间的联系和关系，才能更好地认识事物。

2. 比较与分类

比较是在头脑中把各种事物或现象加以对比，确定认识对象之间的差异点和共同点的心智操作。通过比较，我们能够认识事物，能够把握事物的属性、特征和相互关系。只有经过比较，区分事物间的异同点，才能更好地识别事物。例如，为了弄清"知觉"的含义，我们应该把"知觉"与"感觉"进行比较，找出它们的共同点和差异点。它们的共同点即感觉和知觉都是对直接作用于感觉器官的事物的反映；它们的差异点即知觉和感觉是两个不同的心理过程：知觉是对感觉属性的整体概括，感觉只是对事物个别属性的反映；知觉反映的是事物的意义，感觉只是个别属性的信息摄入。通过比较，对"知觉"这一概念的认识就更加准确了。

比较与分析、综合是紧密联系的。比较是对事物的各个部分、各种属性或特性的鉴别与区分，因此没有分析就谈不上比较，分析是比较的前提。然而，比较的目的是确定事物间的异同，因此比较也离不开综合。要比较事物，既要对事物进行分析，又要对事物进行综合，离开分析与综合，比较难以进行。

分类是在头脑中根据事物或现象的共同点和差异点，把它们区分为不同种类的心智操作。在比较的基础上，我们认识了事物之间的异同点，就可以根据共同点把事物归为较大的类，根据差异点把事物归为较小的类。例如，学生认识数的概念时，可以把数分为实数和虚数；实数又可分为有理数和无理数；有理数又可分为整数、小数和分数等。

分类的水平受学生年龄和思维发展水平的影响。小学生往往不是根据事物的本质特征，而是根据事物的外部特征和事物的功能进行分类；初中生容易把本质特征与非本质特征并列进行分类；而高中生则会按事物的本质特征进行分类。

3. 抽象与概括

抽象是在头脑中把同类事物或现象共同的、本质的特征抽取出来，并舍弃个别的、非本质特征的心智操作。例如，通过认识形形色色、各式不同的鸟类：有红色的、白色的、黑色的……；有很高大，也有非常矮小的；有的鸟会飞，有的不会；有会游泳的鸟，也有不会的；鸟能吃饭、能睡觉、能喝水、能活动，甚至有的鸟还能制造工具和使用工具；鸟有羽毛、有翅膀、卵生、是动物。通过分析、比较，抽取出鸟具有的共同的、本质的属性，即有羽毛、有翅膀、卵生、是动物等，舍弃羽毛的颜色、大小、能吃饭、能睡觉、能喝水、能活动等其他动物也有的非本质属性，这就是抽象过程。

概括是在头脑中把抽象出来的事物共同的、本质的特征综合起来并推广到同类事物中去，使之普遍化的心智操作。例如，我们把"鸟"的本质属性——有羽毛、有翅膀、卵生、是动物综合起来，推广到一切鸟的身上，指出："有羽毛、有翅膀、卵生的动物都是鸟。"这就是概括。

抽象与概括的关系十分密切。如果不能抽取出一类事物的本质属性，就无法对这类事物进行概括。而如果没有概括性的思维，就抽取不出一类事物的本质属性。抽象与概括是相互依存、相辅相成的。抽象是高级的分析，概括是高级的综合。抽象、概括都是建立在比较基础上的。任何概念、原理和理论都是抽象与概括的结果。

4. 具体化与系统化

具体化是指把抽象、概括出来的一般认识应用到具体对象的心智操作，即用一般原理解决实际问题，用理论指导实际活动的过程。具体化是抽象与概括的相反过程。例如，我们运用遗忘的规律去进行科学的复习，教师利用注意的规律避免学生受无关因素的干扰。

系统化是指在头脑里把学到的知识，分门别类地按一定程序组成层次分明的整体系统的心智操作。例如，我们在学习了感觉、知觉、注意、记忆、思维与想象之后，可以把它们概括归纳为认知过程；当我们又学习了情绪与情感、意志之后，我们又可以把认知过程、情绪过程和意志过程概括为心理过程,这样我们就掌握了系统的有关心理过程的知识。系统化是在分析、综合、比较和分类的基础上实现的。只有掌握了系统的知识结构,才能真正理解知识,才能在不同条件下灵活运用知识。因此,在学习时,我们应该使习得的知识形成一个系统。

(二) 问题解决的思维过程

1. 问题与问题解决

思维往往起于有待解决的问题。虽然我们每天都会碰到各种各样的问题,但这里所讲的问题是指疑难问题,也称难题。所谓问题是指个人不能用已有的知识经验直接加以解决,并因而感到疑难的情境。例如,像"你今天吃饭了吗?""中午遇到谁了?"这类问题,就不是这里所讲的问题,因为它只需从记忆中提取出信息即可,无须有思维活动的参与。但像"吃红薯为什么有利于身体健康?"这类问题,我们记忆中未必有现成的答案,于是我们的思维就被引发了,需要努力寻找问题的答案。

无论问题是简单还是复杂、是抽象还是具体,每一个问题都必须包括三种成分:给定信息,是指有关问题初始状态的描述;目标,是指有关问题结果状态的描述;障碍,是指问题解决过程中需要加以克服的因素。按照问题的组织程度可以把问题分为结构良好的问题和结构不良的问题。所谓结构良好问题是指起始状态、目标状态和操作都很明确的问题。学生在学科学习中遇到的很多问题都是此类问题,如求半径为4厘米的圆的面积。所谓结构不良问题是指没有明确结构或解决途径的问题。生活中遇到的许多问题属于此类,例如找一份工作,组建一个家庭。

问题解决是指对问题空间进行搜索,进而完成从问题的起始状态到目标状态的过程。问题解决者的最初状态称为当前状态,而所要达到的目标称为目标状态。要将当前状态转变为目标状态,中间必须经过一系列操作步骤,也称为中间状态。人类文明的发展过程,可以说就是一个问题解决的过程。

2. 问题解决的步骤

思维总是与问题解决密不可分,可以说问题解决是思维活动的普遍形式。一般而言,问题解决包括发现问题、明确问题、提出假设、检验假设四个基本步骤。

(1) 发现问题

发现问题是指对那些人们习以为常、司空见惯,但并未被正确揭示其本质规律的事物与现象的觉察。发现问题是问题解决的开端,也是问题解决的动力。只有发现问题,才能激励和推动人们投入问题解决的思维活动之中。能否有效发现问题,尤其是具有重大科学和社会价值的问题,取决于个人思维活动的积极性、认真负责的态度、兴趣爱好和求知欲望以及知识经验的丰富程度。一个人越是勤于思考、善于钻研,并具有强烈的求知欲望、认真负责的态度、渊博的知识和丰富的经验,越能够见人所未见、想人所未想,从细微平凡的事件中提出深刻性的有价值的问题,不然就会面对周围的一切问题熟视无睹。

(2) 明确问题

所谓明确问题就是找出问题的症结所在,并分析解决问题的条件和可能性。在这个阶段,要对问题做进一步的思考,找出问题的性质和产生问题的原因,在分析问题的已知条件和将要达到目标的基础上,明确解决问题的思路和步骤。

对问题分析与明确的程度取决于是否全面系统地掌握感性材料,是否具有丰富的知识经验。只有当具体事实的感性材料十分丰富且符合实际时,才能通过分析、综合、比较等,使问题充分暴露并找出问题的症结,这是明确问题的关键。知识经验越丰富,就越容易分析问题并抓住主要症结,就越容易对问题进行归类,以便于有选择地应用已有知识经验来解决当前的问题。

(3) 提出假设

提出假设是指在明确问题的基础上,提出解决问题的原则、途径和方法。问题解决的方案常常是先以假设的方式出现,经过验证逐步完善的。假设是人们推测、假定和设想问题的结论与问题解决的原则、途径和方法。在人类的科学发展史上,许多重大的科学发现最初都是以假设形式出现的,如爱因斯坦的相对论。假设的提出取决于个人已有知识经验、智力水平、创造想象力、直观的感性形象、尝试性的实际操作、言语表达和创造性思维。

(4) 检验假设

假设只是对问题解决的一种推测,正确与否还有赖于实践的检验。检验假设就是对假设进行验证的过程,它是问题解决的最后步骤。检验假设的方法有两种。一种是直接检验,即通过实验和实践活动来检验。这是检验的最根本、最有效的手段(表4-1)。另一种是间接检验,即在头脑中根据已掌握的科学原理、原则,利用思维对假设进行论证。对于那些不能立即通过实践直接检验的复杂假设,常采用间接检验。宇宙的黑洞理论目前还无法得到直接的验证,我们只能根据爱因斯坦的相对论来进行间接验证。

问题解决案例

表4-1 探究蚯蚓的生活习惯[①]

问题解决阶段	具体过程
发现问题	通过对蚯蚓给予的护理,懂得了蚯蚓的生活习惯和所具有的科学价值
明确问题	怎样才能为蚯蚓创造出一种与它们的天然环境极为近似的生存场所?
提出假设	蚯蚓是如何有了幼蚓的? 蚯蚓是否喜欢生活在某些种类的土壤里,而不喜欢生活在另几类土壤里? 在土表之上的那些奇怪的东西是什么呢? 蚯蚓是否喜欢生活在黑暗中?
检验假设	将一条蚯蚓放置在一个阳光直射不到的大放养箱里 组装一种四壁透明的老式养蚁箱,为的是用以盛放蚯蚓 在箱子里放土、树叶和杂草,箱壁上牢牢地搭盖黑纸 描述蚯蚓的颜色和形体,给蚯蚓称重量,给记录观察数据的大图表填写数据

① 美国国家研究理事会. 美国国家科学教育标准[M]. 戢守志,等译. 北京:科学技术文献出版社,1996:57-59.

实践是检验真理的唯一标准,任何假设的正确与否最终都要接受实践的检验,其结果可以有两种情况:一是假设与检验的结果符合,这样的假设是正确的;二是假设与检验的结果不符合,这样的假设就是错误的,这种情况下就要重新提出假设,检验假设直到结果正确为止。正确的新假设的提出有赖于对以前失败的原因进行充分的了解和分析。

3. 影响问题解决的因素

问题解决的思维过程受多种心理因素影响,有些因素可以促进思维活动对问题的解决,而有一些因素却可能妨碍思维活动对问题的解决。这些因素又可以分为问题本身的特点和问题解决者的个人因素。同时两类因素相互影响,关系密切。

首先,影响问题解决的问题本身因素有:

(1) 问题的刺激特点

问题的刺激特点又称"问题情境",是指呈现给问题解决者的客观情境或刺激模式。呈现在问题解决者面前的事物,如果超出了他已有的知识经验就构成了问题情境。一般来说,刺激模式与个人的知识经验相差越大,问题就越难解决。问题的刺激特点,如空间位置、事物的距离、时间顺序以及物体当时表现出来的特定功能,都将影响问题的解决。问题情境中所包含的物件或事实太少或太多也不利于问题的解决。太多则会产生干扰,太少则可能遗漏事实。如图4-1所示案例:已知圆的半径为R,求图中正方形面积。很明显,图B比图A提供的线索较为隐蔽,问题解决较为困难。

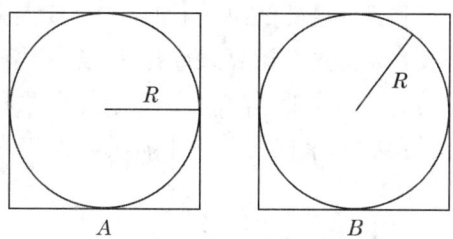

图4-1 求图中正方形面积的比较

(2) 原型启发

在问题解决过程中,对新假设的形成具有启发作用的事物就是原型。原型启发是指在其他事物或现象中获得的信息对解决当前问题的影响。日常生活中的许多事物,如自然现象、日常用品、语言文字、行为动作,都可以起到原型启发的作用。例如,人们通过对鸟翅膀构造的研究,发明了飞机;通过对蝙蝠超声波定位的仿效,制造出雷达;通过对狗鼻子构造的分析,发明了比狗鼻子更灵敏的电子嗅觉器;鲁班爬山时被茅草割破了手,而发明了锯。从本质上说,原型之所以具启发作用,主要是因为原型本身的属性和特点,以及原型与所要解决问题有相似之处。越为相似,启发作用就越大。

(3) 迁移

迁移是指已获的知识、技能和方法对解决新课题的影响。例如,学会骑自行车有助于学习驾驶摩托车;学会一种外文有助于掌握另一种外文;儿童在做语文练习时养成爱整洁的书写习惯,有助于他们在完成其他作业时形成爱整洁的习惯。迁移有正迁移和负迁移之分。正迁移是指已获得的知识经验对解决新问题有促进作用。例如,数学学得好,物理、化学往往也不错。负迁移是指已获得的知识经验对解决新问题有阻碍或干扰的影响。例如,学过分数除法应用题后,以前会做的分数乘法应用题反而不会做了。一般来说,先前的知识经验越丰富、两个问题情境之间的共同因素越多,问题解决者越是主动参与和发现,就越易于将知识经验迁移到解决新问题的情境中去,对后续问题的解决产生促进作用。

其次,影响问题解决的个体因素有:

(1) 动机强度

动机是促使人们问题解决的动力因素,对问题解决具有重要影响。一般情况下,当人具有某种问题解决的强烈动机时,人的思维才活跃,才能以积极的态度去寻求问题解决的途径、方法;相反,动机强度太弱,对问题解决漠不关心,自然不能调动个体问题解决的积极性,就不会主动、积极地寻求问题解决的途径、方法,不利于充分激发个体的思维活动和能力的发挥,这时易产生畏难、退缩行为。

动机强度会影响问题解决的进程。动机强度是指解决问题时的迫切程度。人们一般认为,随着个体动机强度的不断增强,就越有利于问题的解决。但是,事实并不如此。心理学家的研究表明,动机强弱与问题解决的关系,可以描绘成一条"倒 U 形曲线"。动机强度对问题解决效率的影响与问题的难度有关。如果面对的问题较为容易,个体的动机强度要高,这样才有利于问题的解决,例如让一个成人去做四则混合运算,则往往容易出错,其原因就是成人认为这个计算太过容易,没有引起他们足够的重视。如果面对的问题较难,个体的动机反而要低,如高考越是想把它考好,结果考得越不理想,其原因就是考生的动机强度过高,如果抱着一种平常的心态进入考场,反而能考出理想成绩。

(2) 功能固着

功能固着是指个体在解决问题时往往只看到某种事物的通常功能,而看不到它其他方面可能有的功能,即个体在解决问题时表现出的思维僵化现象。例如,钥匙是用于开锁的,没想到还可以用来导电;发卡是用来夹住头发的,没想到它可以充当螺丝刀来拧紧螺丝钉;衣服是用来遮挡风寒的,很少有人想到它还可用于扑灭野火。消除功能固着的消极影响能消除一个人对物体用途方面呆板、机械的认识,使其对物体的用途认识更丰富、更全面,使思维变得灵活和敏捷。

功能固着案例

荡绳实验

梅尔(N. R. F. Maier,1933)演示了功能固着现象。被试进入一个房间,房间里有两根绳子从天花板垂下,实验人员要求被试将两根绳子结起来(两绳长度可以连结,图4-2)。室内另有一张桌子,桌上有榔头和钳子。被试可能试着一手握住一根绳,再去抓另一根绳,但是够不着,在此情况下被试应如何办呢?

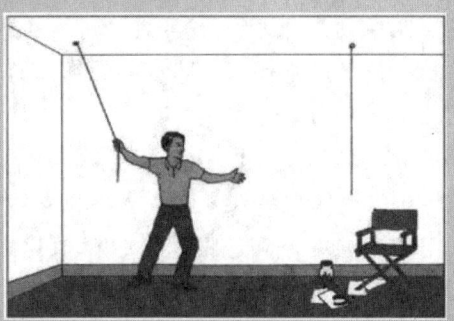

图4-2 荡绳实验

研究表明,被试通常不会想到用榔头或钳子作为摆锤,通过绳子摆动,以便自己能够同时够到两根绳子。

怎样才能消除功能固着的消极影响?我们可以尝试以下方法:第一,遇到问题时能随机应变,多变换角度去思考问题,寻找答案,锻炼思维的灵活性;第二,善于运用问题现场所提供的条件和物品,因地制宜、因陋就简地解决当前所面临的问题;第三,在思考和解决问题的过程中,能够把有关的信息向各个方向、各个方面扩散,以此引出更多的信息,以多种设想,找出多项解决问题的方法,而且每个方案都切实可行;第四,丰富自己解决实际问题的经验,因为解决问题是以知识和实际经验为前提的。这就要求我们不仅对周围事物的通常用途特别熟悉,而且对其他用途也十分清楚,只有这样才能在解决问题的过程中应付自如;第五,我们既要有常规的解决问题的方法,又要养成勤于动脑和善于思考的好习惯。

(3)反应定势

反应定势也称"定势",是指由先前的活动所形成的并影响后继活动趋势的一种心理准备状态,它使人们按照某种比较固定的方式去解决问题。定势有时有助于问题的解决,有时却会干扰问题的解决。当问题情境不变时,定势对问题的解决有积极的作用,有利于问题的解决;当问题情境发生了变化,定势对问题的解决有消极影响,不利于问题的解决。破除定势消极影响的办法要具体情况具体分析,一旦发现自己以习惯的方式解决问题发生困难时,不要执意固守,应换一种思路,寻求新方法。

反应定势案例

火柴杆的移动[①]

下面4个问题都是由几根火柴杆排成的"等式",请你在每一个等式中仅移动一根火柴杆,以此改变该等式,使之成为如V=V这样的真正的等式。

V=V11,V1=X1,X11=V11,V1=11

改变第一个"等式"的正确答案是V1=V1,改变第二个和第三个"等式"的正确答案不难找到,但对第4个"等式",实验人员常常会按原先的"习惯"(即定势)行事,结果将遇到困难。这一问题的解决必须克服心理定势,改变思考方向才能求得正确答案(正确答案应该是1的立方根等于1:$\sqrt[3]{1}=1$)。

（4）个性特征

人的个性特征对问题解决也具有直接的影响。一个有远大理想、富于自信、有创新意识、勤奋、乐观、勇敢、顽强、坚韧、果断、勇于进取和探索的人,能克服困难去解决许多疑难问题;而一个鼠目寸光、畏缩、懒惰、畏难、拘谨、自负、自卑、遇事动摇不定的人,往往会使问题解决半途而废。研究表明,绝大多数有重大贡献的科学家、发明家和艺术家,都有强烈的事业心和积极的进取心。他们善于独立思考,勤于钻研,富于自信,勇于创新,有胆有识,有坚持力等。此外,人的能力、认知风格、注意力和自信心也影响问题的解决。

（5）酝酿效应

有时候学习者尽力去解决一个复杂的或者需要创造性思考的问题时,无论多么努力,还是不能解决问题。在这种时候,暂时停止对问题的积极探索,可能就会对问题解决起到关键作用,这种暂停就是酝酿效应。酝酿效应来源于阿基米德实验中对浮力定律的发现,具有非逻辑性和自发突变性的特点。

心理学家认为,酝酿过程中,存在潜在的意识层面推理,储存在记忆里的相关信息在潜意识里组合,人们之所以在休息的时候突然找到答案,是因为个体消除了前期的心理紧张,忘记了个体前面不正确的、导致僵局的思路,具有了创造性的思维状态。因此,如果你面临一个难题,不妨先把它放在一边,去和朋友散步、喝茶,或许答案真的会"踏破铁鞋无觅处,得来全不费功夫"。

灵感实验

项链问题[②]

给被试提出经济项链问题:有四条小链子,每条链子有三个环,所有的环都是封

[①] Woolfolk, A. E. (1990). Educational psychology. (4th ed.). Englewood Cliffd, New Jersey: Prentice Hall.

[②] 陈琦,刘儒德.当代教育心理学[M].北京:北京师范大学出版社,2007:162.

合的。打开一个环要花 2 分钟,封合一个环要花 3 分钟。你的任务是要把这 12 个环全部连接成一个大链子,但花时间不能超过 15 分钟。

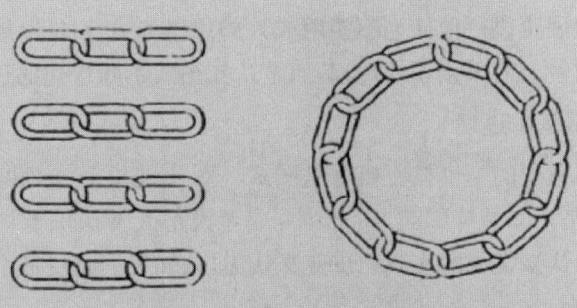

图 4-3　经济项链问题示意图

这个问题的解法是:把一条项链的三个环都打开,用这三个环把剩下的三个小链连接起来。实验中的三组被试都用半小时来解决问题,第一组,半小时中有 55% 的人解决了问题;第二组,在半小时解决问题中间插入半小时做其他事情,结果有 64% 的人解决了问题;第三组,在半小时中间插入 4 个小时做其他事情,结果有 85% 的人解决了问题。这个实验的结果发现:第二、三组被试回头来解决项链问题时并不是接着已经完成的解法去做,而是像原先那样从头做起(Silveira, 1971)。这说明,酝酿效应打破了解决问题不恰当思路的定势,有利于促进新思路的产生。

(6) 知识背景

影响问题解决的最重要因素是个人的原有知识及其组织的性质。相关的知识背景能够促进对问题的表征和解答(扫描目录页二维码,阅读"专家与新手解决问题能力的差异"),只有依据相关的知识才能为解决问题确定方向、选择途径和方法。探索的技能在解决问题中不能替代实质性知识。

第二节　儿童思维发展特点

儿童的思维能力在实践活动中得到发生和发展,儿童思维的发展是在身心发展的基础上,在学校教育、教学和社会影响下,通过个人主观努力而实现的。思维的发展主要表现为:认知结构趋向于复杂化、合理化,认知结构各要素间的关系相互协调,认知结构与情意个性等心理因素的相互促进及协调发展。

一、皮亚杰认知发展的阶段理论

皮亚杰深入研究了儿童心理发展的各个方面,他的认知发展理论焦点是个体从出生到成年的认知发展阶段。他认为不能用成人的思维方式来推断儿童的思维,个体认知发展不是一种数量上简单累积的过程,而是认知图式不断重建的过程。

(一) 认知发展基本过程

皮亚杰理论体系中的一个核心概念是图式。图式是指个体对世界的知觉、理解和思考方式,可以说是认知结构的起点和核心,或者说是人类认识事物的基础。因此,图式的形成和变化是认知发展的实质。皮亚杰认为,认知发展是受三个基本过程影响的,即同化、顺化和平衡。

1. 同化

"同化"原本是一个生物学的概念,它是指有机体把外部要素整合进自己结构中去的过程。在认知发展理论中,同化是指个体对刺激输入的过滤或改变的过程。也就是说,个体在感受到刺激时,把它们纳入头脑中原有的图式之中,使其成为自身的一部分,就像消化系统将营养物质吸收一样。所以,心理同生理一样,也有吸收外界刺激并使之成为自身一部分的过程。随着个体认知的发展,儿童图式发展的同化过程表现为儿童发现物体之间的相似性,并把它们归于不同类别的能力。

2. 顺化

顺化是指有机体调节自己内部结构以适应特定刺激情境的过程。顺化是与同化伴随而行的。当儿童遇到不能用原有图式来同化新的刺激时,便要对原有图式加以修改或重建,以适应环境,这就是顺化的过程。可见就本质而言,同化主要是指个体对环境的作用;顺化主要是指环境对个体的作用。认识既是认知图式顺化于外物,又是外物同化于认知图式这两个对立统一过程的产物。

3. 平衡

平衡是指个体通过自我调节机制,使认知发展从一个平衡状态向另一种较高平衡状态过渡的过程,平衡过程是皮亚杰认知发展结构理论的核心之一。个体的认知图式通过同化和顺化而不断发展,以适应新的环境。就一般而言,个体每当遇到新的刺激,总是试图用原有图式去同化,若获得成功,便得到暂时的平衡。如果用原有图式无法同化环境刺激,个体便会做出顺化,即调节原有图式或重建新图式,直至达到认识上的新的平衡。同化与顺化之间的平衡过程,也就是认识上的适应,也就是人类智慧的实质所在。

(二) 认知发展阶段

皮亚杰认为,在个体从出生到成熟的发展过程中,认知结构在与环境的相互作用中不断重构,从而表现出具有不同性质的不同阶段。他把儿童思维的发展分为以下四个阶段,即感知运动阶段、前运算阶段、具体运算阶段和形式运算阶段,不是所有儿童都在同一年龄完成相同的阶段,然而他们通过各个阶段的顺序是一致的。前一阶段是达到后一阶段的前提,阶段的发展不是间断性的跳跃,而是逐渐、持续的变化。

1. 感知运动阶段(0~2岁)

儿童从出生到两岁左右,处于感知运动阶段。处于这一时期的儿童主要是靠感觉和动作来认识周围世界的。儿童在这个时期还没有达到运算的水平,他们这时还不能对主体与客体加以区分,他们所具有的只是一种图型的知识,即仅仅是对刺激的认识。例如,婴儿看到一个刺激,像一个奶瓶,就开始做出吮吸的反应。图型的知识依赖于对刺激形状的再认,而不是通过推理产生的。

2. 前运算阶段(2~7岁)

运算指一种内化了的可逆动作,即在头脑中进行的可以朝相反方向运转的思维活动,或者说运算是指内化了的观念上的操作。

2岁到7岁的儿童处于前运算阶段。皮亚杰认为,儿童在两岁时,发生了一种哥白尼式的革命,就是说,他们的活动不再以主体的身体为中心了。这个时期儿童的认知开始出现象征(或符号)功能(如能凭借语言和各种示意手段来表征事物)。正是由于这种消除自身中心的过程和具备象征功能,才使得表象或思维的出现成为可能。但在这个阶段,儿童还不能形成正确的概念,他们的判断受直觉思维支配。例如,唯有当两根等长的小木棍两端放齐时才认为它们同样长;若把其中一根朝前移一些,就会认为它长一些。所以,在这个时期,儿童还没有运算的可逆性,因而也没有守恒性。

为了解释此阶段儿童运算逻辑模式,同时也用于了解和确定形式运算阶段及此阶段的平均年龄范围,皮亚杰及其学派成员设计了一系列实验或测试题,其中水量实验和三山实验(扫描目录页二维码阅读)能够说明儿童前运算阶段思维特点。

实验案例

水量多少实验

实验者当着儿童的面把两杯同样多的液体中的一杯倒进一个细而长的杯子中,要求儿童说出这时哪一个杯子中的液体多一些。儿童不能意识到液体是守恒的,因此多倾向于回答高杯子中的液体多一些。儿童只注意到高杯子中的液体比较高,却没注意到高杯子比较细(图4-4)。这说明前运算阶段的儿童思维具有不可逆性:不能在心理上反向思考他们见到的行为,不能回想起事物变化前的样子。

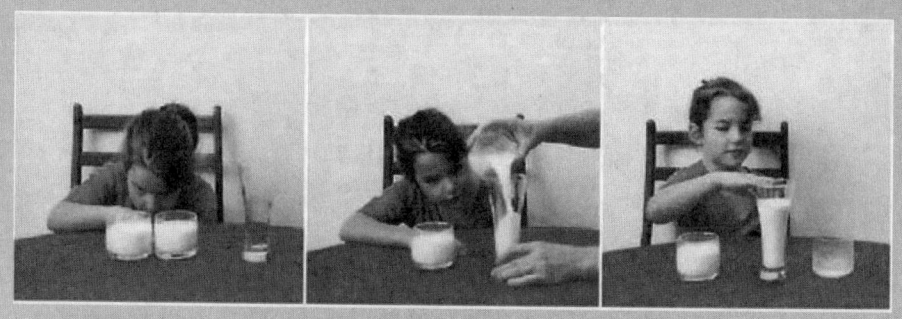

图4-4 皮亚杰守恒实验示意图

皮亚杰把这一思维称为"自我中心",即指儿童完全以自己的身体和动作为中心,从自己的立场和观点去认识事物,而不能从客观的、他人的观点去认识事物的倾向。

3. 具体运算阶段(7～11岁)

儿童约在7～11岁时,处于具体运算阶段。就一般而言,运算的知识是考虑事物如何从它们原来的样子改变成现在这个样子的;而图型的知识只考虑某一时刻某一地点中物体的静止状态。皮亚杰认为,7～8岁这个年龄一般是儿童概念性工具发展的一个决定性转折点。这一阶段儿童的思维已具有真正的运算性质。换言之,他们已具有运算的知识,这种知识涉及在一定程度上做出推论。例如,我们把一只足球放在一些篮球中间,然后当着儿童的面把足球放在一些排球中间。这个阶段的儿童能够推理,这是同一只足球,物体不会因为改变地点而变化大小,因此这只足球不会比在篮球中时更大些。儿童能反向思考他们见到的变化并进行前后比较,思考这种变化是如何发生的。守恒是指个体能认识到物体固有的属性不随其外在形态的变化而发生改变的特性。儿童最先掌握的是数目守恒,年龄一般在6～7岁,接着是物质守恒,在7～8岁之间出现,几何重量守恒和长度守恒在9～10岁,体积守恒一般要11岁以后。

实验案例

数量守恒实验

给儿童呈现两排数量同样多的扣子,让儿童仔细观察并了解这两排扣子数目相等。改变第二排扣子的排列方式,使其中每个扣子之间的空间距离变大,但所含的扣子数量未变(图4-5)。

问儿童:现在这两排扣子是否仍具有相同的数量?

阶段1
"这两排扣子的数量是一样多还是不一样多?"

阶段2
"现在我在做什么?"
(主试将第二排扣子间的距离拉大)

阶段3
"现在这两排扣子的数量一样多还是不一样多?"

图4-5 皮亚杰数量守恒实验

具体运算阶段的儿童虽然已实现了许多运算的群集,但是,儿童这时进行的运算仍需具体事物的支持,对那些不存在的事物或从没发生过的事情还不能进行思考。

4. 形式运算阶段(11～15岁)

儿童在11岁左右,开始不再依靠具体事物来运算,而能对抽象的和表征性的材料进行逻辑运算。皮亚杰认为最高级的思维形式便是形式运算。形式运算的主要特征是儿童有能力处理假设,而不只是单纯地处理客体。而且,他们在这时已有能力将形式与内容分开,用运算符号来替代其他东西。

具体运算阶段,儿童只能利用具体的事物、物体或过程来进行思维或运算,不能利用语言、文字陈述的事物和过程为基础来运算。例如爱迪丝、苏珊和莉莉3人头发谁黑的问题,具体运算阶段不能根据文字叙述来进行判断。当儿童智力进入形式运算阶段,思维不必从具体事物和过程开始,可以利用语言文字,在头脑中想象和思维,重建事物和过程来解决问题。因此,儿童可以不很困难地答出苏珊的头发黑而不必借助于娃娃的具体形象。这种摆脱了具体事物束缚,利用语言文字在头脑中重建事物和过程来解决问题的运算就叫作形式运算。

除了利用语言文字外,形式运算阶段的儿童甚至可以根据概念、假设等为前提,进行假设演绎推理,得出结论。同时,处于形式运算阶段的儿童,不仅能进行假设演绎思维,他们还能够进行科学技术所需要的一些最基本运算,如考虑一切可能性;分离和控制变量,排除一切无关因素;观察变量之间的函数关系,将有关原理组织成有机整体等。

  实验案例

钟摆实验

皮亚杰和英海尔德(Inhelder & Piaget,1958)进行了钟摆实验,研究具体运算阶段与形式运算阶段的儿童归纳推理的能力。不同长度的绳子被固定在一个横梁上,绳子的末端可拴上不同重量的重物,实验者向被试演示如何使钟摆摆动(将栓有重物的摆绳拉紧并提至一定的高度,再放下即可)。被试的任务是,通过检验与钟摆摆动有关的四种因素(重物的重量、摆绳被提起的高度、推动摆绳的力量、摆绳的长度),来确定哪一种因素决定钟摆摆动速度。

本阶段的儿童不仅具备了可逆性思维,而且具备了补偿性思维。例如,对于"在天平的一边添加一些东西,天平就会失去平衡,怎样才能够使天平重新平衡"的问题,他们不仅能够考虑将所加的东西拿走(逆向性),而且能够考虑移动天平的加重一端盘子使它靠近支点,即使力臂缩短(补偿性)。

可以说,影响儿童认知发展的主要因素是:成熟、物理环境、社会环境,以及具有自我调节作用的平衡过程。① 成熟是指机体的成长,特别是指神经系统和内分泌系统的成熟。成熟是认知发展的一个重要条件,它为形成新的行为模式和思维方式提供了一种可能性。② 物理环境。个体与环境的交互作用是认识的来源,个体通过动作在环境中得到经验。③ 社会环境。它包括语言和教育的作用,即人与人之间的相互作用和社会文化的传递。学习者的社会经验可能会加速或阻碍其认知图式的发展。④ 自我调节的平衡过程。平衡过程调节个体(成熟)与环境(包括物理环境)之间的交互作用,从而引起认知图式的一种新建构。正是由于平衡过程,个体才有可能以一种有组织的方式,把接收到的信息联系起来,从而使认知得到发展。

二、初中学生思维特点

中学生认知结构的各种要素迅速发展,认知能力不断提高,认知的核心成分——思维能力更加成熟,基本上完成了向理论思维的转化,抽象逻辑思维占优势地位,辩证思维和创造思维有了很大发展。

初中生是指11、12岁到14、15岁的儿童。初中阶段又可称为少年期、青春期或学龄中期。青少年期生理发生迅猛的变化,正处于生理发育的第二个高峰期。

(一) 初中生抽象思维特点

抽象思维要求人们撇开具体事物,运用概念和假设进行思维活动,因此,它要求思维者按照提出问题、明确问题、提出假设、检验假设的途径,经过一系列抽象逻辑的过程,达到解决问题的目的。

总体上而言中学生的抽象思维处于优势地位,但初中学生的抽象思维,在很大程度上还属于经验型。从初中二年级开始,学生的抽象思维开始由经验型水平向理论型水平转化,到高中二年级,这种转化初步完成,这意味着他们的抽象思维趋向成熟。主要表现在下述三个方面:首先,各种思维成分基本趋于稳定状态,基本上达到了理论型抽象思维的水平;其次,个体的思维差异,包括在思维品质和思维类型上的差异已基本上趋于定型;最后,从整体来讲,思维的可塑性已大大减少,与成人期的思维水平基本保持一致,甚至在某些方面的思维能力还高于成人。初中生抽象思维的发展还体现在对概念的掌握上。进入青春期之后,初中生日益掌握了更多的抽象概念和更复杂的概念系统。

(二) 初中生逻辑思维特点

初中一年级学生的逻辑思维开始占优势。初中二、三年级学生能理解抽象概念的本质属性。就辩证思维发展来讲,初中一年级学生已经开始掌握该种思维的各种形式,但水平还不高。初中三年级学生的辩证思维处于迅速发展的转折期,但是辩证思维尚未处于优势地位。同时初中学生思维的品质,尤其是独立性和批判性有了很大的发展,但是很容易产生片面性和表面性的缺点。

初中生另一个明显的思维特点就是考虑问题表面性非常明显。主要表现为:他们在分析问题时,经常被事物个别特征或外部特征困扰,难以深入事物的本质,如在一个关于儿童青少年获得几何概念的实验中发现,在初中被试所归纳的各种几何概念的性质中,一般都能归纳出某几何概念的较为明显而重要的性质,但也容易遗漏一些隐蔽的却是事物的本质特征。

三、高中学生思维特点

高中生从14、15岁到17、18岁,称为学龄晚期或青年初期。高中阶段是生理、心理发展接近成熟,准备走向独立生活的时期。就思维品质发展而言,高中生思维具有更大的组织性、独立性、深刻性和批判性。他们一般不盲从，喜欢探究事物的本质，敢于大胆发表自己的见解，喜欢怀疑、争论，有时好走极端，产生片面性、主观性，存在肯定一切或否定一切的倾向。

（一）高中学生的抽象思维

高中生思维发展达到了新水平，具有更高的抽象概括性、反省性和监控性特点。他们能够用理论做指导分析综合各种材料，以不断加深对事物发展规律的认识，其抽象思维趋向理论型。到高中二年级，这种理论型思维发展趋于成熟，又使得高中生的思维更加具有预计性。也就是说，在解决问题之前，能事先形成打算、计划、方案以及策略等。

（二）高中生逻辑思维特点

高中生的形式逻辑思维已获得了相当完善的发展，在其思维活动中占据主导地位。与此同时，辩证思维也获得迅速的发展，主要表现为，在高中生思维过程中的抽象与具体获得了一定程度的统一。由于高中生经常要了解事物发展的规律和重要的科学理论，使其理论型的抽象逻辑思维就迅速发展起来，在这种思维过程中，既包括从特殊到一般的归纳过程，也包括从一般到特殊的演绎过程，也就是从具体上升到理论，又用理论指导去获得具体知识的过程，这是辩证思维发展的重要表现。而且，高中生在实践与学习中，逐步认识到一般和特殊、归纳和演绎、理论和实践的对立统一的关系，并逐步发展着那种从全面的、运动变化的、统一的观点认识问题、分析问题和解决问题的能力，这都是高中生辩证思维发展的标志。

四、中学生认知发展与教学

（一）认知发展阶段与教学的关系

学习从属于发展，从属于主体的一般认知水平。所以，在学校教学中，各门具体学科的教学，都应研究如何对不同发展阶段的学生提出既不超出当时的认知发展水平，又能促使他们向更高阶段发展的富有启迪作用的适当内容。

大量的研究表明，通过适当的教育训练来加快各个认知发展阶段转化的速度是可能的。我们在教学中一方面要依据儿童的心理发展水平进行教学，另一方面应通过精心组织的教学内容选择合适的方法促进儿童认知的发展。只要教学内容和方法得当，系统的学校教学一定可以起到加速认知发展的作用。

（二）最近发展区：教学如何促进思维发展

维果斯基的"最近发展区理论"，认为学生的发展有两种水平：一种是学生的现有水平，指独立活动时所能达到的解决问题的水平；另一种是学生可能的发展水平，也就是通过教学所获得的潜力。两者之间的差异就是最近发展区。也就是说，最近发展区是指儿童在有指导的情况下，借助成人帮助所能达到的解决问题的水平与独自解决问题所达到的水平之间的差异，实际上是两个邻近发展阶段间的过渡状态。

最近发展区提出的意义在于，教育者不应仅仅看到儿童今天已经达到的水平，还应该看到仍处于形成中的状态。教学是促进儿童思维能力不断发展的过程，应着眼于学生的最近发展区,为学生提供带有难度的内容,调动学生的积极性,发挥其潜能,超越其最近发展区而达到下一发展阶段的水平,然后在此基础上进行下一个发展区的发展。

(三) 针对性地促进中学生思维发展

初中学生在认知发展上处于一种既懂事又不完全成熟的状态,即各种认知过程都在发展而又都发展得不完善。因而,在教育中,我们既要向他们提出具体的、可行的要求,又不能奢望过高。由于他们已能理解一些抽象的概念,因此对他们的教育内容可以具有一定的理论性、抽象性。针对他们思维上易产生片面性和表面性的特点,教师要循循善诱,以理服人,用事实说话,使他们心服口服,逐渐改变他们敢于争论却常常缺乏依据的思维习惯。

对高中学生而言,他们的认知发展已接近成人的水平。他们精力旺盛,思想敏锐、能言善辩、反应迅速,能够用发展的眼光看问题。但毕竟还未完全成熟,对他们还不能完全用对成人的要求来对待。在对高中生进行思维培养时,要结合其认知发展的特点,全面、辩证地思考。论证要有力,论据要充足,并要充分估计他们可能产生的各种认识,讲清道理,和他们友善地商讨问题。要尊重他们的独立性、批判性,引导他们正确看待自己。同时针对他们认知发展的不足,教给他们思考的方法,培养良好的思维品质,使其克服思维发展中的主观性、片面性,开阔其视野,促进思维的进一步成熟。

第三节 儿童知识理解与思维培养

科学知识的学习和掌握是中学教育的重要目标之一,而有效的知识教学必须能够促进学生思维的发展。准确把握知识与思维之间的关系,有助于教学过程符合中学生的认知和思维发展特点。

一、儿童的知识理解

儿童学习中的知识理解,指的是获取知识并在新环境中加以应用的过程。直接理解常常和知觉过程相联系,如学生参观科学馆或博物馆中的恐龙化石,留下了深刻的印象,听到他人提到恐龙,就立刻联想到恐龙巨大的体型以及凶猛的形象。间接理解包含了学生已有知识对新知识的理解与建构,往往需要经过一定的逻辑推理过程。例如,学生学习梯形面积计算,以三角形和长方形的面积计算为基础,这类逻辑推理过程在中学教学中大量存在,是中学生逻辑思维的体现。

(一) 儿童知识理解的表现

一般来说,如果学生能够表现出以下行为,我们可以认为学生已经理解了所学知识。① 能够将所学的书本知识与日常生活经验相联系。如学习了生活中的营养元素,能够制定出一份合理的日常饮食菜单,或者指出一些饮食习惯的不合理之处。② 能够根据定义列举出恰当的案例。如世界上有多种多样的桥梁,许多已成为经典之作,反映了建造设计者的高超技艺,其中有的跨越江河湖海,有的则连接起伏的山脉。③ 能够用自己的语言对所学知识做出表征。如提到"坐标"时学生用地图上的方位加以说明。④ 能从不同角度对所学知识做出解释,并能够找到多种概念之间的内在联系。如叶轮机将水的机械能转化为其他形式的能量,类似于电流在家用电器中流过,将电能转化为光能或其他形式的能量。⑤ 在已有知识的基础上形成技能,能够(或会)用它去解决一些问题,形成创造性能力。⑥ 能够综合运用知识并达到了灵活的程度,从而形成批判性思维能力。

(二) 知识理解的过程

知识的理解就是个体掌握学科知识、形成学科观念的过程,中学生概念的掌握一般是通过大量接触事例,从而获得同类事物或现象的共同特征,并以肯定或否定的例子加以证实的学习方式及其控制过程。一般认为知识的理解包括感知阶段、加工阶段、初步形成阶段、联系整合阶段、运用阶段。

表 4-2 知识形成的一般过程

阶段	认知行为表述
感知阶段	学生有目的地感知或观察典型的事物模型、生活事例或教师、教材的语言描述以及多种其他媒体表征的直观表象
加工阶段	对典型的事物实例进行分析、综合、抽象、概括,提取其本质特征,确定各个事件的联系或对接受的语句进行分析,结合经验中的实例综合语义,形成关于知识的关键特征意义表征
初步形成阶段	将形成的事件关键特征概括、类比、推广到其他事物的更大范围,形成概念、做出定义,或者理解和认同给予的定义,使知识符号化
联系、整合阶段	初步运用学习的知识(概念、规则、原理)进行判断、鉴别、归属、划分等活动,对新的知识进行解释(包括说明知识的关键特征、明确知识范围等)、使新知识和已有知识结构联系,得到高度整合的新的知识结构
运用阶段	在解决问题的过程中运用所学知识对事物进行概括、推理、解释、判断等,从而对知识的认识进一步发展和加深,使之更加准确、精细、丰富,并将知识迁移到新问题的解决上

19世纪德国教育家赫尔巴特首先提出知识的同化概念,用来解释知识理解的过程,主要有三种形式:① 下位学习:指学习者认知结构中,原有的有关观念在包容和概括水平上高于新学习的知识,又称类属学习,如学习了三角形的概念后,进一步理解直角三角形特点。② 上位学习:又称总括学习,是学习者在认知结构中具备一些具体观念的基础上,学习包容程度、概括程度更好的观念时产生的学习。如学生掌握了几种金属的性质后,归纳得出金属的通性。③ 并列学习:当新的命题与认知结构中原有的特殊观念既不能产生从属关系,又没产生总括关系时,则可能产生联合意义,这种学习又称组合学习。如学习了三角形的性质,再学习四边形的性质。

二、促进知识理解的教学策略

20世纪80年代以来，教学的研究者将教学过程看作一种知识的推理过程（Shulman，2006）。这一过程既包括教学内容的推理，即在确定了教学行为目标后，经过教学内容、教学逻辑（包括哲学层面和经验层面）的知识维度考虑；也包括教学活动的推理，即如何经由教师的传授诱导、学生的参与环节以及问题解决的激励过程发展能力。这里强调的是教学中的知识转化、思维的推理反思过程，这些内容恰恰是过去教学中忽视的。

（一）理解学科知识，确定教学目标

每门学科都有自己特殊的、需要学生掌握的是核心知识、学科关键能力。教师教学的第一步就是对学科知识材料的理解。教科书、教学大纲等文本仅仅是达成教学目标的手段，教师需要理解所教学科的知识结构、概念组织和探究方法，了解本学科知识领域最重要的概念和技能是什么，以及学科领域知识产生的机制是什么（Schwab，1964）。教师是学生理解所学学科知识的主要来源，教师用来交流学科知识的理解方式，向学生传递了这门学科的核心信息与关键思想。在面对不同的学生时，教师需要对学科知识具有灵活和多维度的理解，对同一概念能够做出多种不同的解释。

除了知识的理解，教学目标的理解同样重要，我们从事教学活动是为了学生学科素养的发展，学生能够自由地运用知识与学会思考，进行探究与发现。近年来的研究表明，学生创造性思维或批判性思维等高级思维能力的培养必须与具体的学科知识内容联系在一起，如在培养学生批判性思维的课堂上，教育者应该首先讲授有关某一学科——如历史、文学、社会学以及自然科学等知识内容、学科结构或学科哲学，教会学生考查各个理论派别所采用的方法和引用的证据。

（二）学科知识向教学知识的转化

要把理解的观念教给学生，教师就必须将教科书内容转化为有效的、能被学生接受的教学知识形式，这种推理行为就是思考如何把教师所理解的学科知识内容转化为学习者的智慧动机和心智活动。这一转化过程需要下列的组合排列，每个环节都需要进行设计：

1. 教学准备

教师对学科知识与教学目标的划分，即确定教学所要达到的知识内容与学生能力发展目标之间的一致程度。以此为基础，准备给定的学科知识教学内容，准备的过程包括找出并修正教材中的知识遗漏与不足；重新划分教学材料使之更适合学生思维的发展，这些形式的转化，把教师的个人理解转化为学生理解的过程，是教学思考的本质。

2. 厘清知识发展的主线与教学主题

我国学者高文曾将主题型学习的知识分作四个层次：核心知识、拓展性知识、研究性知识和有关该主题的概览与前沿性知识。其中有关任意学科主题的"核心知识"是指某学科领域内该主题的重要知识；"拓展性知识"是指该主题在本学科及跨学科领域的

相关知识;"研究性知识"指由学习者个体或共同体在探究过程中,受驱动性主题的激发而自然产生的、他们感兴趣的、关于该主题进一步主动学习的内容;"有关该主题的概览与前沿性知识"指该主题可能涉及的所有领域的索引性知识和关于该主题的前沿性研究,该部分知识主要用以形成对主题发展性的、概览性的、联系性的认识,而不是暂时的、片段的、孤立的认识。

教师弄清教学文本/课文的关键要点,用新的例证、示范、类比、比喻等方法表征学科概念、原理、主题、理论等内容。如何在教师的知识理解和期望的学生能力发展之间建立连接?我们需要多种形态的知识表征形式。如对于"万有引力"的知识发展与不同学生的教学主题发展:① 小学生不假思索地重复老师的话:石头落下是因为地球吸引,但是这种吸引是什么,又是如何发生的? ② 中学生认识稍有长进,他们会认为每一种物体保持静止状态或匀速直线运动,除非受到外力而改变这种状态,但是这种陈述用于何种参考系?是否适用于绝对空间?什么是绝对空间,我们如何能确定绝对运动? ③ 大学生知道万有引力定理并能够用以解释行星围绕太阳的运动、月亮围绕地球的运动、潮汐和落体运动,但这些例子中"解释"是什么?我们如何理解这种现象?

(三)确定知识理解的系列活动和"问题链"

知识的学习都是由一系列帮助学生形成并开展理解的活动组成,它要求学生超越已有的认知范畴,通过对已有知识进行重组、推理和应用,创造自己的知识理解、获得思维发展。新的研究表明,通过驱动性的学科议题设计是一条行之有效的方法,这些议题指的是围绕学科教学知识核心内容、有足够知识深度和激发学生高级思维的问题、主题、背景等,这些学科议题能够与其他学科以及学生校内外生活建立起多种联系,并从不同角度帮助学生深刻理解知识。

(四)在教学中持续关注学生能力发展与评价

知识与思维的评价过程包括正式测验和评估,以及在互动式教学中为了解学生的理解水平和错误概念所采取的跟进式的检查。要对学生的知识理解水平做出评价,必须经历各种形式的教师对学科知识的理解和转化;要了解学生掌握了什么以及这一结果中学生达到的思维层次,就必须深入学科的具体知识议题。

需要指出的是,一方面,教学的推理过程是按照一定顺序呈现的,但并不意味着存在一套固定的阶段、环节或步骤;另一方面,与学科知识的学习一样,思维的养成也需要大量的训练。不管教师选择何种教学方法,都需要进行一定的额外练习,不可能仅仅通过一节课就形成学生的思维能力。教师应该有计划地在不同学习阶段实施基于学科知识的学生思维训练。大量研究表明,除非学生已经过度学习达到相当程度的自动水平,否则他们不可能将学生的高级思维能力迁移到新的情境中。

三、创造性思维及其培养

(一)创造性思维的概念

创造性思维是指一种以新异、独创的方式解决问题的思维,它是一种新颖的、独特的并具有社会价值的思维活动。通过这种思维不仅能揭露客观事物的本质及其内部联系,而且能在此基础上产生新颖的、独创的、有社会意义的思维成果。它是人类思维的高级过程,是人类意识发展水平的标志。人类的科技发明,文学艺术作品的创作,科学中新概念、新理论的提出,都是人类在不同实践领域中的创造活动。

创造性思维需要人们付出艰苦的脑力劳动。一项创造性思维成果的取得,往往要经过长期的探索、刻苦的钻研,甚至多次的挫折之后才能取得,而创造性思维能力也要经过长期的知识积累、素质磨砺才能具备,至于创造性思维的过程,则离不开诸多的推理、想象、联想、直觉等思维活动。

创造性思维具有十分重要的作用和意义。首先,创造性思维可以不断增加人类知识的总量;其次,创造性思维可以不断提高人类的认识能力;再次,创造性思维可以为实践活动开辟新的局面。此外,创造性思维的成功,又可以反馈激励人们去进一步进行创造性思维。正如我国著名数学家华罗庚所说:"'人'之可贵在于能创造性地思维。"

(二) 创造性思维的评价指标

具有创造性的人在行为上表现出创造能力,这种能力具有如下的三个特征,亦可很好地用来作为对创造性思维质量评价的指标。

1. 流畅性

流畅性,也叫丰富性,是指在限定时间内产生观念数量的多少。在短时间内产生的观念越多,思维流畅性就越大;反之,思维缺乏流畅性。吉尔福德把思维流畅性分为四种形式:① 用词的流畅性,是指一定的时间内能产生含有规定的字母或字母组合的词汇量的多少;② 联想的流畅性,是指在限定的时间内能够从一个指定的词当中产生同义词(或反义词)数量的多少;③ 表达的流畅性,是指按照句子结构要求能够排列词汇的数量的多少;④ 观念的流畅性,亦即能够在限定时间内产生满足一定要求的观念的多少,也就是提出解决问题答案的多少。

2. 变通性

变通性,也叫灵活性,是指思维朝着不同方向发散的能力。变通性是用来衡量思维活动是否能够触类旁通、举一反三、具有变异的能力。触类旁通,随机应变,不受功能固着、定势的约束就能产生超常的构思,提出不同凡响的新观念。例如,让被试"尽可能列出砖头的用途",他可能会有"盖房子"、"筑围墙"、"当坐骑"、"铺路"、"御敌"、"压纸"、"做支架"、"垫物"等各种各样的答案。这就表明他具有较好的变通性。他不但能够回答砖头普通用途——建筑材料,还可以回答出砖头在非常规下的用途。富有创造力的人,其思维要比一般人更易发散,更能打破常规的影响,而缺乏创造力的人受固定思维和定势的影响,通常只能举出砖头个别方面的用途。

3. 独特性

独特性,是指产生不寻常的反应和不落常规的思维能力,此外还有重新定义或按新的方式对我们的所见所闻加以组织的能力。例如,在吉尔福德的"命题测验"中,向被试提出一般的故事情节,要求他们按照自己的意思给出一个适当的题目,富有创造力的人给出的题目更为独特。而缺乏创造力的人常常被禁锢在常规思维之中。

➤ 微信扫描目录页二维码,阅读"创造性思维的特点"。

(三) 创造性思维的过程

创造性思维在解决问题的活动中,需要一定的过程。心理学家对这个过程也做过大量的研究。比较有代表性的是英国心理学家华莱士所提出的四阶段论。华莱士认为任何创造过程都包括准备期、酝酿期、豁朗期和验证期四个过程。

1. 准备期

准备期是创造性思维活动过程的第一个阶段。这个阶段是搜集信息,整理资料,做前期准备的阶段。由于对要解决的问题,存在许多未知数,所以要搜集前人的知识经验,来对问题形成新的认识,从而为创造活动的下一个阶段做准备。如:爱迪生为了发明电灯,据说,光收集资料整理成的笔记就200多本,总计达四万多页。可见,任何发明创造都不是凭空杜撰,都是在日积月累、大量观察研究的基础上进行的。

2. 酝酿期

酝酿期主要对前一阶段所搜集的信息、资料进行消化和吸收,在此基础上,找出问题的关键点,以便考虑解决这个问题的各种策略。在这个过程中,有些问题由于一时难以找到有效的答案,通常会把它们暂时搁置。但思维活动并没有因此而停止,这些问题会无时无刻萦绕在头脑中,甚至转化为一种潜意识。在这个过程中,容易让人产生狂热的状态,如"牛顿把手表当成鸡蛋煮"就是典型的钻研问题狂热者。所以,在这个阶段,要注意有机结合思维的紧张与松弛,使其向更有利于问题解决的方向发展。

3. 豁朗期

豁朗期又称顿悟期。经过前两个阶段的准备和酝酿,思维已达到一个相当成熟的阶段,在解决问题的过程中,常常会进入一种豁然开朗的状态,这就是前面所讲的灵感。如:耐克公司创始人比尔·鲍尔曼,一天正在吃妻子做的威化饼,感觉特别舒服。于是,他被触动了,如果把跑鞋制成威化饼的样式,会有怎样的效果呢? 于是,他就拿着妻子做威化饼的特制铁锅到办公室研究起来,之后,制成了第一双鞋样,这就是有名的耐克鞋的发明。

4. 验证期

灵感产生的新观念并不一定是正确的,验证期就是对豁朗期提出的想法给予评价、检验或修正。验证期主要是对通过前面三个阶段形成的方法、策略进行检验,以求得到更合理的方案。这是一个否定—肯定—否定的循环过程。通过不断的实践检验,从而得出最恰当的创造性思维过程。

(四) 创造性思维的培养

1. 激发强烈的求知欲

要有强烈的求知欲望和好奇心。积极的创造性思维,往往是在人们感到"惊奇"时,在情感上燃起对这个问题追根究底的强烈的探索兴趣时开始的。因此,要激发自己创造性学习的欲望,首先就必须使自己有强烈的求知欲。年轻人常常有较强的好奇心,应当有意识地将其转到对知识的渴求上去。求知欲会促使人去探索科学,进行创造性思维。儿童的好奇心、求知欲以及由此引起的各种探索活动,应得到鼓励和保护。教师在教学过程中要创造条件,积极促进学生好奇心、求知欲的发展。

2. 加强发散思维训练

在创造性思维中,发散性思维是至关重要的方面。在教学中有意识地训练学生的发散思维,有助于学生创造性思维的培养。培养学生的发散思维,主要是通过加强学生思维的流畅性、变通性和独特性的训练,限制与排除心理定势与功能固着的消极作用。教学中注重发散思维的训练,不仅可以使学生的解题思路开阔,妙法顿生,而且通过引导学生就不同的角度、不同的方位、不同的观点分析思考同一问题,启发学生对一个问题做多种回答,可以很好地锻炼他的发散性思维。比如,让学生回答:"手帕有什么用"、"有多少种使光线不沿直线传播的方法"、"如何证明空气的存在"等。

3. 展开"想象"的翅膀

"创造"一般是运用自己的知识和经验,通过有意识的想象产生出以前尚不存在的事物,因而想象是创造心理活动的起点和必经过程。事实上,大多数创造都是经过"想象—假设—实践"这样的三段式递进实现的。世界上第一架飞机,就是从人们幻想造出飞鸟的翅膀而开始的。幻想不仅能引导我们发现新的事物,而且还能激发我们做出新的努力与探索,去进行创造性劳动。

4. 注重直觉思维的培养

直觉思维对培养学生的创造性思维具有重要作用。有意识地培养和发展学生的直觉思维能力,是培养学生创造性思维的一个重要环节。扎实的基础是产生直觉的源泉。直觉不是靠"机遇",直觉的获得虽然具有偶然性,但绝不是无缘无故的凭空臆想,而是以扎实的知识为基础。若没有深厚的功底,是不会迸发出思维的火花的。直觉突出的特点是其洞察力及穿透力,因此,直觉与人们的观察力及视角息息相关,观察力敏锐的人,其直觉出现的几率更高,直达事物本质的效果更强。

5. 塑造具有创造性的个性品质

创造性思维的发展不仅和智力因素有关,而且与个性因素也有密切关系。所谓创造性个性品质主要是指具有创造的意向、创造的情感、创造的意志和创造的性格等独特的心理品质。它包括自信、勇敢、独立性强、有恒心、一丝不苟等良好的人格特征。研究表明,人的意志力、自信心、独立性等个性因素在创造性活动中起着重要作用。创造的过程总是伴随着困难与挫折,因此创造者应该是不畏艰难勇于承担失败后果,坚持不懈直至取得成功的人。学生创造个性的培养和发展,与教师能否创设创造力发展的环境氛围密切相关。这就要求教师在教学中,必须与学生建立民主、平等、合作的师生关系,加强师生之间、生生之间的情感交流,创置一种宽松自由、思维活跃、生动活泼的教学环境。

四、批判性思维及其培养

(一) 批判性思维的概念

"批判的"(critical)源于希腊文 kriticos(提问、理解某物的意义和有能力分析,即

"辨明或判断的能力")和criterion(标准)。从语源上说,该词暗示发展"基于标准的有辨识能力的判断"。批判性思维作为一个技能的概念可追溯到杜威的"反省性思维":"能动、持续和细致地思考任何信念或被假定的知识形式,洞悉支持它的理由以及它所进一步指向的结论"。批判性思维就是通过一定的标准评价思维,进而改善思维,形成合理的、反思性的思维,既是思维技能,也是思维倾向,即"对做什么和相信什么做出合理决策的能力"①。

在现代社会,人们将批判性思维看成是学习不可分割的一部分,将它和解决问题并列为思维的两大基本技能。在一个日新月异的信息化社会,批判性思维显得尤为重要,谁能获取信息并做出正确的评价,谁就更可能获得成功。具体表现为:首先,批判性思维有助于我们做出明智决定。当今我们的生活中充斥着各种宣传媒介,如广告评论、新闻报道等,许多信息内容矛盾、结论相反,这就要求对它们随时做出评价。例如,某一种护肤品广告宣称99%的用户使用后取得明显增白和柔嫩肌肤的效果,并列举大量个案。但被调查者是如何被挑选的,这些个案如何保持真实性,这种护肤品为什么如此流行? 其次,批判性思维有助于问题更好地解决。我们每天都要解决大量问题,多数问题有多种解决方案,借助于批判性思维,你能够比较、分析和判断哪一种解决方案最为有效。再次,批判性思维能够促进认知能力发展。认知能力是获取知识、追求真理的重要前提,反思和质疑是将真知与假知、科学与伪科学区分开来的必要保障。批判性思维能够使我们时常保持警惕的心理,去伪存真,在和他人交流辩论中,随时识别他人观点中所包含的立场、假设和谬误。

批判性思维能力的训练,有助于培养独立思考与判断的能力,有助于培养开放的思维品质,公正探求真理的精神气质,在我们每个人的人生发展中都起着至关重要的作用。

(二) 批判性思维包含的要素

批判性思维没有学科边界,任何涉及智力或想象的论题都可从批判性思维的视角来审查。批判性思维既是一种思维技能,也是一种人格或气质;既能体现一定的思维水平,也凸显个体思维倾向或开放的心态。②

表4-3 批判性思维要素

基本能力	思维倾向
解释:理解和表达多种经验、情景、数据、事件、判断、习俗、信念、规则、程序或规范的含义或意义。子技能包括归类、理解意义和澄清含义	**求真**:对寻找知识抱有真诚和客观的态度,即使答案与个人原有观点不符,也在所不计

---

① Ennis, R, H. A logical basis for measuring critical thinking skills. Educational Leadership. 1989(4): 4-10.

② 武宏志. 论批判性思维[J]. 广州大学学报(社会科学版),2004(11):11-20.

(续表)

基本能力	思维倾向
分析:识别意图和陈述之间实际的推论关系、问题、概念、描述或其他意在表达信念、判断、经验、理由、信息或意见的表征形式。子技能包括审查理念、发现论证和分析论证	**开放思想**:对不同的意见采取宽容的态度,防范个人偏见的出现
评估:评价陈述的可信性或其他关于个人的感知、经验、境遇、判断、信念或意见的描述;评价陈述、描述、问题或其他表征形式之间实际的或意欲的推论关系的逻辑力量。子技能包括评价主张、评价论证	**系统分析性**:能鉴定问题所在,以理由和证据去理解症结和预计后果,有组织、有目标地去努力处理问题
推论:识别和维护得出合理结论所需要的因素;形成猜想和假说;考虑相关信息并根据数据、陈述、原则、证据、判断、信念、意见、概念、描述、问题或其他表征形式得出结果。子技能包括质疑证据、推测选择和推出结论	**自信心**:对自己的理性分析能力有把握
说明:能够陈述推论的结果;应用证据的、概念的、方法论的、规范的和语境的术语说明推论是正当的;以强有力的论证形式表达论证。子技能包括陈述结果、证明程序的正当性和表达论证	**求知欲**:对知识好奇和热衷,并尝试学习和理解,就算这些知识的实用价值并不是直接明显
自我校准:监控个人认知行为的自我意识,应用于这些行为中的因素,特别在分析和评估一个人自己的推论性判断中应用技能导出的结果,勇于质疑、确证、确认或改正一个人的推论或结果。子技能包括自我审查、自我校正	**认知成熟度**:审慎地做出判断,暂不下判断或修改已有判断。警惕地接受多种解决问题的方法

(三) 批判性思维培养方法

1. 课堂教学中创设良好的批判性思维气氛

良好的课堂气氛和教学环境,对批判性思维的培养起到重要作用。教师应该通过提出大量有思考性的问题,要求学生对信息进行分析、应用和评价,站在反方立场引导和测试学生,要求学生对自己的答案和结论提供证据和支撑性材料,不能仅仅给出一个正确的答案,必要时可以在教材之外去寻求补充性材料。

批判性思维是一个积极的建构争论的过程,在这个过程中学生的批判性思维技能和批判精神才能得以发展。课堂教学要以真实或有意义的议题为中心,强调问题性质的争议性和结果的可论证性,尤其关注争论过程中学生学习方式和能力的差异性存在,鼓励学生接受发散式观点和自由式讨论。营造轻松的学习环境,让学生乐于向他人的观点或立场进行挑战,并学会相互尊重和评价,从而达到有意义的相互交流。要鼓励学生参与对立性的讨论和各种辩论活动,从而对问题提出多种解决方案或从多种解决方案中做出抉择。当代社会关注度高的热点议题的决策都需要批判性思维的参与,也是很好的课堂研讨材料:① 基因食品工程:人类的朋友还是敌人? ② 是否应该批准《京都议定书》、最合适的核废物处理方法是什么? ③ 我们是否在过分追求清洁、个人应该为造纸污染买单吗? ④ 如何估算非营养性食品添加剂的成本和效益? ⑤ 太空计划的花费是否值得?①

2. 提供两难性材料,进行反复训练

与其他能力的学习一样,批判性思维的养成也需要大量的训练。教师应该有计划地在不同学习阶段实施批判性思维训练,具体策略表现为给学生提供大量的两难性材料、逻辑的和非逻辑的社会评论、有效的和误导性的广告新闻等,学生就此进行小组讨论。

3. 结合具体课程学习进行批判性思维训练

近年来的研究表明,批判性思维的教授必须与某种知识内容联系在一起,将批判性思维的教学和特定领域的教学相结合,已成为一个研究趋势。

批判性思维课程教学案例②

假设你教的是历史课,你决定训练学生察觉偏见的能力。

(1) 教师给学生简单介绍本课目标:如何察觉历史文本中的偏见;给出偏见的定义。

(2) 提供一段文字,找出文字中的偏见:

例1:纺织厂雇用了成千上万的悲惨工人,这些工人每天持续工作14小时,套着锁链,不管酷暑寒冬……这些辛勤劳动的可怜人生活情景应当如此吗?任何一个有良心的人,能不咒骂如此残酷的制度吗?……

(3) 学生对上述内容进行反思:文中是否带有偏见,找出具体证据。

(4) 应用学到的语言特征分析一段具有偏见性的文字,总结所学到的技能。

除了结合一门具体的课程,还应强调设计跨学科的课程来培养学生批判性思维能力。跨学科课程以批判性思维为教育目标,教会学生如何从不同角度进行思考与判断,如何跳出预想的、有限的思维模式,培养学生的批判精神,对所接受的知识和理论进行质疑。

4. 明示学生批判性思维的过程

大量研究表明批判性思维技能不仅能教授,而且也必须通过明确的教学环境实施教授。对于指向批判性思维的课堂讨论,由于往往涉及各方观点的冲突与协商、交流和理解,一般需要经历四个步骤:① 把自己的观点呈现给可能持有不同意见的同学或教师,以便通过积极研讨,最终形成较为一致的结论;② 广泛接受专业人士和非专业人士的建议,并将它们都看作可能的问题解决方案;③ 咨询在相关研究领域具有较深造诣的专家,以便得到指导性的研究结论;④ 撰写研究报告,其中应该包含自己对各种观点的评价,然后提出自己的研究结论,以便形成较为合适的结果。

---

① [加]尼尔森.科学视野 11[M].长沙:湖南教育出版社,2010.
② 陈琦,刘儒德.当代教育心理学[M].北京:北京师范大学出版社,1997:170-171.

研究表明,基于批判性思维的课堂讨论,开始时学生和教师往往都不习惯这种教学模式,学生会更需要教师的指导和帮助。下列建议有助于展开争论性的议题讨论:① 讨论中鼓励学生阐明自己的观点,而不是对事实进行描述;② 避免从抽象的概念开始讨论,先提出简单具体的观点,然后扩展到一般性观点;③ 帮助学生提高对自己观点加以反思的能力,让学生理解对同一事情不同的人持有不同观点;④ 开始的话题必须能够激起学生兴趣,议题可以是报纸剪辑、杂志图片、电视节目或教师描述等。

研究动态

心理学家借助信息理论研究人的思维发展已成为当今发展方向,研究内容从注重智力测试的结果向测试结果产生的过程转化;通过解决问题过程的认知步骤,寻求学习者思维发展水平的差异。同时,解决问题的思维研究和传统的智力发展研究两大领域逐渐融合,人工智能研究正式成为一个重要方向和行动工具。

1. 影响问题解决的因素有哪些?
2. 说出创造性思维的特点。如何培养学生创造性思维?
3. 举例说明中学生知识理解的表现有哪些。
4. 以学科知识为例,说说如何促进学生思维的发展。

1. [美]庞德斯通. 推理的迷宫:悖论、谜题,及知识的脆弱性[M]. 李大强,译. 北京:北京理工大学出版社,2005.

2. [美]斯滕博格. 智慧智力创造力[M]. 王利群,译. 北京:北京理工大学出版社,2005.

3. [美]桑德拉·切卡莱丽,诺兰·怀特. 心理学最佳入门(原书第2版)[M]. 周仁来,译. 北京:中国人民大学出版社,2014:257-271.

4. [美]罗杰·霍克. 改变心理学的40项研究(第5版)[M]. 白学军,译. 北京:人民邮电出版社,2010:106-138.

5. [德]格尔德·米策尔. 心理学入门[M]. 张凤凤,金建,译. 北京:中央编译出版社,2011:340-420.

6. [美]罗伯特·斯莱文. 教育心理学:理论与实践(第10版)[M]. 吕红梅,译. 北京:人民邮电出版社,2016:135-236.

7. [美]谢弗. 发展心理学:儿童与青少年(第9版)[M]. 邹泓,译. 北京:中国轻工业出版社,2016.

8. [美]凯瑟琳·加洛蒂. 认知心理学:认知科学与你的生活(第5版)[M]. 吴国宏,译. 北京:机械工业出版社,2016.

9. [美]理查德·格里格,菲利普·津巴多. 心理学与生活[M]. 王垒等,译. 北京:人民邮电出版社,2003.

10. 皮连生. 智育心理学[M]. 北京:人民教育出版社,1997.

11. [美]加里·西伊,苏珊娜·努切泰利. 逻辑思维简易入门(原书第2版)[M]. 廖备水,译. 北京:机械工业出版社,2013.

12. [美]戴尔·H. 申克. 学习理论(第6版)[M]. 何一希,钱冬梅,译. 南京:江苏教育出版社,2012.

13. [美]戴维·H. 乔纳森,苏珊·M. 兰德. 学习环境的理论基础(第二版)[M]. 徐世猛,译. 上海:华东师范大学出版社,2015.

14. [美]马西娅·C. 林. 学科学和教科学:利用技术促进知识整合[M]. 裴新宁,译. 上海:华东师范大学出版社,2015.

15. 施良方. 学习论:学习心理学的理论与原理[M]. 北京:人民教育出版社,1994.

16. 季苹. 教什么知识:对教学的知识论基础的认识[M]. 北京:教育科学出版社,2009.

第五章
儿童注意发展与学习效率

学习目标：
1. 识记注意的概念和基本特征。
2. 了解注意的功能、分类和品质。
3. 理解儿童注意发展的特点。
4. 掌握控制学生分心的技巧。
5. 掌握儿童注意力培养的方法并学会运用注意规律提高学生的学习效率。

陈毅小时候一边看书一边吃饼，竟错把饼蘸到墨盒里，还吃得满口香，浑然不知自己蘸的不是芝麻酱而是墨水。罗丹请朋友来参观，看到一个有待完善的雕塑，就专注地修改作品直到完成，完全忘记了朋友的存在。古今中外，有很多类似"专心致志""聚精会神"的故事，这反映了人的心理活动总是指向并集中于一定的对象，而忽略了其他事物，此现象在心理学中被称为"注意"。"注意"在我们的生活和学习中无处不在，儿童注意力发展水平和注意品质对学习有着重要的影响。本章在介绍注意的概念、分类和品质的基础上，阐述了儿童注意力的培养方法，并提出运用注意规律提高学生学习效率的策略。

第一节　注意概述

一、什么是注意

注意是心理活动或意识对一定对象的指向和集中[①]。注意不是独立的心理过程，

[①] 王雁.普通心理学[M].北京:北京师范大学出版社,2002:202.

而是伴随着不同心理活动的心理状态。心理活动离不开注意,注意也无法脱离心理活动而单独存在。老师在上课时常说的"请注意""注意了",其实质是"注意听、看、记、想……"的意思。如果脱离了"看、听、记、想"等心理过程,注意就失去了意义。注意伴随着人的认知过程,不止于"看"和"听"等感知觉编码,记忆、思维、想象等过程都需要注意的参与。如果人的心理活动缺少了注意的参与,那其心理活动就难以保持与继续。例如患有注意障碍(多动障碍)的儿童,会表现出持续的与年龄不相当的注意力不集中和过分的多动行为,大大影响了他们的学习和生活。人们平时所讲的"没注意"也并非人在清醒状态下什么都没有注意,只是注意的对象是当前不应注意的内容,而忽略了应该注意的内容。有趣的是,从心理健康的角度看,注意还具有否定的作用,例如,我们会看到这样一种常见的现象:年幼的儿童不慎将花瓶或杯子弄破后,知道自己闯了祸,常用双手把眼睛蒙起来不敢看打破了的东西,以减轻心理的痛苦;又如,沙漠里的鸵鸟当被人追赶而难以逃脱时,就把头埋在沙里,"眼不见,心为静"。动物和人类一样,在面临挫折或者危险时,常采用故意不去注意的方法,逃避已发生的事实,以减轻心理的痛苦。

二、注意的基本特征

注意有两个基本特征,分别是指向性和集中性,这两种特征表明了注意在方向和强度上的特性。

(一) 指向性

指向性,即选择性,是指心理活动总是选择一定的事物为注意的对象,而忽略其他事物。心理学家布罗德本特(Donald E. Broadbent)的双耳分听实验很好地证明了注意的指向性。实验中,向被试的左、右耳朵同时呈现不同的刺激,要求被试只关注其中一只耳朵听到的刺激。结果显示,被试可以很好地复述出被要求关注的耳朵里呈现的刺激,但对另一只耳朵呈现的刺激内容,完全报告不出来。这说明人的心理活动在一定条件下只能指向特定的对象,而回避其他对象。例如在课堂上,学生关注的对象是老师,而忽略身边同学的一举一动,而对老师的关注点也是选择其授课的言语、动作和板书等,而自动忽略老师的穿着和打扮。选择性对人的工作和学习的效率有着重要的作用,周围环境给人提供了大量的刺激和信息,有重要的,也有无关紧要的,如果对于所有刺激没有选择地全盘注意,人的心理活动将会失去目标,不能突出重点。

(二) 集中性

集中性,不仅是指注意离开了无关事物,还包括抑制无关活动,注意的集中性保证了人的认知活动的深入和持久。例如,当学生在考场上专心答题时,觉察不到周围同学的一举一动。当注意越集中时,对注意中心的事物就越清晰,而对周围其他事物的知觉就越模糊。教育中的"分心现象"表面上看起来是集中性的反面,但其实质也是注意的集中体现,只不过对于课堂教学目标来说是"分心",而对于学生本人而言则有可能是"高度集中"。

> **拓展阅读**[①]
>
> 医生、房地产商和艺术家三个人一同去看望他们共同的朋友。路上他们经过了一条繁华的街道。到了朋友家以后,朋友的小女儿请三个人分别讲讲沿街的风景。"今天,我沿着街道走"艺术家说,"看见在天空的映衬下,城市像一个巨大的穹隆,暗暗的金红色在落日的余晖中泛着微光,像一幅美丽的图画"。接下来小姑娘又让房地产商给她讲讲。房地产商讲道:"我在街上看见两个男孩子在讨论怎样挣钱,一个男孩说他想摆一个冰淇淋小摊,并把地址选在两条街道的交汇处,紧挨地铁的入口处,因为在这里,两条街上的人和乘坐地铁的人们都可以看见他。我发现这个男孩懂得经营位置的价值,没准他将来能成为一个很好的商人。"接下来,小女孩又让医生给她讲,医生的描述是这样的:"有一个橱窗从上到下都摆满了各种药品的瓶子,这些药品用于治疗各种消化不良,有一些人正在挑选。可是我明白他们所要的也许不是什么药品,而是新鲜的空气与睡眠,但我却不能告诉他们。"
>
> 医生、房地产商与艺术家走的是同一条街道,但看到的却不尽相同。原因在于他们对事物的注意具有不同的选择性。三人的选择之所以不同,是因为他们的受教育经历和工作等的不同。教育本身有一个重要的作用,就是使人们选择不同的刺激,即注意不同的事物。这种注意长时间就形成了一种习惯,使人们对某个领域的事物更加关注,并形成比较高的认识和技能。

三、注意的功能

个体的认知活动离不开注意,它是心理活动得以持久和深入的组织者,是一种心理倾向,或者是一种积极的状态。这种积极状态具有下列功能,对心理活动起着选择、保持、调节和监督的作用。

(一)选择功能

注意的对象既可以是外部世界的对象和现象,也可以是我们自己的身体、行为和观念。个体在任何特定的时刻都可以接收到围绕着自己的无数刺激,但是,并不是对所有的刺激都加以反应的。个体只对某些刺激发生反应而对其他所有刺激不发生反应,这就是心理活动的选择性。心理活动的选择性表现为人脑信息加工时对刺激的随意的(有意的)选择和不随意的(无意的)选择两种形式。

(二)保持功能

无论是哪一种选择形式,在特定的时间内,人对刺激进行有意识反应的能力总是有限的。在注意状态时,心理活动不仅选择、指向于特定的刺激而且还集中于特定的刺激,保证注意的延续性和深入性。我们从外界获得的感知信息、从记忆中提取的信息只

---

① 赵一.世界上最经典的心理学故事全集[M].北京:石油工业出版社,2009.

有加以注意才能保持在意识中或进行进一步的加工,转换成更持久的形式存储在记忆中。没有注意的保持功能,头脑中的信息就会很快在意识中消失,人脑的认知加工活动就无法深入和持久。

(三) 调节和监督功能

只有在注意状态下,我们才能对自己的行为和活动进行调节和监督。人的生活是有目标的,无论是积极的目标还是消极的目标,对于自我与活动的注意,才使人有可能对自己的行为与特定的目标相比较,注意反馈信息,并相应地调节、监督自己的行为,使之与特定的目标相一致。如果行为与目标不一致就进一步加以调节,在反馈中进行不断的调节直至达到目标为止。

四、注意的类型

(一) 无意注意、有意注意和有意后注意

根据产生和保持注意时有无目的性和意志努力程度的不同,可以把注意分为无意注意、有意注意和有意后注意。

1. 无意注意

无意注意是事先没有预定的目的,也不需要意志努力的注意。例如,在安静的教室里,突然一位同学的文具盒掉在地上,大家都会不由自主地向他望去,刺激物的特点和个体的主观状态是引起无意注意产生的两个基本条件。

引起人的无意注意的刺激物一般具有以下特点:一是刺激的强度(包括绝对强度和相对强度)。刺激的强度越大,越易引起无意注意。任何相当强烈的刺激,例如,强烈的光线,巨大的声响,浓郁的气味,都会吸引人们的注意。二是刺激之间的差异程度或者对比关系。差异越显著,对比越明显,越易引起无意注意。强烈的刺激固然能引起人的注意,但对引起无意注意起主要作用的是刺激物的相对强度,即与这个刺激物同时出现的其他刺激物在强度上的对比关系。一个强烈的刺激如果在其他强烈刺激背景上出现,可能不会引起人的注意;相反,一个弱的刺激出现在没有其他刺激的背景上,则会引起人的注意。例如,在喧嚣的工地,即使很大的声音也不会引起人们注意;而在寂静的夜晚,轻声细语,也能引起人们的注意。再如,在教学中,课堂较为吵闹时,教师教学声音的提高并不能引起学生的注意,这时教师降低教学的声音反而能引起课堂学生的关注,使得课堂重新恢复安静。三是刺激的活动和变化状态。活动的刺激比静止的刺激更易引起无意注意。四是刺激物的新异性。新奇的刺激容易吸引人的注意,而刻板的、千篇一律的、多次重复的习惯化刺激不易吸引和维持注意。刺激物的新异性是相对于个人的经验而言的。可以把刺激物的新异性分为绝对新异性(该刺激物在我们的经验中从未有过)和相对新异性(该刺激物在我们经验中有些熟悉但又感到新奇)。对新异刺激物的注意和探究称为"好奇心",新异刺激物对注意的吸引和维持,与我们对它的理解程度有关。如果我们对这种新异刺激物毫不理解(绝对新异性),虽然可以引起一时的注意,但却难以维持长久的注意。如果我们对新异刺激物有一些理解,但又不完全理

解(相对新异性),为了求得进一步的理解,就会引起强烈的注意,长时间地维持注意。所以,可以认为,引起注意更多的是刺激物的相对新异性。因此,教师在讲课时,一方面应当改变说话声音的大小和快慢、突出重点、加强语气并辅以必要的手势;另一方面在讲述教材时每次都可以增加新内容,变更讲述的方式,同时讲述新内容又不能脱离学生已有的知识基础,应与学生的已有知识联系起来。这样,不仅可以从外部吸引学生的注意,而且可以长时间地维持学生的注意。

无意注意虽然主要是由外界刺激物引起的,但也取决于个体本身的状态。同样一些刺激物,由于感知它们的个体状态不同,可能引起部分人注意而无法引起其他人的注意。属于人本身的状态有以下几个方面:一是需要和兴趣。凡能满足人的需要(不论是机体的、物质的需要或者是精神的需要)、符合人的兴趣的刺激物容易成为无意注意的对象。请回想一下在某次旅行快结束时,我们感到非常饥饿却又找不到餐馆,这时对周围环境感知到的是什么?我们可能很容易注意路旁的食品广告、店铺里散发出来的食品气味,或许会把所看到的每一家店铺都期待为餐馆。这正是需要和期待等心理因素对无意注意的引导作用。我们阅读中国的章回小说往往爱不释手,作者常常在描写关键而紧张的情节时会写道"欲知后事如何,且听下回分解"。对后事的兴趣引起了我们对小说的持久的注意。二是情绪和过去经验。回想一下,当我们感到喜悦时,周围一切事物在我们眼中似乎都是生机勃勃的,而当我们情绪不佳时,周围一切似乎都是黯淡无光的,其实,这正是情绪影响了我们注意的选择方向,使我们对世界的观察添上了色彩。过去经验也明显影响着注意的指向,人们看报时所注意的消息往往不同,这多半是由于其知识经验不同。

2. 有意注意

有意注意是有预定目的、需要做出意志努力的注意。有意注意是一种高级的注意形式,它是在人的实践活动中发展起来的。在个体发展的过程中,有意注意最初是通过儿童与成人的交往而实现的。成人的言语指示儿童从周围对象中找出某种由成人命名的物品,使儿童的注意产生选择性的指向并使儿童的行为服从于活动或与该物品相联系的任务。随着儿童的成长,通过独立提出任务,儿童开始把自己的行为建立在自我命令的基础上。这种外部支持便逐渐内化、简约化,转变为内部言语的方式来控制、调节和维持意识的稳定选择。

有意注意虽然也像无意注意一样受人的情绪、过去经验和兴趣的影响,但是这种影响是以间接的方式表现出来的,而不像它们对无意注意的影响那样是以直接的方式表现出来的。例如,无意注意受直接兴趣的制约,但是制约有意注意的却是间接兴趣,即对活动的目的和结果感兴趣,而活动本身可能并不直接吸引人。有意注意的维持必须做出一定的意志努力,要维持稳定的有意注意依赖于以下一些条件:一是加深对从事的某项活动目的和任务的理解。有意注意是服从于活动目的的注意。对活动目的的意义理解得越清楚、越深刻,完成任务的愿望就越强烈,为完成这项活动所必需的一切就越能引起有意注意。二是培养间接兴趣。间接兴趣是个体对活动结果的兴趣,间接兴趣越浓厚,就越能集中注意。三是合理的组织活动。有意注意是需要付出意志努力的,意志努力的付出意味着心理能量不断被消耗,有效、合理的组织活动可以节约心理的资源,有效地延长有意注意的时间。四是减少干扰并培养坚强的意志品质,与内外干扰做斗争,创设良好的工作条件。干扰不利于注意的保持,应设法采取措施,排除与完成活动任务无关的干扰。例如,保持教学周围环境的安静,降低干扰声音的强度;预先把学习的地方收拾整齐,把一切可能影响学习的物品尽量排除,把学习需要的一切物品一次性准备齐全,布置好适当的照明条件,都有助于注意的集中和维持;意志品质的锻炼也是排除干扰的重要内在因素。当然,在活动中,运用自我提醒和自我命令,经常提醒自己,要求、约束自己,对组织注意也起着重要的作用。

拓展阅读①

有意注意的意志性(抗干扰性)实验

心理学家何威(HB Hovey)做过这样的实验。首先对大学二年级一个班学生进行智力测验,然后根据测验成绩,把他们分成平均成绩相等的两个配对组。六个星期后,控制组在正常情况下接受另一种智力测验,而实验组在有干扰的情况下接受同样的测验。给实验组安排的干扰有:七个不同声音的电铃在房间的不同地方断断续续地响着,四个响亮的蜂鸣器、两只风琴管、三只口笛、一个随时被敲打的圆盘锯和一台放着音乐的留声机不停地发出声音;房间后面安着一个聚光灯,不停地到处照射;实验者的同伴穿奇装异服,手里拿着新奇古怪的仪器吵吵闹闹地走进走出。这些强大的干扰因素足以使参加实验的人感到厌烦与疲乏,但是两组的第二次智力测验的成绩却相差无几,控制组得了137.6分,实验组得了133.9分。实验组由于干扰所造成的损失仅3.7分。这一实验说明,经过一定的意志努力,可以将注意集中在一定的目标上,有意注意具有较强的抗干扰性。

3. 有意后注意

有意后注意是指有明确的目的但不需要或者很少需要意志努力参与的注意。有意后注意是有意注意高度发展后的一种特殊的注意形式。它一方面类似于有意注意,因为它和目的、任务联系着;另一方面类似于无意注意,因为它不需要或者很少需要人的意志努力。有意后注意是个体的心理活动对有意义、有价值的事物的指向和集中,是在有意注意的基础上发展起来的。有意后注意是一种高级类型的注意,具有高度的稳定性,是人类从事创造性活动的必要条件。

三种注意虽然产生的条件和性质都不相同,发展过程也有明显差异。但在实践中无意注意、有意注意和有意后注意相互紧密联系。心理学的研究表明:学生在学习过程中,如果只凭无意注意去学习或活动,虽然轻松,但学习或活动目的性不强,难以形成完整的知识结构,一遇干扰活动就很难顺利进行。而如果学生只凭有意注意去学习或活动,时间

---

① 坎特威茨.实验心理学:掌握心理学的研究[M].杨治良等,译.上海:华东师范大学出版社,2004.

长了会感到精神紧张,因而导致活动效率降低,同时也会影响创造性的智力活动。而有意后注意也不能脱离与无意注意或有意注意的联系,在任何活动中,没有无意注意的支持,有意后注意就会失去活泼性,而缺乏有意注意的支持,有意后注意则会失去持久性。

三种注意可以相互替换。譬如,有人最初只凭直接兴趣学习弹奏钢琴,后来认识到弹钢琴对陶冶情操、增长知识和才能都有重大意义,于是认真地钻研有关的理论,克服指法、乐理、识谱上的种种困难,保持了对这项活动的高度注意,这是无意注意被有意注意替换的情况。随着学习的进步,他的弹奏技巧越来越纯熟,练习的自觉性也提高了,对活动的目的、意义的认识也越来越明确,这时,他无须做过多的意志努力就能维持稳定的注意,而且不会感到疲劳,这是有意注意被有意后注意替换的情况。任何一种注意形态都可能被另一种注意形态所替换。

三种注意也可以相互转化。虽然三种注意是可以相对独立存在的形态,具有相对的稳定性,但是在实践活动中它们经常打破各自的稳定性朝着某一特定的趋势转化。譬如,在教学过程中,教师生动的讲解引起了学生的无意注意。当教师深入地分析知识的重点、难点时,学生一方面要检索已有的知识来参与理解,另一方面要把新知识纳入自己的知识结构体系,这就要付出一定的意志努力,此时依靠的是有意注意。而随着教学的深入,学生顺利地接受了知识,扩大了知识领域,对教师传授知识的方式方法也产生了兴趣,感到上课是轻松愉快的事,这时依靠的是有意后注意。这种转化有的是自然而然地进行的,有的则需要一定的诱发因素的支持。教师善于促成三种注意的转化是提高教学效率的一种艺术。

(二) 环境注意和自我注意

根据注意指向对象的不同,可以把注意区分为环境注意和自我注意。

环境注意和自我注意也称为外部注意和内部注意。对外部世界的对象和现象的注意称为"环境注意"。对自己的身体、行为和观念的注意称为"自我注意"。把注意区分为环境注意和自我注意仅具有相对的意义,人的注意往往不断地、迅速地转换对象,而不是长时间地全部集中于环境或集中于自我的。例如,当我们想起或被人提醒,自己将要去参加演讲比赛时,可能把自己作为注意的中心;而当我们进入会议厅开始演讲,注意自己的发言稿时,在演讲中可能忘掉了自己,此时环境便成了我们注意的中心。同时,外部刺激会导致注意指向于自我,内部注意也会导致注意指向于外部刺激。当我们在观看十分感兴趣的关键性比赛时,觉察不到自己的内心状态,甚至身体不适也没有注意到;而在一个单调的环境中,我们就更容易注意到自己的机体感觉。在一项研究中(Pennebaker & Lightner,1980),让被试跑相同的距离,一种情境是"跨园"跑,风景不断地变,另一种是枯燥单一的环境。结果是虽然都感到累,但在丰富环境中跑时速度更快,较不累些。

在教育情境中,我们可以看到,一般考试焦虑的学生特别容易自我注意,过多注意自己,因而分散了对当前考试的注意,结果反而降低了成绩。口吃的学生也特别容易自我注意,这样反而会愈加口吃。对于这些学生,有效的心理治疗的方法是使他们的自我注意转向于对环境的注意或对学习的注意。

五、注意的品质

注意的品质即平时所指的注意力,包括注意的范围、注意的稳定性、注意的分配和注意的转移。注意的品质(注意力)发展水平直接影响着个体的学习、工作和生活效率。

(一) 注意的广度

注意的广度也叫注意的范围,是指同一时间内能清楚地把握对象的数量。最早进行注意广度实验的是汉密尔顿(Hamilton,1859)。他在地上撒一把石弹子让被试即刻辨认,结果发现被试很不容易立刻看到6个以上的弹子,如果把石弹子以2个、3个或5个放成一堆,被试能掌握的堆数和掌握一个个石弹子数一样多。以后,心理学家用速示器在0.1秒的时间内呈现彼此不相联系的数字、图形、字母或汉字,研究结果表明,成人注意的平均广度是:黑色圆点8~9个,外文字母4~6个,几何图形3~4个,汉字3~4个。影响注意广度的因素主要有两个:

1. 知觉对象的特点

在知觉任务相同时,由于知觉对象的特点不同,注意的范围会有很大的变化。例如,让被试注意用速示器呈现不同特点的外文字母,结果发现,对颜色相同的字母要比对颜色不同的字母的注意范围要大一些;对排列成一行的字母,比对分散在各个角落上的字母的注意数目要多一些;对大小相同的字母,比大小不同的字母所能注意的数量要多得多;对组成词的字母的注意范围,比对孤立的字母所注意的范围大得多。也就是说,知觉对象越集中,排列得越有规律,越能成为相互联系的整体,注意的范围就越大。

2. 个人知觉活动的任务和知识经验

知觉对象相同,如果个体的活动任务不同或知识经验不同,注意的范围也会有变化。用速示器呈现不能构成词的一些字母,要求受试者说出字母写法上的错误,这时,个体能知觉到字母的数量,比单纯要求他说出有些什么字母时的数量要少得多。这是因为要说出字母写法上的错误,就要更仔细地辨别每个字母的细节,其任务要困难得多。又如,用速示器呈现一句中文句子,我们的注意范围就远比不懂中文的外国人要大得多,这是知识经验不同之故。

(二) 注意的稳定性

注意的稳定性是指在同一对象或同一活动上注意所能持续的时间。注意的稳定性有狭义和广义之分。狭义的注意稳定性是指注意保持在同一对象上的时间。要使注意持久地集中在一个对象上,是很困难的。例如,当我们倾听一种微弱的刚刚能听见的声音(如钟表的嘀嗒声)时,我们时而能听见这个声音,时而又听不见,尽管我们这时仍集中注意倾听着。短时间内注意周期性地不随意跳跃现象称为注意的起伏(或注意的动摇)。如注视图5-1,时而我们会觉得图形的顶端朝向自己,时而又觉得图形底端朝向自己,很难稳定下来,这就是注意起伏的

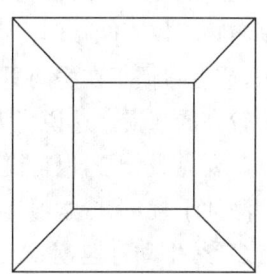

图 5-1 注意的起伏

表现。注意的起伏周期一般为两三秒至12秒。研究表明,对于不同的刺激,注意起伏周期的持续时间是不同的,对声音刺激起伏周期时间最长,其次是视觉刺激,而触觉刺激起伏周期最短。注意周期性的短暂的变化,我们主观上是觉察不到的,并不影响许多活动的效率。广义的注意稳定性是指注意保持在对一定活动的总的指向上,而行动所接触的对象和行动本身可以发生变化。例如,学生在完成作业的过程中,可能要看教科书,要写字或演算,虽然他所接触的课文,所写的字句或数字时刻在变化着,但是他的注意仍集中于完成作业这一项总的任务上,这时,他的注意是稳定的。

注意稳定时间的长短与年龄有关,一般来说,注意的稳定性随着人的发展而不断增强。一般5~7岁的儿童注意稳定的时间约为15分钟,7~10岁的儿童注意稳定的时间约为20分钟,10~12岁的儿童注意稳定的时间约为25分钟,12岁以后的个体注意稳定的时间约为30分钟。

同时,注意的稳定性与注意对象的特点有关。如果注意的对象是单调的、静止的,注意就难稳定;如果注意的对象是复杂的、变化的、活动的,注意就容易稳定。注意的稳定性更重要的是与个体的积极性有关,如果个体对所从事的活动持积极的态度,有浓厚的兴趣,并借助有关动作维持知觉或思想进程,或从各种不同的角度进行观察和思考,那么注意就容易稳定、持久;相反,如果个体对所从事的活动持消极态度,缺乏兴趣,注意就容易分散。

注意不稳定表现为注意分散(也叫分心)。注意分散是指注意不自觉地离开当前应当完成的活动而被无关刺激所吸引。注意分散的原因,主要是由于无关刺激的干扰,或单调刺激长时间作用的结果。无关刺激对注意的干扰,既可以是外部的无关刺激,也可以是内部的无关刺激。那些与当前活动任务无关的突然的、意外的附加刺激,以及与个体情绪有关联的干扰都能引起注意的分散。研究表明,与注意对象相类似的刺激,比不同种类的刺激干扰作用大;同样的干扰刺激对思维活动的影响大,对知觉的影响小;在知觉过程中,听觉受附加刺激而分心的现象比视觉所受的影响更明显。在长时间从事单调的工作时,由于疲劳的增长而使附加刺激的作用得到加强。在这种情况下,头脑中可能浮现各种杂念使注意分散。事实上,在外界缺乏刺激的情况下要保持注意稳定也是很困难的。因为外界缺乏刺激,大脑的兴奋性就难以维持较高的水平,这样就容易导致注意的分散。要说明的是,并非任何无关刺激物都会引起注意的分散。有时微弱的刺激物不仅不能减弱注意,而且会加强注意。譬如,有人在思考问题时,习惯收听轻音乐,或者习惯于在房间里走来走去等。因为如果缺乏外界的刺激,大脑的兴奋就难以保持较高的水平。这说明无关刺激物引起注意分散是有条件并有限度的。

要克服分心,保持注意的集中稳定,一般应考虑以下方面:① 排除无关因素和嘈杂刺激的干扰,保持学习、工作环境的安静;② 要组织好教学活动,使活动与活动对象丰富多彩,生动有趣,形式多样,有吸引力,借此来引起和保持注意力;③ 要明确学习的目标和任务,充分调动和发挥学生学习的积极性和主动性,这是克服注意分散的重要心理条件;④ 调动多种感官积极参与学习活动,把看、听、说、写、想、操作联合起来,有助于注意的稳定集中;⑤ 培养良好的学习习惯,劳逸结合,防止过分疲劳,加强锻炼,保持身心健康;⑥ 保持稳定积极的情绪,培养坚强的意志品质等。

(三) 注意的分配

注意的分配是指人在进行两种或多种活动时能把注意指向不同对象的现象。进行这个问题研究的最早记载是我国北齐时文学家刘昼(公元 514—565),所谓"左手画方,右手画圆,实难两成"(《刘子新论》卷一·专学篇)。在西方,波尔哈姆(Paulham)最早进行了这个问题的实验研究。他试图一边口诵一首熟悉的诗,一边手写另一首熟悉的诗,发现是可以做到的。虽然有时他也会写出一个正在背诵着的词,但总的说来,这种相互干扰作用并不大。比纳(Binet,1890)也观察到,要两手同时各做不同的动作是困难的。不过,他认为,如果两手的动作能组合成像扫地、劈木头或其他类似的协调动作,就不会有干扰作用。

注意的分配是有条件的。同时进行的几种活动的复杂程度、熟悉程度和自动化程度都会影响注意分配的难易程度。同时进行的几种活动越是复杂、越不熟悉、越不习惯,注意分配就越困难;相反,注意分配就容易一些。既进行智力活动又进行动作操作,智力活动的效率比动作操作的效率,可能有明显的降低。同时进行两种生疏的复杂的智力活动是无法完成的。注意分配的最重要条件是,在同时进行着的几种活动中,必须对每一种活动都是相当熟悉的,其中一种是自动化了的或部分自动化了的。人对于自动化或部分自动化了的活动,不需要更多的注意,而把注意主要指向于较不熟悉的活动上。这样,同时输入的两种信息才不会超过人脑的信息加工容量,因而都能进行反应活动。此外,同时进行的几种活动如果建立起联系形成了某种反应系统,这样注意分配也就能够实现。例如司机驾驶汽车的复杂动作,通过训练后形成一定的反应系统,就可以不费力气地完成各种驾驶动作,并且把注意分配到其他与驾驶有关的事情上。

在注意分配的实验中,并没有排除注意迅速转换的可能性。同时完成的两种活动所需要的注意很可能既有注意的转移也有注意的分配,是注意的转移和分配的结合。用复合器做的实验表明,严格地同时给被试以两种不同的刺激,注意分配很困难。

拓展阅读①

复合器的构造是在一个划分为 100 格的圆刻度盘的表面,有一根迅速转动着的指针,当指针经过某一刻度时就响一下铃声。要求被试在听到铃声的同时,指出指针所指的刻度数。结果表明,被试所指的度数总是或大于或小于铃声响时指针所指的实际度数。这说明,人通常是先注意一个刺激,经过短暂的时间间隔后再注意另一个刺激的。

(四) 注意的转移

注意的转移是指注意的中心根据新的任务,主动地从一个对象或一种活动转移到

---

① 黄希庭,郑涌.心理学导论(第三版)[M].北京:人民教育出版社,2015:26.

另一对象或另一活动上去。注意转移的快慢和难易取决于原来注意的紧张程度和引起注意转移的新对象(新活动)的性质。例如,上一节课学习语文科目,后一节课学习数学科目,根据任务把注意从语文课转移到数学课程上,这就是注意的转移。注意转移的测量指标,可以用从一种活动过渡到另一种活动所花费的时间,也可以用单位时间内学习或工作的转换次数和正确性来衡量。例如,普拉托诺夫(1949)设计的一个实验程序是这样来测量被试注意转移的特点的。在该实验中向被试呈现一张有49个方格的纸页(大小为60厘米),方格内随机地印有黑色字体的阿拉伯数字1至25和红色字体的罗马数字Ⅰ至ⅩⅩⅣ。要求被试找出阿拉伯数字以递增某数(如1或2)的顺序排列,同时对罗马数字以递减某数的顺序排列。例如,以递增和递减1阿拉伯数字和罗马数字如下:1,ⅩⅩⅣ,2,ⅩⅩⅢ,3,ⅩⅩⅡ,4,ⅩⅩⅠ,等等。记录和分析被试寻找排列数字的速度、错误数和运用的策略,就可以探明其注意转移的特点。

注意转移的快慢和难易,依赖于原来注意的强度。原来注意强度越大,注意的转移就越困难、越缓慢;反之,注意的转移就比较容易。有的教师喜欢一上课就测验或发试卷,然后进入新课,这样做教学效果往往不好,其主要原因是学生对测验或试卷上的分数十分注意,以致很难把注意力快速地转移到新课上来。注意转移的快慢和难易,还依赖于新注意对象的特点。新注意的对象越符合人的需要和兴趣,注意的转移越容易,反之,注意的转移就越困难。

注意的转移和注意的分配彼此密切联系着。注意转移了,注意的分配也必然发生变化。每当注意中心的对象转换后,必然出现新的注意分配。同时,注意的转移与注意的分散是根本不同的,前者是有意地根据活动任务的需要把注意从一个对象转向另一个对象;而后者则是在需要注意稳定的时候,不随意地改变了注意的对象。

注意的上述品质是密切联系的。活动的效率不仅取决于是否具有注意的某一特征,而且取决于在完成一定活动时如何把它们正确地结合起来。同时,通过生活实践的训练,人的注意的特征也是可以得到改善和提高的。在生活实践中所表现出来的注意的上述特征,也反映了人们的个性差异。

拓展阅读①

不同个性类型者的注意特点

不同个性类型的人的注意特点有明显的差异。这种差异表现出个人在注意的风格和中心方向上的稳定特点。有人(Fenigstein, Schemer & Buss, 1975)将个人自我意识的稳定特点区分为公我意识(public self-consciousness)和私我意识(private self-consciousness)并设计出问卷来测定自我意识的不同类型。公我意识强的人将注意力集中在社会场合中别人怎样看自己这个焦点上,注意自己的外部言行和他人对自己的看法。当他知道将和不同意自己意见的人交往时更容易调节自

---

① 黄希庭.心理学导论(第一版)[M].北京:人民教育出版社,1991:256.

己的表达态度,以便友好平静地相处,在外部压力下易受暗示。而私我意识强的人则把注意力集中在自己的能力、性格和感受上。当与不同意自己意见的人交往时,他更可能始终如一地表达自己的态度,而不顾及他人的态度反应,在外部压力下不易受暗示。

归因控制点的研究表明,有的人常常把行为的因果关系归因于对自己来说是外部的东西(如工作难度、运气等),认为自己对于环境是无能为力的、自己是莫名其妙的环境的牺牲品。这种人的归因控制点在外部,称为外部控制者。有的人经常把行为的因果关系也归因于对自己来说是内部的东西(如性格、能力、态度、努力等),认为自己是可以控制环境的,自己不是环境的牺牲品。这种人的归因控制点在内部,称为内部控制者。许多研究表明,内部控制者比外部控制者更善于控制自己的注意方向,更积极地选择和构造输入的信息(Wolk & Ducette, 1974)。因而,内部控制者更敏感地注意手头的工作,更能有效地集中注意做好工作(Davis & Phares, 1967; Lefcourt, Lewis & Silverman, 1968; Lefcourt & Wine, 1969);而外部控制者更倾向于被新异的无关刺激所分心。

有人(Byrne, 1964)观察到人们对待危险刺激时控制注意在忍受—敏感维度上的两种行为方式。对危险刺激敏感者,可能更主动地观察环境中是否有危险物,而忍受者则倾向于避开危险物。对于心理上的危险(如不愉快、矛盾心理)敏感者通常对它进行仔细的考察形成理智的解释。而忍受者则企图不去想它,寻找借口忘掉它以回避心理上的危险。因此,当他们接收到与自己态度相对立的信息时,其反应就不同:忍受者集中注意于支持自己的信息,回避与自己态度对立的信息,他们还回避注意自己疾病的最初症状,甚至还回避关键性反馈信息。这样,忍受者的注意风格使得他们愈益与多数人不同,更不愿意正视生活中不愉快的方面(Olson & Zanna, 1979, Mischel, Ebbesen & Zeiss, 1973, Graziano, Brothen & Bercheid, 1980)。

注意的另一个性差异是对刺激的需求(Sales, 1971)。有一种人寻求复杂的、奇异的和强烈的刺激。这种人称为感觉衰减者或高感觉寻求者。他们对输入的感觉刺激的神经传递的衰减水平很高,他们的耳朵好像塞了棉花,眼睛好像蒙上了毛玻璃似的,因此,要维持经验到的刺激水平,就要增加外部刺激的强度。相反,感觉扩大者(低感觉寻求者)的内部加工器似乎一直在放大输入的刺激,因而对外部刺激的需求低,喜欢细微的刺激,喜欢轻音乐和宁静的环境。当环境缺乏刺激(如感觉剥夺情境)时,高感觉寻求者就以各种可能的方式寻求刺激,如吹哨、围绕着床转圈子、触摸墙壁或陶醉于丰富的幻想世界里。他们对自己的内部感受十分敏感,痛阈极低,难以坚持单调的实验作业(Zuckerman, 1974;陈仲庚、张雨青, 1988)。

与个性的其他特征一样,注意的个性差异也是在人的生活实践中形成的;并且注意的稳定特点与人的需要、职业有密切的联系。因此,注意的个性差异是人在生活实践中与社会环境交互作用的结果。此外,还应看到,有的人的注意的稳定特点可能是一种病理现象。例如,精神分裂病患者对新异刺激的注意就比正常人明显衰减。

第二节 儿童注意的发展与注意力的培养

一、儿童注意的发展

(一) 注意品质的发展

1. 注意的范围逐渐扩大

注意的范围随着年龄的增长而逐渐扩大,用速示器以1/10秒的时间快速地呈现圆点,二年级儿童能知觉到的圆点数量一般少于4个,五年级儿童在4~5个,成人能达到8~9个。一般说来,小学阶段儿童的注意广度处于较低的发展水平,而青少年的注意广度已基本接近成人水平(Dye & Bavelier, 2010)。注意的范围受到注意对象的特点和自身经验的影响。当知觉的对象结合得越有组织、越有规律时,个体注意的范围就越大。因此,在教师教学中,需要教师不但要注重单个知识点的讲解,更要在学生学习了一定数量的单元知识后,能把相关的知识点有机地串联起来,揭示不同知识点之间的内在联系和规律。在学生学习中,也只有当学生掌握了相关知识背景,理解所学内容,掌握知识点之间的关系时才有更好的学习效果。在学习和生活中,注意广度的扩大有利于提高学生认知的能力,提升学习的效能。

2. 注意的稳定性不断增强

注意的稳定性随着人的发展而不断增强。注意的稳定性在小学生中存在着一定的性别差异,女生的注意稳定性显著高于男生。并且,年龄越小的儿童越容易被形象、有趣的外在刺激所吸引。到了初中阶段,儿童注意的稳定性品质有所提升,基本能够在课堂的45分钟时间内,将注意集中到老师上课的内容上。但值得注意的是,虽然初中阶段的学生注意趋于稳定,但是仍有难以控制注意的情况,比如上课走神、分心等现象。因此,教师在设置教学内容和教学方法上,要有针对性和变化性,满足此阶段儿童关注对于自己有意义的信息这一需要。

3. 注意的分配缓慢发展

注意分配能力在认知发展过程中,发生的较早,但发展的速度较为缓慢。例如,幼儿玩着手里的玩具时,常常听不到父母的话。即使到了小学和初中阶段,也常出现难以一边听讲一边记笔记的现象。直到高中阶段,才能较好地根据不同活动的特点和性质,分配自己的注意。注意分配受到同时进行的活动间的复杂程度、熟悉程度等的影响。例如,一个刚学织毛衣的新手,必须将全部的注意集中到针线上,否则很容易织错针。但随着动作越来越熟悉,当达到自动化水平时,可以一边织毛衣一边看电视、聊天等。一般来说,对需要分配注意的两项活动,至少要求其中一项是熟练的,所以教师应当先培养学生熟练掌握一项活动,再进一步帮助学生实现该活动和其他活动之间的注意分配。

4. 注意的转移变得灵活

随着个体的发展，抑制能力和第二信号系统不断发展，儿童的注意转移能力不断地提高。小学生已经能够按照教学的过程和要求，较灵活地转移注意。到了初、高中阶段，注意的转移能力保持在一个较为稳定的较高的水平上，高二之后，存在又一个缓慢的增长期，到大学二年级，注意的转移能力已经发展成熟。但注意的转移存在着较大的个体差异，并受到转移前后活动内容的影响。比如原注意活动较为专注，则较难转移，而新活动更具有吸引力，则转移更容易发生。例如课间学生玩得过于投入，就需要老师在上课前对学生有目的地进行引导，及时将学生的注意吸引到课堂，同时在课堂中，要更为关注注意转移较为缓慢的学生。

（二）注意类型的变化

随着年龄的增加，有意注意和无意注意两种类型注意的比重也发生着变化。年龄越小的儿童，无意注意所占的比重越大。学前阶段的幼儿，主要以无意注意为主，有意注意在逐步形成中。在这一时期，外界任何的新异或带有响声的刺激都能将他们从正在进行的任务中吸引走。到了小学阶段，有意注意逐步发展，但儿童的无意注意仍占有着重要的地位。初中二年级时，无意注意发展到顶峰，此后有意注意在青少年期逐渐占据主导地位。有意注意需要一定的意志努力，学生在学习过程中，活动的积极性和目的性逐渐提高，能够更有效地将注意指向需要学习的事物。比如初中生在开始学习复杂的计算公式时，由于还没有熟练地掌握，稍不注意就会写错而得出错误的计算结果。而对公式的掌握是一种较为单调的学习和记忆，因此学生必须通过一定的意志努力把注意集中在公式的记忆和运用上，才可能实现最终的熟练掌握，这一集中注意的过程为学生掌握知识和方法提供了必要的条件。

值得注意的是，虽然初中阶段学生无意注意逐渐居于次要地位，但是无意注意仍是十分重要的，它和有意注意的交替运用，使青少年拥有更多的认知资源，更好地投入到学习中去。

二、儿童注意力的培养

注意力简单来说就是指集中注意的能力，它是保证学生顺利学习的重要前提，也是提高学习效率的重要保障。有专家说："注意力是学习的窗口，没有它，知识的阳光就照射不进来。"注意力的好坏是至关重要的。实验和教学实践表明，学习成绩好的学生与学习成绩不良的学生之间明显的差别之一就是注意力的好坏。专家教师在总结教学经验时，发现学生学习成绩不理想可能与注意力不稳定、不集中、分配不合理有关。学习成绩好的学生，能集中注意听讲、阅读，能独立思考问题，认真做作业。他们在学习时很少受外界干扰，即使有时老师的课讲得并不那么生动，但他们也能自我约束，有意识地组织注意力，不让自己的思想开小差。许多学习落后的同学恰恰相反，他们注意力涣散，不能全神贯注地听讲，时而做小动作，抠耳朵，挖鼻孔，抓抓头皮，时而与同学交头接耳，逗闹一下，有时貌似听课，实则思想离开课堂，开了小差。读书时也一样定不下心来,做作业东抄西看。有的甚至在上课或复习时没有精神,打起了瞌睡。

注意力的好坏并不完全是先天遗传的,而要靠后天的努力、培养和训练。那么在教育教学活动中,如何培养儿童的注意力,形成良好的注意品质呢?可以从以下几个方面着手:

(一) 明确学习的目的和重要性

有意注意是人类所独有的一种注意类型,强调意志努力在注意中的重要作用,并且指向特定的目的。因此,在学习之前,应该让学生充分认识到学习的目的,明白为什么学,要达成的学习目标是什么等,这样才能充分调动学生学习的主动性和积极性。例如在课堂上,最常使用的教学方法是讲授法,学生在上课之前,首先需要认识到这堂课的学习目的,并以此引起学生对课堂的重视和注意,一旦学生充分认识到教学目标和学习的重要性,学生就能专心听讲。

(二) 善于抓住重点

中学生注意的稳定性不断发展,注意稳定的时间约为30分钟,在自觉性和目的性的驱使下,基本可以完成一节课的集中注意。但是在此过程中,仍需要学生不断地将注意合理分配和转换。教师在一堂课中,重点内容往往会有所强调,这就需要学生抓住重点内容进行集中注意,而不至于由于内容过多而顾此失彼。梁启超是我国近代一位大学问家。他曾经告诫他的学生:如果想要学会读书,就要读书读到能将书平面的字句浮凸出来为止。书上平面的字句怎么会浮起来呢?他的一个学生听了很纳闷。许多年过去了,这位学生在广博地读了许多书之后,忽然顿悟到,使平面的字句浮凸出来指的是在读书过程中要对阅读材料选择性地给予不同程度的注意。那些不重要的字句浏览一下就放过去了,而对那些重要的关键的字句,则要给予充分的重视,甚至做到在读某一篇文章时,能一下子注意那些最重要、最关键的字句,好像这些字句是有别于其他字句浮凸在书面上似的。梁启超的读书法很有效。因为它能提纲挈领地使人掌握某一篇文章的重点和关键。掌握这个读书法的技巧,就是训练对那些关键词句的集中注意力。事先确定一个阅读范围,阅读时,只对最重要和最关键的部分给予最集中的注意,天长日久,每读一遍文章时,我们就会发现书上总有某一个重要的注意点毫不吃力地浮凸出来了。许多著名的学者都很注意这方面的自我训练。如有的人在读书时,就经常在一些重要内容旁边写上一些特定的符号,如"!""?"以及"☆"表示这些内容需要特别注意。

(三) 合理地分配注意

课堂上要善于合理地分配注意。不仅要听、看、想,而且还要记笔记,怎样合理地分配注意力,而不至于顾此失彼,也是很重要的。有些同学只顾一字不漏地记老师讲的内容,却很难顾及同时主动去思考;有些同学仅顾被动地听,却不愿更多的思考,听而无味;也有的只顾着想,忘了听下去,或记笔记。其结果都会影响上课的效果。有经验的同学善于及时地转移和分配注意,他们往往在听讲时还会快速地思考,当听到重点的内容或老师补充教科书上没有的材料时进行简要记录,以帮助课后复习和理解。如此分配注意于听、想、记上,以理解内容为重点,兼顾各方面,不仅大大提高了课堂学习的效率,而且还培养了良好的注意转移和合理分配能力。

(四)克服干扰、避免分心

意志努力的参与对维持注意有着重要的作用。因此,学生需要不断的自我训练,排除干扰不受内外的影响。许多学习成绩不理想的学生,都存在一个共同的缺点,就是注意力涣散。上课时思想容易开小差,阅读时不专心,做习题时精力不集中,做什么都漫不经心,懒懒散散,粗心大意,这些问题严重地影响了学业发展,需要不断努力加以克服。例如,上课时,当我们发现自己有轻视讲课内容的苗头,或教师讲课方式不适合自己口味,或思想不自觉开小差的时候,要及时纠正过来,不能任其发展。当课堂上出现其他同学干扰,或外界的影响时,也要排除干扰,不受影响,保持集中注意的心理状态。要认识到上课不是看电影、听故事,没有强烈的故事情节和生动的形象,去吸引我们的注意。课堂讲授的各种科学知识有它的知识体系、概念系统,比较抽象概括,它需要借助意志力的帮助,自我控制,去战胜分散注意的各种内外干扰因素,做到有意识的注意和有目的的学习。

在上课或做作业时,要不断对自己进行自我暗示:"这堂课的内容很重要,我一定要注意听。"又如"这本书很有意思,我要好好地读。""独立完成作业是件愉快的事,我要出色地完成它。"由此能产生学习兴趣,引发注意。有意识地控制自己的注意力,不许注意力涣散,开始有点困难,一旦养成习惯,反而感到集中精力干事或学习是件很愉快的事,当我们有这种体会时,就说明自己的注意力水平提高了。

培养自己注意力的非常有效的途径是,训练自己能在各式各样的环境条件下,专心学习或工作。一旦确定了要干的事,就要有计划有目的地集中注意力,去干好要干的事,不受其他刺激的影响和干扰。据说毛泽东同志青少年时代为了锻炼自己的注意力,就常到繁华闹市去读书,而且能不受周围环境的影响。坚持无论读书学习,还是干事情,都把它们当作锻炼注意力的机会和场合,久而久之,良好的注意习惯就逐步形成了。

(五)利用特殊方法训练集中注意

有研究发现,被试在注意力高度集中时背课文,只需要读9遍就能达到背诵的程度,而同样的课文,在注意力涣散时,竟然读了100遍才能记住。有专家说过:"专心本身并没有什么神奇,只是控制注意力而已。"使用意志训练和抗干扰训练等适合自己的方法,可以有效提高集中注意的能力。德国著名哲学家根特在读书时经常使用一种精神集中法。其做法是,当他读书前,或者在书房里深思冥想问题时,他必定是透过窗户凝视着远方屋顶上的一个随风摆动的风向标箭头,他一边眼盯着风向的转动,一边下意识地沉浸于深深的思考之中。这种方法大大帮助了他,哲学中的许多理论就是这样思考出来的。这种方法看似好像没有什么奇特,我们可能也有过这方面的经验,当两眼凝视着某一点时,一边对着注视点出神,一边思考着所要解决的问题,或者思考已读过的内容,好像无形之中,注意力就集中在一起,促进了思考的深度。这种做法之所以会产生如此好的效果,也还是有其道理的。当人的双眼长时间地凝视在一点时,视野就会变得狭窄,那些容易吸引你并导致注意力分散的事物就不会进入眼帘,因此人的意识范围也随着变窄,从而使人达到注意力集中的心理境界。

有一位科学家说:他读书之前,或在思考问题时,喜欢双眼盯着窗外的松树枝,目不转睛地望着,望着,很快地就集中起精神来,不自觉地进入了学习的遐想,这种方法对他的读书或思考问题很有帮助。我们也可像这些学者那样,一坐在书桌前,就习惯地把面前某一件东西作为注意的靶子,例如屋外的天线、树枝、电线杆,或书桌上的台灯开关、铅笔、自己的手指等。然后用双眼凝视着它,并经常做这种练习,定会有好的作用。古时候练习射箭的人,将一个中间空的小铜钱挂在远处,经常远远注视它,分辨出铜币的空心,练到一定的时候,再练习注视高空中的飞鸟,极力分辨鸟的头和身子及其他部位,长期坚持训练,其结果不仅增强了视力,而且还增强了集中注意的能力。

拓展阅读[①]

梅兰芳是一代京剧宗师,是梅派创始人,我国四大名旦之首。这样一位声名卓著的京剧大师,他的戏得到中国乃至全世界戏剧界的尊崇,即使我们这些不懂京剧的人,也为他的演技所倾倒,特别是他那优美的姿势、悦耳的唱腔和活灵活现的眼神都给人以美的享受,使人为之倾倒。但梅兰芳小的时候,身体并不结实,眼睛也微带近视,眼皮下垂,有时迎风还要流泪,眼珠转动也不灵活。演员们的眼睛,在五官当中,占着极重要的地位,许多著名演员,都有一双炯炯有神的好眼睛。梅兰芳对于自己的眼睛非常发愁,恐怕影响到前途的发展。那么梅兰芳先生是如何将自己呆滞的眼睛治好的呢?说来也有点戏剧性,他是通过放鸽子治好的。

以前北京有许多人爱养鸽子,梅兰芳十七岁的时候,偶然养了几对鸽子。起初是好玩,拿着当一种业余游戏,之后竟乐此不疲地成为日常生活中必要的工作了。养鸽子的人每天把自家的鸽子放出去,鸽子在天空飞翔,养鸽者在地面观察指挥,用一杆长竹竿,上面拴一条红绸子,指挥鸽子起飞,如换成绿绸子,就是要鸽子下降的信号。附近有许多家的鸽子放向天空,而鸽子也有个有趣的习性,爱相互串飞,如果自家的鸽子训练得不熟练,很可能给人家鸽子拐走。梅兰芳要手举高竿,不断摇动,给鸽子发出信号,同时还要仰着头,抬着眼,极目注视着高空中的鸽群,要极力分辨出里面有没有混入别家的鸽子。天长日久地练下来,梅兰芳先生的眼皮下垂竟然治好了,呆滞的眼神变得灵活传神了,视力也得到了极大的提高,臂力和腰劲被练得发达了,注意力也更加容易集中了,学戏的效率提高了,思考能力也增强了。

---

① 文国明.梅兰芳自述[M].合肥:安徽文艺出版社,2013:77.

第三节 运用注意规律提高学习效率

注意是认识和智力活动的门户。注意与人的学习、工作效率有着非常密切的关系。"哪里有注意,哪里才会有思考和记忆。"在教育教学实践活动中,如何吸引学生的无意注意?如何使无意注意顺利地向有意注意转换?如何更好地培养和发展学生的有意后注意等是有一定的规律可循的。抓住和利用这些规律,则能较好地打造高效课堂,提高儿童学习的效率。

一、注意规律在教学中的运用

(一)无意注意规律在教学中的运用

无意注意在教学中的作用有消极和积极两个方面。其消极作用是会导致学生离开当前应注意的对象而转向与教学活动无关的活动,从而影响教学效果。其积极作用是对新异事物发生直接定向,帮助学生在不知不觉中掌握和获得一些知识和经验。因此,教师在教学中要创设条件,减少或者尽量避免无意注意的消极作用,充分发挥无意注意的积极作用。

1. 创设良好的教学环境,减少或者尽量避免引起学生注意分散的刺激出现

创设良好的教学环境,减少或者尽量避免引起学生注意分散的刺激出现,是减少学生无意注意消极影响的第一步。

教学环境包括校园环境、教室布置、教师自身的形象以及一切对视觉、听觉等产生刺激的各种因素。校园环境应当安静整洁,具有绿化、美化、净化的文明气氛和高雅的文化情调,减少或者尽量避免市场、马路、运动场、音乐教室等场所噪音对学生无意注意的吸引,保持教室周围环境的安静;教室的布置应当简朴而具有教育意义,如在后墙张贴一些名言警句等,尽量避免不必要的张贴或过多的装饰;教师的衣着应当整洁、大方,不要过于艳丽奇特;发型要端庄素雅,不要过于新奇时尚;另外,教师要教育学生遵守课堂纪律,不迟到、不早退,不随意喧哗和走动,以免干扰别人注意的稳定与集中。

2. 精心组织教学内容是自然而然地吸引学生无意注意的重要条件

教学内容的难度和深度要适当。教学内容不能过难、过于抽象,否则,即使老师讲得再认真仔细,学生如果无法理解,那也不能引起学生的无意注意。同时教学内容也不宜过于浅显简单,过浅的内容不能引起学生的好奇心和求知欲,思想上就会容易轻视而开小差。研究表明,当教学内容有适当的深度和广度时,最有利于开发学生的潜能和智力。同时,兴趣是最好的老师,人总会对自己感兴趣的事情集中注意。如果在教学内容和教学环节的设置上,每一环都能让学生产生兴趣,就能持续地激发和引起学生的无意注意。所以,合理、精心地安排每节课的教学内容,使学生在课堂上常常处于一种积极

的情绪状态和好奇、渴望求知的认知准备中,最有利于无意注意发挥积极的作用。

3. 讲究教学方法,不断提高课堂教学的艺术

恰当的教学方法,可以有效吸引学生的无意注意,更是提高学生学习效率,保证教学质量的重要手段。所以,教师备课时除了备教材外,更应重视备教法、备学法。教师备课时应当认真思考用什么方法最能启发学生思维,启发想象,启发感知,启发学生动脑、动手,让学生的智慧主动发挥出来。教师讲课时,语言要生动形象、抑扬顿挫、快慢适中。同时,配合适当的表情和必要的手势,以增强讲授内容的情绪感染力。可以适时地呈现直观教具,利用感性材料的吸引力;板书要有条理清晰,重点突出,重点内容可以使用彩色粉笔,让学生更直观地明确授课重点;并且,在利用多媒体课件呈现授课内容时,要注意动画效果的切换,既要用变化的动画效果引起学生无意注意,又要避免使用过于新异的刺激可能引起的不良影响。

教无定法,但要得法。教师在教学中,教法要灵活多样,注意采用启发式的教学,尽量避免单调死板。必要时教师除应当补充某些与原教材有关、内容健康、注解性的知识外,还要具有把教材化抽象为具体、变枯燥为生动与化难为易的教学艺术。要注意的是,过多或频繁地改变教法也是不恰当的,学生容易被教师游戏般的教法所吸引而忘记了学习的主要任务。

总之,随着年龄的增长,虽然有意注意在儿童心理发展中逐渐占据主导地位,但无意注意对于学习效果的影响仍不容小觑。教师在教学活动中,应运用各种手段引发学生的无意注意,使学生的学习过程变得更为轻松、愉快。

(二) 有意注意规律在教学中的运用

教师为了有效地组织与运用有意注意,在教学中可以采取以下做法:

1. 加强目的性教育,培养学生的间接兴趣

明确目的与任务是唤起和保持有意注意的一个重要条件。对于学生来说,只有求知的心理愿望是不够的,应当在这个基础上培养追求成功的远大理想。譬如,外语和数学的学习是枯燥乏味的,但如果学生了解外语是一门重要的工具,数学在日常生活中具有重要的作用,那么那些抽象的符号,也会引起学生的有意注意。因此,教师要善于帮助学生把模糊的、抽象的学习目的化为清晰的、具体的学习目的,把单纯为了考试成绩的暂时兴趣化为追求运用知识的永久兴趣,把学习的每一个课题都与实际生活联系起来。这样,学习目的明确了,有意注意就可以得到良好的保持,进而学生的学习自觉性有了提高,学生能够积极地将注意长时间地集中在学习活动中,从而提高了单位时间的学习效率和总的学习效果。

2. 培养学生良好的注意力,增强对分心刺激的抗干扰能力

在学生学习的过程中,常常会出现各种各样的干扰,有来自外界的,也有来自学生自身的。要保持有意注意,必须培养学生与干扰做斗争的能力,养成抗干扰的习惯。研究中发现,养成了与干扰做斗争的习惯的学生,在遇到干扰时,懂得及时用语言提醒自己注意,能习惯性地运用实际动作来支持有意注意。同时,为了保持长久的有意注意,他们也会用不断地给自己提出新问题的方法,为自己设定实现学习目标的一个又一个

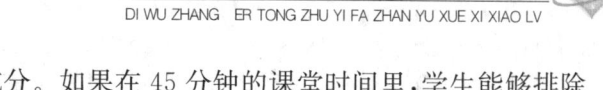

的任务,以增强抗干扰的有意注意成分。如果在 45 分钟的课堂时间里,学生能够排除干扰,集中注意,学习就会取得事半功倍的效果。

3. 尊重学生的主体地位,调动学生的学习积极性

在教学中,教师要尊重学生的情感、需要、价值观并建立融洽的师生关系,相信学生能进行良好的自我教育,发展他们的潜在智能。实践证明,如果教师能真正把学生当作学习的主体,学生也就会成为有意注意的主人。同时,教师要善于创设问题情境,多提有建设性、启发性的问题,积极引导学生进行思考。孔子有云:学而不思则罔,思而不学则殆。教师的提问,往往能将学生的注意迅速地拉回到课堂内容上来,使学生处于积极紧张的思考状态。教学过程中,教师是主导,而学生才是学习的主体。学生在思考与研讨的过程中,会更深刻地理解知识,在教师的帮助下,更好更快地将知识纳入自己原有的认知结构中。

(三) 利用注意转化的规律组织教学

1. 无意注意和有意注意的转化

在教学工作中,单纯地依靠无意注意组织教学,不但会使教学活动缺乏目的性和计划性,难以使学生掌握系统的、完整的知识,而且,不能发挥学生学习的积极性和主动性。如果只依靠有意注意来组织教学,学习就会失去必要的吸引力,容易增加学生的负担,产生疲劳,造成注意的分散。因此,教师要善于运用无意注意和有意注意相互转化或交替的规律组织教学,使学习活动既成为学生心驰神往、乐而为之的事,又能够激发学生的学习动机,依靠坚强的意志来克服困难,完成学习任务。这是保证学生注意稳定与集中的重要而有效的措施。

每节课开始时,部分学生的注意仍沉浸在课间休息时的有趣讨论或游戏上。这时,需要首先将学生的注意转移到课堂上来。可以通过起立的方式,让学生明确已经进入上课状态。之后,利用先导内容引起学生的无意注意,比如引用生活中的小故事作为内容的引入,迅速地把学生的注意吸引到课程内容上来。当讲到重点和难点内容时,则用各种教学方法,激发学生自主地保持有意注意,充分地调动起学生学习的积极性,努力地思考问题。而当学生维持了一段时间高度紧张的有意注意,重点、难点内容被各个击破后,教师可以举一些有趣的实例进行知识的巩固,使学生的注意转为无意注意。这一方面巩固了新获得的知识,另一方面也可以让学生进行适当的放松,为下一段的有意注意学习做准备。

有意注意和无意注意的相互转换与灵活运用,是学生进行高效率学习的前提。学生在积极的情绪与认知准备状态下,认知资源得到了最合理的分配。学生在学习中没有太大的压力与焦虑,更多体验到的是充实感、愉快感和满足感,以最小的投入获得了最大的成效。

2. 有意注意和有意后注意的转化

在教学活动中,无意注意如果不能及时地转化为有意注意,就会影响教学质量;同样,有意注意如果不能在习惯化后适时地转化为有意后注意并成为注意的主要形式,也是不利于教学活动的深入和持久的。因此,教师要事先设计好注意转化的方案,有目

地促使学生的注意转化为有意后注意,要引导学生把学习活动体验为履行社会职责的责任感,养成自觉进取的学习动机,并依靠这种动机调整自己的注意,使自己经常处于最佳的有意后注意状态。

同时,培养学生进行自主的和创造性的学习。能进行创造性学习的学生,一般都具有良好的个性意志品质。在遇到挫折时,他们都有克服困难并继续努力去取得更大成绩的自信心;同时他们也善于通过学习结果的反馈效应来激励自己实现更高的期望目标。这样的学生,学习活动一开始就容易很快地进入有意后注意状态。总体而言,有意后注意兼具无意注意和有意注意的优点,可以使学生在最小的认知资源占用的情况下,完成更有效率的学习。但培养学生从有意注意自觉转换为有意后注意,并不是一个容易的过程,需要教师在教学实践中,采用科学的教学方法、适当的教学策略,逐步实现学生向自主学习、内隐学习的转化,并且需要教师和学生双方面的共同努力。

二、控制与减少分心

(一) 分心的概述

分心也称注意分散,是注意不稳定的表现。在教学过程中,学生的分心表现出以下几种类型和特征:

其一,注意的警觉水平降低,对事物和活动不能产生清晰的反映。

其二,注意的稳定性差,无目的地频繁变换注意对象,不能把注意稳定、持久地指向与集中于必须注意的事物或活动上,心理活动处于动摇的状态。

其三,注意分配与转移困难,缺乏灵活性和必要的紧张性,不能根据需要分配注意或者不能及时地转移注意。

其四,指向与集中水平低,把心理活动从当前所应指向与集中的对象上完全离开并指向或集中于无关的事物或活动上。

引起学生分心的原因很多,主要有客观的、心理的、生理的等方面。从客观原因来看,无关诱因的吸引,嘈杂环境的干扰,目标刺激对象或活动太单调、枯燥、乏味都可能导致分心。另外,学生对所学知识不理解也是一个很重要的客观原因;从心理因素来看,学习目的不明确、学习动机不强、对学习缺乏兴趣、情绪低落或波动、意志薄弱、抗干扰能力不强,不良的作息时间、学习习惯等都易使人注意力分散;从生理原因来看,身体不适,过分疲劳与困倦,大脑激活与觉醒水平太低等都容易导致注意分散。

在教学过程中,学生的分心有些是偶发的,也有经常性的;有时只是个别的现象,而有时可能是小组或集体的行为。教师应及时地探究其原因,消除造成分心的根源,采取有利于正常教学活动、避免与控制分心的措施,要防止由于采取的措施不当而中断教学活动。

(二) 分心的控制

在教学活动中,控制分心的措施和技巧主要有下列几点:

一是超前控制。学生的分心,有的是上课前就酝酿着的,也有的是习惯性的。针对这些情况,教师应当把控制分心的工作做在前头,及早消除"隐患"。

二是信号控制。在教学过程中教师可以用举目凝视、变化表情、手势、语气、语速或暂时停止言语等暗示性符号,向有分心苗头的学生发出信号,及时制止学生分心的出现。

三是提问控制。教师在教学中,当发现有的学生不注意听课时,可以结合教学内容巧妙地提出一个问题,用提问的方式来集中学生的注意。问题可以是面向全体学生,也可以是面向分心的学生。但要明确提问的目的是集中学生的注意力,不是为了惩罚学生。

四是表扬(批评)控制。即通过表扬专心上课的学生,而使分心的学生产生警觉,从而自觉改正错误,自动转入注意集中的状态。同时,恰当的批评也是避免与控制分心的有效措施。不过,批评要讲究方式方法和艺术,以免因此而引起更多人的分心。

五是特殊安排。即指对一些容易分心的或者存在注意缺陷的学生采取的特别措施。譬如,适当地调换座位,把他们的位置放在前排,或教师可以随时控制的地方等。

拓展阅读①

克服学生上课走神的10种方法

学生走神心浮气躁、写作业磨蹭、好动……你的课堂上有这样的现象吗?其实,这些坏习惯都源于一个原因——学生的专注力太差。好动是孩子的天性。但是,我们在尊重天性的同时,也要适当引导,提升他们的专注力。这些让老师和家长很头疼的小毛病,其实,用一些小的游戏方法和课堂策略就能改变。

课堂"关键时期"走神。

一般来说,一节课中,通常有三个容易走神的"关键时期":一是刚开始上课时。这时,学生因为课间活动或者吃饭,心理和情绪往往处于兴奋或不稳定状态。二是一堂课大约进行到一半时。有关实验证明,学生有意注意的持久性大约能维持20分钟。随后,学生的神经便处于相对抑制状态,注意力难以集中。三是临近下课的几分钟,学生注意力分散,精神比较疲惫。你只要把握好这三个时段,你们班上的"走神专业户"基本会被一网打尽。

在每节课前,教师要提前一两分钟在教室门口"候课",暗示学生马上就要上课了,学生会赶紧进入教室,做好上课的准备。上课开始,教师要精心设计导语,尽量用生动活泼、富有吸引力的话语导入新课,力争开好头,尽快使学生的注意力集中到课堂上。当一节课进行到一半时,教师再通过新颖的、有趣的教学内容和形式,使学生处于相对抑制状态的神经再次兴奋起来,从而实现注意力的高度集中。临近下课的时候,教师还要根据课堂教学实际创设新的教学情境,对学生形成新的刺激,在其大脑中形成新的兴奋点,使教学活动又一次活跃起来。

下面小编给大家总结了解决学生上课走神的10个方法,每天只要坚持训练8分钟,好习惯就会在点滴中养成!

---

① http://chuzhong.eol.cn/jzxx/zkxxff/201610/t20161018_1458895.shtml.

1. 数字听写训练

念出一串数字,让学生在听完之后凭记忆写下听到的数字。

训练方法:就是请某学生或自己出一组数字,如5473869,学生就重复它。比如老师读——68715,孩子听完之后在纸上写——68715。可以从七位数字开始,当你感觉容易对付了,便升到八位,再升到九位,当升到十二位,便不要再升了。每天只能升位一次。你可以将这个游戏每天"玩"8分钟左右,坚持一个月。效果相当不错。

2. 课前身体运动

让所有学生站在课桌后面,做一些简单的身体运动。这对大多数学生都会很提神,而且教师很容易监督。

训练方法:对于小学生,可伴随儿歌或算术口诀让他们做拍手游戏。对于初中生,设计一个拍手或弹指的节奏,教师做,学生学。每隔15～20秒变换节奏,让他们紧跟你的变化。对于高中生,可让他们做"交叉爬行":让学生都站起来,排队向前进,高抬左膝,伸出右手摸向左膝,然后交换,持续1分多钟。

3. 词语判断游戏

念出对应的词,调动学生的快速反应。

训练方法:老师每念一个词语,孩子认真听,当听到电器就马上举起右手,当听到学习用品就马上举起左手。例:凳子、课桌、洗衣机、篮球、电视机、自行车、书包、电冰箱、作业本、葡萄、空调、电风扇、电话机、被子、杯子、钢笔、手机、篮球、羽毛球、打火机、飞机、刀剑……

4. 寻找差异练习

训练方法:仔细听下面几组句子中的甲、乙两句话,快速找出乙句中与甲句不同的地方。

第一组:甲:树林里的动物和植物充分享受着大自然的阳光和雨露,自由自在地成长。乙:森林里的动物和植物充分享受着大自然的阳光和雨露,自由自在地生长。

第二组:甲:我有一个美丽的愿望,长大后做一个植物学家,种出世界上最美丽的花送给妈妈。乙:我有一个美好的愿望,长大后做一个植物学家,种出世界上最漂亮的花送给妈妈。

5. 随机回答问题

制定随机决定学生回答问题的规则,抽签可以让全班同学都保持高度警觉。需要强调的是,你营造的课堂氛围越是具有相互的支持性,那么,学生就越有回答问题的胆量,而不过于担心受挫或被嘲笑。

训练方法:把每个学生的名字写在一张小纸条上,贴在小棍的一头,朝下放入一个杯子中。通过贴有学生名字的小棍来抽签,决定由谁来回答问题。注意,你需要多准备一些问题,其中有的问题是所有学生都能够回答的。这样,成绩排在后三分之一的学生也能很好地参与进来,不至于总是碰到很难的问题而难堪。

6. 自由阅读书籍

买一些智力训练的书和准备一些锻炼观察力、注意力、记忆力的图文,如走迷宫、数独等,还有趣味性较强的,如在一大堆图中找某样东西,找异同(同中找异,异中找同)、比大小、长短,在规定的时间内把一页图中的物品记住等。通过这样的方式,学生在自由阅读、练习的过程中,也可提升专注力。这样的书放在学生随手可及的身边,生活学习两不误。

7. 快速写作短文

让学生安静下来,并独立思考。当你感到学生对你的讲授兴趣减弱,或你想让学生在吵嚷的团队活动之后安静下来,你可以给他们布置一个快速小作文的作业。

训练方法:对小学生,可以问"你对……最感兴趣的是什么?""你对……感到困惑?""你对什么理解得最清楚?""你对……感到很厌烦?"对中学生,可以说"总结你所听到的内容。""根据刚才所学习的内容,设计一个考试题目。""选择刚才讨论中的一个观点进行论证。"教师通常不情愿布置这样的作业,因为批改起来比较费力。解决这个问题,你可以让学生用彩色笔在他们希望你阅看的回答旁边画圈,有时你也可以让他们在旁边写下几句话,解释他们为什么希望你阅看这一条。让他们知道,你一定会看他们画圈的段落。

8. 设置学生团队

分组的责任制策略让学生在向教师寻求帮助之前,先向本组内的所有成员寻求帮助。

训练方法:为了强化这条规则,当某组的学生想问教师问题的时候,教师询问该组的另一名学生,问他是否知道他的同学有某个问题。如果这个学生不知道,教师便有礼貌地走开,该组学生于是就知道该怎么做了。

另一个强调团队责任的方法是,告诉学生:"如果你认为你们小组完成了任务,在30秒内找到我,并告诉我。"这个策略有助于让全组成员都承担起积极投入的责任。

9. 情境想象法

无论多么爱走神儿的学生,当参加重要的考试或竞赛时,他也会尽可能地集中注意力作答、发挥出最佳水平。因此,提醒学生:请你每次上课和做作业时想象自己是在参加某次大考或竞赛,要在规定的时间内做完,提高单位时间内的效率,这样可以使自己真正紧张起来,注意力就自然集中了。正如著名数学家杨乐所说:"平时做作业像考试一样认真,考试时就能像做作业一样轻松。"

10. 培养间接兴趣

间接兴趣对学生的注意力发展具有重要作用,学生缺乏对事物的间接兴趣往往导致注意力涣散。间接兴趣的培养,一要树立远大理想,明确努力方向或奋斗目标;二要激发好奇心和求知欲,对所学知识保持浓厚的探求欲望;三要为自己树立正确的学习动机,努力为未来的发展,为祖国的繁荣富强而努力学习,用理想和目标激励鼓舞自己,都有助于克服注意力走神。

研究动态

注意是非智力因素参与智力活动的关键,提高学生的注意品质与培养学生的注意力对于学生学习效果的整体提高有着重要的意义。已有研究发现,学业成绩优秀的学生和学业成绩困难的学生在注意力上存在着显著的差异,这一差异具体体现在注意的哪些品质上?注意与学习效果的关系是否受到学生年龄和性别因素的影响?培养学生的注意力是否存在着年龄的关键期?这些问题仍需要进一步的探讨。

注意是个体认知加工的重要条件,研究发现学习不良儿童存在着一定的注意缺陷,进而影响了学习效果,但是却鲜有研究揭示学业不良儿童注意问题产生的原因。排除了学生存在注意缺陷/多动障碍(ADHD)后,有研究发现学业成绩不良儿童仍存在着选择注意等缺陷,这一问题来自于单一的认知因素,还是认知与情绪因素共同作用的结果?找到学生注意问题产生的原因,才能标本兼治、有针对性地培养学生的注意力,进而提高学生的学习效果。这一问题需要心理学理论与教育学实践的密切关注。

思考练习

一、选择题

1. 上课时,学生被忽然飞进来的小鸟吸引,这种心理现象是(　　)。

　　A. 有意注意　　B. 无意注意　　C. 有意前注意　　D. 有意后注意

2. 长时间注意同一个对象,人的注意会不随意地离开该事物,出现一种周期性变化的现象,这叫作(　　)。

　　A. 注意的转移　　B. 注意的分配　　C. 注意的起伏　　D. 注意的分散

二、简答题

1. 引起无意注意的因素有哪些?
2. 简述注意的品质。
3. 注意的功能包括哪些?

三、案例分析题

赵老师是某中学的一位生物老师。和往常一样,她穿着漂亮艳丽的衣服,显得格外精神、自信。她带来了教学仪器,放在讲台上。一切准备就绪,开始上课了。她先宣布了上次考试的成绩,勉励大家继续努力,争取期末取得好成绩。赵老师讲课镇定自若,言语平静流畅,讲到重点地方,她会提醒学生注意,因而不再重复,以提高授课效率。突然发现有个学生开小差,便立即点名批评,制止这种不良行为。下课铃响了,赵老师立即下课,她的风格是讲到哪里就哪里,从不喜欢拖堂影响学生的休息。请你评判一下赵老师的课是否符合注意规律?并说明理由。

学习资源

1. 彭聃龄.普通心理学[M].北京:北京师范大学出版社,2004:186-204.
2. [美]理查德·格里格,菲利普·津巴多著.心理学与生活[M].王垒等,译.北京:人民邮电出版社,2003:110-114.
3. 梁宁建.心理学导论[M].上海:上海教育出版社,2006:93-116.
4. 陈英和.发展心理学[M].北京:北京师范大学出版社,2015:113-118.
5. 桑标.儿童发展[M].上海:华东师范大学出版社,2014:162-165.
6. 朱滢.实验心理学[M].北京:北京大学出版社,2016:183-201.
7. 邵志芳.认知心理学——理论、实验和应用[M].上海:上海教育出版社,2006:37-72.
8. 王甦,汪安圣.认知心理学[M].北京:北京大学出版社,1992:79-102.

第六章
儿童情感发展与情商培育

学习目标：
1. 了解情绪、情感相关概念及理论。
2. 理解儿童的情绪、情感发展特点。
3. 掌握情绪、情感自我调控的方法以及儿童情商培育的策略。

人们希望观念被认可、行为被支持、商品被接受，人们希望个人愉悦幸福、社会安宁和谐，人们还希望拥有真诚、赢得真爱、得到善待、享受美好、有高质量的生活，情绪、情感的原理中蕴藏着开启幸福之门的金钥匙。关于情绪、情感原理的掌握还有助于教师在教育教学中建立良好的师生关系，提高教育教学效益。

第一节 情绪、情感概述

一、情绪、情感的概念

情绪、情感是个体对客观事物是否符合自己的需要而产生的态度体验。

情绪、情感与认知以及其他心理现象一样，是人脑对客观现实的能动反映，但在反映对象和方式上有其特殊性：感知、记忆、想象、思维等认知活动反映事物本身，情绪、情感则反映需要与事物之间的关系。人们觉得事物符合自己的需要，就会产生肯定的情绪，如喜欢、快乐等；人们觉得事物不符合自己的需要，就会产生否定情绪，如厌恶、悲哀、愤怒、恐惧等。主要因为需要以及需要与认知的关系是复杂的、变化的，所以情绪、情感有时也是丰富而多变的。

情绪、情感是对快乐、愤怒、悲哀、恐惧及其复合的心理现象的描述，二者常常通用，有时有微妙不同。情绪、情感可以根据主导需要、呈现特点、经常描述对象的不同而有所区别。情绪通常是指生理需要主导的，具有情境性、冲动性和外显性的态度体验，在描述动物和人时共用；情感通常是指社会需要主导的，具有深刻性、稳定性和内隐性的态度体验，只用于描述人。人的情感、情绪互为依赖：情绪是情感的外部表现，情感是情绪的本质内容，基于此，情绪、情感的表述有时通用"情绪"或"情感"。下文中的"情感"，如没有特殊说明，即指基于通用意义上的情绪、情感。

情绪、情感现象纷繁复杂、绚丽多姿，人们对多变的情绪充满好奇，对美妙的情感无比向往，"我的情绪我做主"是觉知者的渴望。人们通常愿意与肯定的情绪为友，排斥否定的情绪，随着研究的深入，人们发现，无论是肯定的情绪还是否定的情绪，都有一定价值，充分发挥其信号、组织、适应、动机等积极作用，或传达信息，或调动能量，或调整状态，或选择方向，经过整体调适，均可使个体获益。

二、情感的特性

（一）极间摆动性

客观事物与主体需要之间存在不同的关系，如符合与否、价值高低、满足程度如何等，据此可以从不同的维度研究情绪。从性质、动力性、激动性、强度和紧张度等方面进行研究发现，情绪的变化幅度具有两极性，每个维度都存在两种对立的状态，人能够体验到肯定与否定、积极与消极、快乐与不快乐、强与弱、激动与平静、紧张与轻松等两极，更多时候情绪像钟摆在两极间摆动。

（二）生理伴随性

情绪总是与生理反应相伴随，既有机体的内部变化，又有机体的外部表现。机体的内部变化主要表现在呼吸系统、循环系统、消化系统以及内外腺分泌的变化上，测谎仪（又叫生理多导仪）的使用就是基于这样的机制。机体的外部变化主要通过言谈举止表现出来，具体有言语表情、面部表情、体态表情、空间位置等表现形式，故而情绪与健康、容貌等有紧密联系。

（三）认识基础性

一是情感建立在认识基础上。所谓"知之深、爱之切"，具体表现如下：① 有什么样的认识就有什么样的情感。弥尔顿在《失乐园》中说："意识本身可以把地狱造就成天堂，也能把天堂折腾成地狱。"② 不同人对同一事物的认识不同，情感反映不同。面对黄昏将至，叶剑英潇洒挥毫：老夫喜作黄昏颂，满目青山夕照明；而常人则常慨叹：夕阳无限好，只是近黄昏。③ 同一人对同一事物的认识如果发生变化，情感体验也随之变化。如在不同的年龄段听《命运》《二泉映月》，往往感受不同；大学生在校学习时和毕业参加工作后对星期五下午排课这件事的感受也会不同。

二是情感反作用于当前的认识活动。以教育、教学为例，苏霍姆林斯基说：没有对学生的爱就没有教育。教师对学生的态度会影响教学，会潜移默化地影响学生的智力和非智力活动效果，"皮格马利翁效应"能很好地证明这一点；作为学生，几乎每个人都有过这样的感受："亲其师、信其道"。对教师的亲切感，让学生愿意向老师敞开心扉，积极求教，教师便可相机给予及时的、有针对性的帮助；对老师的好感还会迁移、投射到他所教的学科上,所谓"爱屋及乌",智力活动的积极性被极大地激发。相反,个体的消极情绪会阻碍认知,甚至造成认知障碍,因"恨屋及乌"而厌学、退学的事例也比比皆是。

另外,关于模仿的研究证明:人总是趋向于模仿爱他的和他爱的人,即爱能产生模仿的意向。学生会模仿他所喜欢的老师的性格、动作、语调、思维方式等——如歌曲《长大后我就成了你》所唱的。可见,教师的"身正"、"学高"、"师表"何其重要!

三、情绪的功能

(一) 适应功能

情绪是有机体适应生存和发展的一种重要方式。如动物遇到危险时产生害怕,从而发出呼救信号,就是动物求生的一种手段。人类婴儿出生时,还不具备独立的维持生存的能力,这时主要依赖情绪来传递信息,与成人进行交流,得到成人的抚养。成人也正是通过婴儿的情绪反应,及时为婴儿提供各种生活条件。在成人的生活中,情绪直接反映着人们生存的状况,是人们心理活动的晴雨表,如愉快表示处境良好,痛苦表示处境困难;人们还通过情绪进行社会适应,如用微笑表示友好,用移情维护人际关系,通过察言观色了解对方的情绪状况,以便采取相应的措施等。也就是说,人们通过各种情绪了解自身或他人的处境与状况,适应社会的需要,求得更好的生存和发展。

(二) 动机功能

情绪是动机的源泉之一,是动机系统的一个基本成分。它能够激励人的活动,提高人的活动效率。适度的情绪兴奋,可以使身心处于活动的最佳状态,进而推动人们有效地完成工作任务。研究表明,适度的紧张和焦虑能促使人积极地思考和解决问题。同时,情绪对于生理内驱力也可以起到放大信号的作用,成为驱使人们行动的强大动力。如人在缺氧的情况下会产生补充氧气的生理需要,但这种生理驱力本身可能没有足够的力量去激励行为,而此时所产生的恐慌感和急迫感会产生强烈的驱动力。

(三) 组织功能

情绪是一个独立的心理过程,有自己的发生机制,并对其他心理活动具有组织作用。这种作用集中表现为积极情绪的协调作用和消极情绪的破坏、瓦解作用。一般而言,中等强度的愉快情绪有利于提高认知活动的效果,而消极情绪如恐惧、痛苦等会对作业效果产生负面影响。情绪的组织功能还表现在人的行为上,当人们处在积极、乐观的情绪状态时,更容易注意事物美好的一方面,行为也比较开放,愿意接纳外界的事物;而当人们处在消极的情绪状态时,则容易失望、悲观,放弃自己的愿望,甚至产生攻击行为。

(四) 信号功能

情绪在人际间具有传递信息、沟通思想的功能。这种功能是通过情绪的外部表现,即表情来实现的。表情是思想的信号,在许多场合,只能通过表情来传递信息,如用微笑表示赞赏,用点头表示默认等。表情也是言语交流的重要补充,如手势、语调等能使言语信息表达得更加明确或确定。从信息交流的发生上看,表情的交流比言语交流要早得多,如在前言语阶段,婴儿与成人相互交流的唯一手段就是表情,情绪的适应功能也正是通过信号交流的作用来实现的。①

拓展阅读

  社会再适应评定量表(Social Readjustment Rating Scale),也译作"社会再调整评定量表",是一种心理健康测量工具,由美国医生T. H. 霍尔姆斯和雷赫于1967年编制,用于测定不同社会经历引起的压力反应,评定个体在压力条件下的情绪反应水平。其目的在于研究个体由于经历一些突如其来的生活事件,自己如何适应及怎样进行社会再适应。T. H. 霍尔姆斯在编制过程中选取了43种生活事件,并规定"配偶亡故"为100分,"结婚"为50分,让被调查者以这两件事的分数为标准,再去给其他事件确定分数,最后根据对5 000余人的调查结果将这43种生活事件按平均分数的高低依次排列,而构成该量表。

  每一事件的分数,即为个体对该事件评估的压力情绪反应水平,称为"生活变化单位"。该量表显示,大量的压力是由43种不同的社会经历(即生活事件)造成的,有不愉快的经历,如失业;也有愉快的经历,如结婚。所有这些事件包含个人生活中的种种变化,要求个体再适应这些变化。这些事件产生不同水平的压力,而压力会影响个体的健康。该量表被认为是研究生活事件和个体压力反应的有效工具而得到广泛应用。中国学者20世纪80年代初引进,根据中国实际情况及研究需要做了不同的改进和创新,并更名为"生活事件量表"(Life Event Scale,LES)。在中国,生活事件量表有多种版本②。

表6-1 社会再适应评定量表(Social Readjustment Rating Scale)

排列等级	生活事件	平均分值	排列等级	生活事件	平均分值
1	配偶亡故	100	23	子女成年离家	29
2	离婚	73	24	官司缠身	29
3	夫妻分居	65	25	个人有杰出成就	28
4	坐牢	63	26	妻子新就业或刚离职	26
5	亲人亡故	63	27	初入学或毕业	26
6	个人患病或受伤	53	28	改变生活条件	25
7	结婚	50	29	个人改变习惯	24
8	失业	45	30	得罪上司	23
9	夫妻破镜重圆	45	31	改变工作时间或环境	20

---

① 爱课程网:http://www.icourses.cn/coursestatic/course_6583.html.
② 林崇德.心理学大辞典[M].上海:上海教育出版社,2003.

(续表)

排列等级	生活事件	平均分值	排列等级	生活事件	平均分值
10	退休	45	32	搬家	20
11	家庭中有人生病	44	33	转学	20
12	怀孕	40	34	改变消遣方式	19
13	性关系适应困难	39	35	改变宗教活动	19
14	家庭又添新成员	39	36	改变社交活动	18
15	改变买卖行当	39	37	借债少于万元	17
16	经济状况改变	38	38	改变睡眠习惯	16
17	密友亡故	37	39	家庭成员团聚	15
18	跳槽从事新的行业	36	40	改变饮食习惯	15
19	夫妻争吵加剧	35	41	休假	13
20	借债超过万元	31	42	过圣诞节	12
21	抵押被没收	30	43	轻微涉讼事件	11
22	改变工作职位	29			

四、情绪、情感的类别

情绪、情感可以从不同维度进行分类。

(一) 按内容分类

按内容分,现代心理学认为,人有四种原始情绪:快乐、愤怒、悲哀、恐惧。这是人类个体出生后不久就表现出来的基本情绪,这些原始情绪与人的基本需要相关,在其感受、表现、识别等方面有跨文化的共通性。在基本情绪的基础上派生出多种形式、不同强度的复合情绪,有些蕴含着不同的社会内容,如关心、同情、爱、嫉妒等。

(二) 按状态分类

按状态分,情绪有三种基本形式:心境、激情、应激。每种形式的情绪都可能发挥积极或消极作用,并有可能转化。表6-2是依据情绪发生的强度、速度、持续时间和其他并存特征所列。

表6-2 三种情绪形式对照表

类别	强度	速度	持续时间	其他并存特征
心境	弱	慢	久	并具弥散性、感染性
激情	强	快	短	并具明显的外部表现
应激	最强	最快	最短	具体表现有明显的个别差异

1. 心境

心境可由自然或社会等各种因素引起,并与个性密切相关。如隐隐的忧郁、淡淡的愉悦等,"感时花溅泪,恨别鸟惊心"、"喜者见之则喜、忧者见之则忧"、"登山则情满于山,观海则意溢于海"则体现了它的弥散性和感染性。

李白曾两次诗云三峡,第一次乘船过三峡时25岁,"仗剑去国、辞亲远游",诗中充满希望、兴奋,体现出一往无前的精神。

《朝发白帝城》

朝辞白帝彩云间,千里江陵一日还。

两岸猿声啼不住,轻舟已过万重山。

三十年后,李白又诗云三峡,惆怅、迷茫之情见诸笔端。

《上三峡》

巫山夹青天,巴水流若兹。

巴水忽可尽,青天无到时。

三朝上黄牛,三暮行太迟。

三朝又三暮,不觉鬓成丝。

由此,我们似乎看到了两个李白:一个爽朗,一个抑郁;一个意气风发,一个暮气沉沉。

2. 激情

激情的诱发因素可能是一定强度的刺激(包括绝对强的刺激,如"范进中举",也包括相对强的刺激,如"偶得60分"),还可能是矛盾的愿望与冲突,过度的压抑或兴奋。另外,神经类型的特点为兴奋且不平衡者(即胆汁质的人)容易激动,如忽而暴怒,忽而狂喜。激动的情绪发生时常有明显的外部表现,如泪流满面、喜笑颜开、捶胸顿足、怒发冲冠……

辩论赛前热烈的掌声会激发参赛激情,体育比赛中的喝彩声能使选手增添力量。但有现象表明:过于强烈的消极激情易使人降低自知力、自控力,所以,教师切忌在消极激情状态(如愤怒)下处理师生间的重大冲突,尤其是与胆汁质类型学生间的冲突。

3. 应激

应激常发生在个体感觉身心负担过重或觉察到有危及重大利益及生命安全的事件发生时。如灾难降临、亲人突发意外。应激的具体表现有明显的个别差异:"5·12汶川地震"时,有人沉着冷静、有人慌乱无措;泰坦尼克号沉没时,有人"舍己救人",有人"损人利己"……由上述事例可见:应激表现因人而异,主要受性格、经验、品德、理想、世界观等的影响。应激反应因紧急而难以掩饰,故能较真实地反映人的个性。应激对健康的影响尤为明显,有的健康测量工具把个体在该年度中经历的重大事件的次数作为衡量指标之一,因为应激会带来肾上腺激素、促肾上腺激素等的异常分泌,机体长期处于应激状态会导致身体机能的紊乱。

(三) 按主导需要分类

按主导需要分,有三种高级社会情感:理智感、道德感、美感。

1. 理智感是因客观现实是否符合个体认知需要而产生的态度体验

理智感包括求知感、惊讶感、怀疑感、坚信感、成就感等。教师在教学成功、学生在解出难题时常有这种体验，即：认识需要得到满足后的愉悦体验。理智感不同于意志中的冷静品质。

2. 道德感是因客观现实是否符合个体道德需要而产生的态度体验

道德感包括义务感(责任感)、友谊感、同情感等。道德是一种社会行为规范，当个体感受到"遵守它于己有益、违反它于己有害"时，社会行为规范就有可能内化为个体的需要。当个体形成与社会高度一致的需要时，这种需要的满足与否，会导致个体形成肯定或否定的情感体验。

3. 美感是因客观现实是否符合个体审美和创造美的需要而产生的态度体验

美的刺激源于自然、社会和艺术等，美的感受基于审美标准、审美技能，"世上不缺少美，缺的是发现美的眼睛"。美感的满足与否，取决于刺激、认识、需要之间的关系，如"情人眼里出西施"。美感具有民族性、社会性、个体差异性。

由上述可见，三种高级社会情感是相通的，犹如真、善、美的相通。

高级社会情感的存在也许可以解释为什么会有人"违背"趋利避害、趋乐避苦的本能而舍己救人、"专门利人"，也许可以解释许多优秀教师虽然两袖清风、一生清贫，却孜孜追求"桃李满天下"的欣慰，也许可以解释科学家何以苦思冥想、废寝忘食以求灵感一现的心旷神怡。

拓展阅读

爱情三角形理论：由美国心理学家斯腾伯格(Robert Jeffey Sternberg, 1949—　)提出的理论。该理论认为爱情由三个基本成分组成：亲密、激情、承诺。亲密指在爱情关系中能够引起温暖的体验，激情是指爱情中的情欲成分是情绪上的着迷，承诺指维持关系的义务感或担保。这三种成分多寡组合成喜欢式爱情、空洞式爱情、浪漫式爱情、伴侣式爱情、愚蠢式爱情、痴迷式爱情、完美式爱情等七种爱情类型[①]。

五、情绪、情感的基本理论

情绪、情感问题，早先为哲学家、文学家所关注，之后为神经生理学家、心理学家所重视。我国古代思想家曾有过许多论述。例如，"性之好、恶、喜、怒、哀、乐谓之情"，"性者，天之就也；情者，性之质也"(荀子)；"情，波也；心，流也；性，水也"(关尹子)；"性之有动者谓之情。性之有喜怒犹水之有波浪"(程颐)；"性是未动，情是已动，心包含已动未动"(朱熹)。这些都把情绪情感看作性或心的波动状态。在心理学上，除格式塔心理学家外，几乎所有心理学派别都很重视情绪的研究，并以自己的理论观点来解释情绪。构造心理

---

① 杨治良. 简明心理学辞典[M]. 上海：上海辞书出版社，2007.

学把感觉和情感作为心的基本元素,机能主义把情绪定义为"机体再调整",行为主义把情绪看作"遗传的模式反应",而精神分析学派则把注意力集中在本能和焦虑问题上。由于情绪问题的复杂性以及研究者的观点和方法上的不同,现代心理学家对情绪的解释是多种多样的。这里仅讨论几个较有影响的情绪理论和当前的某些研究趋向。

(一) 詹姆士—朗格的外周情绪理论

心理学上最早对情绪提出系统理论解释者,当推19世纪末美国先驱心理学家詹姆士(W. James)。差不多在同一时期,丹麦生理学家朗格(C. G. Lange)提出了与詹姆士类似的情绪理论。后来合称为詹姆士—朗格情绪理论(James-Lange theory of emotion)。

詹姆士(James,1884)说:"常识告诉我们,我们失去财产,觉得难过并哭泣;我们碰上一只熊,觉得害怕而逃跑;我们受到一个敌手的污辱,觉得发怒而打起来。这里我们要为之辩护的假设是:这样的序列是不正确的,这一心理状态不是直接由另一状态引起的,在两者之间生理表现必须首先介入。更合理的说法是:我们觉得难过是因为我们哭泣;发怒是因为我们打人;害怕是因为我们发抖。而并不是因为我们难过、发怒或害怕,所以才哭、打人或发抖。没有随着知觉的生理状态,则知觉便纯粹是认知性的,是苍白无彩色的,缺少情绪温度的。于是,我们或许会看到熊而决定最好是逃跑,受了侮辱而认为去打击对手是对的,但我们却不真正觉得害怕或发怒。"在詹姆士看来,情绪就是对外周机体变化的觉知。

朗格(Lange,1885)认为,"血管运动的混乱,血管宽度的改变,以及与此同时各个器官中血液量的改变,乃是激情的真正的最初的原因。"他认为,随意神经支配加强和血管扩张的结果,就产生愉快;而随意神经支配减弱,血管收缩和气管肌肉痉挛的结果,就产生恐惧。朗格说:"假如把恐惧的人的身体的症状除掉,让他的脉搏平稳,眼光坚定,脸色正常,动作迅速而稳,语气强有力,思想清晰,那么,他的恐惧还剩下什么呢?"在朗格看来,情绪就是对机体状态变化的意识,只不过与詹姆士看重骨骼肌肉系统的活动不同,朗格看重的是血液及内脏系统的变化。

詹姆士—朗格的情绪理论引起了一系列的实验研究,因为这一理论起码有三方面的含义需要实验证明:

其一,如果对外周生理反应的知觉就是情绪,那么每一种情绪都应有不同的生理唤醒模式。例如,愤怒的生理反应模式应当不同于惧怕的生理反应模式。因为如果生理反应模式无差别,那就无法区分两种情绪。近来的研究资料表明,自主神经系统的生理反应模式有可能随不同情绪状态而异。例如,愤怒和惧怕虽然都导致心率加快,但愤怒时手脚血流量增多,惧怕时手脚血流量减少;当人心理上"解除"不同的情绪体验时,自主神经系统的生理反应也不同(Ekman, et al., 1983)。然而,反过来,不同外周反应这些差异的知觉是否就导致人产生不同的情绪体验呢?这方面,西方心理学家曾做过许多实验却无法得到明确的结论。

其二,如果对外周生理反应的知觉就是情绪,那么剥夺身体的外周生理反馈就不应该体验到情绪。有人通过对脊髓受损伤士兵的研究,探讨了这一问题。脊髓被截断后,损伤点以下部位的感觉就不能传递到脑。因此,脊髓损伤部位越高,反馈感觉就越少。

研究表明,脊髓受伤者仍有情绪体验,但强度降低了。损伤部位越高,情绪状态也越随着损伤而下降。脊髓高位损伤的那些病人说,他们能做出情绪行为,但感觉不到情绪(Hohman,1966)。这一结果说明,没有外周的生理反应的广泛反馈,情绪照样出现,但反馈量与情绪强度密切相关。

其三,如果对外周生理反应的知觉就是情绪,那么倘若有人有意识地控制外周生理反应的出现,则与这种反应相联系的情绪也应该出现。关于面部反馈(facial feedback)的研究对这一问题做了某种回答。埃克曼等(Ekman et al.,1983)要求职业演员移动特定的面部肌肉或五官位置,结果发现,面部结构的不同形状导致和正常情绪反应相似的自主神经系统的生理反应,并且面部结构的不同形状会导致不同的反应模式。在另一项研究中,90%的非演员被试也报告他们体验到了与面部表情相应的情绪。有趣的是,惧怕、愤怒、厌恶、悲伤的表情起作用,而笑容并不产生这种效应。或许还是因为人们平时经常把笑容作为社会交往的工具,与其他表情相比,较少和情绪体验相联系(Ekman,1985)。这些研究看来是支持詹姆士—朗格理论的。但是,面部表情总是和以往的情绪体验相联系的,这些结果很可能是通过记忆的激活来唤醒与此表情相联系的情绪的。

以此看来,事实并非像詹姆士—朗格理论所断言的,除去对外周生理反应的知觉,情绪就不会产生;外周生理反应显然不是情绪的唯一来源。

(二) 坎农—巴德的丘脑情绪理论

最先对詹姆士—朗格理论提出批评的是坎农(Cannon,1927)及其弟子巴德(P. Bard)所谓的坎农—巴德情绪理论(Cannon-Bard theory of emotion)。他们认为:① 内脏是相对不敏感的器官,其反馈很差,仅依靠内部器官的反馈我们不可能区分所体验到的多种情绪。② 在非常不同的情绪状态下会出现相同的内脏变化。③ 人为地引起某种强烈情绪的典型内脏变化,并不产生相应的情绪。④ 内脏变化太慢,因此不能成为情绪体验的来源,因为情绪变化毕竟是爆发性的。⑤ 使内脏完全脱离中枢神经系统并不改变情绪行为。与此同时,他们认为,自主神经系统的生理反应无助于情绪的发生,情绪的产生是大脑皮质解除丘脑抑制的功能,即激发情绪的刺激由丘脑进行加工,同时把信息输送到大脑及机体的其他部分。输送到大脑皮质的信息产生情绪体验;输送到内脏和骨骼肌的信息激活生理反应。身体变化和情绪体验是同时发生的,而情绪体验是由大脑皮质和自主神经系统共同激起的结果。

坎农—巴德理论强调大脑皮质解除丘脑抑制的机制,对将情绪的外周性研究推向中枢机制的研究具有积极意义。后来人们也确实发现下丘脑有所谓"快乐中枢"和"痛苦中枢"。

(三) 沙赫特—辛格的激活归因情绪理论

沙赫特(Stanley Schachter)和辛格(J. E. Singer)提出的情绪归因论(attribution theory of emotion)认为,情绪既来自生理反应的反馈,也来自对导致这些反应情境的认知评价。因此,认知解释起两次作用:第一次是当人知觉到导致内脏反应的情境时,第二次是当人接收到这些反应的反馈时把它标记为一种特定的情绪。沙赫特认为,脑可能以几种方式解释同一生理反馈模式,给以不同的标记。生理唤醒本来是一种未分化的模式,正是认知过程才将它标记为一种特定的情绪。标记过程取决于归因,即对事件原因的鉴别。人们对同一生理唤醒可以做出不同的归因,产生不同的情绪,这取决于可能得到的有关情境的信息。

不少实验支持沙赫特的观点,生理反应和对这种反应的标记都在情绪中起作用。沙赫特和辛格(Schachter & Singer,1962)做过一个有名的实验。他们给被试注射一种药物,并告诉他们这是一种复合维生素,目的是测定这种新药对视力的影响。但实际上注射的是肾上腺素和食盐水。注射肾上腺素能引起心跳加快、血压升高、手发抖、脸发热等情绪生理反应。被试分为三组:正确告知组、错误告知组和无告知组,分别给以不同的指示语。对于正确告知组,即告诉他们注射这种新药会出现心跳加快、手发抖、脸发热等反应。对于错误告知组,有意错误地告诉他们注射这种新药可能无感觉、会发麻、发痒、头痛等。对无告知组,主试什么也没有告诉他们。注射食盐水的所有被试都列为无告知组。然后,人为地安排了两种实验情境:一种是"欣快"的环境,一种是"愤怒"的环境。所谓欣快环境,是由主试的助手(这个助手是受过训练的,他和被试一起,被试以为他也接受同样的注射,在同样的情况下参加实验)同被试一起唱歌、玩耍和跳舞。所谓愤怒环境,是主试的助手当着被试的面,对主试要他填写的调查表,表示极大的愤怒,不断咒骂、斥责并把调查表撕得粉碎。实验后,主试向被试询问当时的内心体验。结果如表6-3所示,错误告知组的反应最容易受助手的高兴所感染,正确告知组的反应不容易受环境气氛的影响,无告知组的反应则介于上述两组之间。同样,他们对愤怒的环境的反应也是一样的。该实验说明,注射肾上腺素虽然引起了典型的情绪唤醒状态,但它的单独作用却不能引起人的情绪;同样,环境因素也不能单独决定人的情绪。在这里,认知对人的情绪的产生起着决定性的作用。处于生理唤醒状态的错误告知组,因对其自身的生理状态不能做出恰当的说明,他们一方面环视周围环境,以求得某些说明的线索,同时又认为自己之所以体验到这种生理反应,乃是由环境的气氛所致,于是就把自己的生理状态与环境线索相适应说成是"欢乐"或"愤怒"。正确告知组由于已经具有说明自己的生理反应的信息,便不去寻找环境中的线索。无告知组从主试那里什么信息也没有得到,完全按自己的评价做出反应。

表6-3 沙赫特和辛格的实验设计和总的结果

被试		行为反应	
		欣快气氛	愤怒气氛
注射肾上腺素	正确告知组	几乎不受影响	几乎不受影响
	错误告知组	高度受影响	未研究
	无告知组	一定程度上受影响	一定程度上受影响
注射食盐水	无告知	稍为有点受影响	稍为有点受影响

于是,沙赫特和辛格认为,情绪是认知因素和生理唤醒状态两者交互作用的产物,因而沙赫特和辛格的情绪理论又称情绪二因论(two-factor theory of emotion)。实际上,在上述实验中,认知对情绪可能有三种作用,即对情绪刺激的评价和解释,对引起唤醒原因的认知分析,对情绪的命名以及对所命名情绪的再评价。不过,有实验重复沙赫特和辛格的研究,没有复制出他们的结果(Rogers & Deckner,1975;Marshall,1976)。

(四) 阿诺德—拉扎鲁斯的认知评价情绪理论

情绪认知评价理论(cognitive evaluation theory of emotion)是20世纪50年代美国心理学家阿诺德(M. B. Arnold)提出的,后又为拉扎鲁斯(R. S. Lazarus)进一步扩展。该理论也称"认知—评估理论"、"情绪评估—兴奋学说",强调认知评价在情绪中的作用。

阿诺德(Arnold,1950)认为,我们总是直接地、自动地并且几乎是不由自主地评价着遇到的任何事物;情绪就是一种朝向评价为好(喜欢)的东西或离开评价为坏(不喜欢)的东西的感受倾向。她认为,评价补充着知觉并产生去做某种事情的倾向,任何评价都带有感情体验的成分。其中,记忆是评价的基础。任何新的事物都是按照过去的体验来进行评价的。想象是评价的重要环节。在开始行动之前,当前的情境和有关的感情记忆使我们推测未来。整个评价的复杂过程几乎是在瞬间发生的。

拉扎鲁斯(Lazarus,1968)进一步把阿诺德的评价扩展为评价、再评价过程;这一过程包括筛选信息、评价以及应付冲动、交替活动、身体反应的反馈、对活动后果的知觉等成分。他建议对个人所处情境的评价也包括对可能采取什么行动的评价。只要事物被评价为与个人生活的重要方面有联系,他就会有情绪体验。每一种情绪均包括生理的、行为的和认知的三种成分。它们在每种特定的情绪中各自起着不同的作用,而又相互作用、互为因果。这三种成分的不同组合便构成各种具体情绪模式的特定标志。拉扎鲁斯还强调,个性心理结构(如信仰、态度、人格特征等)是认知因素的一个决定性条件。他认为,文化对情绪的影响作用是复杂的,主要有四种方式:通过对情绪刺激的理解,文化直接影响表情,通过确定的社会关系和判断,以及通过高度礼仪化的行为,如在丧礼上的悲哀。

阿诺德—拉扎鲁斯的认知评价情绪理论,既承认情绪的生物因素,具有进化适应的价值,也承认情绪受社会文化情境的制约,受个体经验和人格特征的制约,而这一切又随时发生在对任何事物的认知评价中。这种理论把现象学的研究、认知理论和情绪生理学的研究结合起来考虑,这是较为合理的,有助于推进情绪及情绪与认知关系的研究。

情绪现象极其复杂,心理学家们对从情绪的各个不同的侧面如情绪行为、情绪生理、情绪认知以及情绪表现和情绪识别等方面进行研究,并提出各自的理论解释。当代情绪研究的总趋势是,力图将各种研究成果加以综合,形成一个完整的情绪理论。例如,伊扎德(Izard,1977)认为,"情绪"这一概念必须包括情绪体验、脑和神经系统的活动以及面部表情三个方面,情绪对个性整合提供动机作用;布克(Buek,

1985)研究了认知和情绪的相互作用,提出了"启动模型";鲍尔等(Bower,1981)研究了心境与认知系统相互作用的各个方面,提出了"情绪网络模型"等。这些动向都是值得重视的。①

第二节 儿童情绪、情感发展的特点

情绪发展(emotional development)是个体心理发展的一个方面。个体情绪随年龄增长而不断变化,通常由单一到多样,从原始、简单的基本情绪到复杂的高级情感的逐渐分化。

一、儿童情绪发展的阶段性

儿童情绪发展一般经历以下阶段:第一,泛化阶段(出生1岁),表现为表情动作不同程度的扩散状态,主要与生理需要是否满足直接相关;第二,分化阶段(1岁~5岁),情绪形态日益多样化;第三,系统化阶段(5岁以后),情绪生活高度社会化。表现出以下发展趋向:① 情绪情感逐步丰富和深刻,如幼儿逐渐出现友谊感和集体荣誉感,在对父母的喜爱、依恋中开始含有对父母劳动的尊重和爱戴。② 情绪的稳定性逐渐提高。③ 情绪不断社会化,如最基本道德感的形成。学龄初期儿童情绪情感的内容更加丰富,情感的深刻性不断增加,更富有稳定性。特别是学龄初期儿童的各种高级情感开始迅速发展,如与同伴产生友谊感,通过学习活动发展理智感。到青少年时期,情感倾向日趋定型、成熟。情绪表现的形式逐渐由以外显为主向以内隐为主发展;情绪控制逐渐由以冲动为主向以自制为主发展;引起情绪的动因逐渐由以直接、具体为主向以间接、抽象为主发展;情绪体验的内容逐渐由以生理需要为主向以社会性需要为主发展。

二、儿童情绪的特点

总体说来,儿童的情绪有以下主要特点:

(一)情绪兴奋性高且易波动起伏

儿童在情绪方面给人留下的第一个印象便是容易激动,即我们所说的兴奋性高。保加利亚心理学家皮罗夫等人研究5~17岁个体的情绪反应时发现,神经活动的最兴奋型多见于5岁儿童,随着年龄渐增,兴奋型的比例下降,平衡型比例上升,但到了青少年期(女子11~13岁,男子13~15岁),兴奋型重新增多,到青春期结束再次减少。因此,同样的刺激情境,对成年人来说,可能不至引起明显的情绪反应,但却能激起青年人

---

① 爱课程网:http://www.icourses.cn/coursestatic/course_6583.html.

较强烈的情绪体验,甚至导致冲动。也正因为如此,青少年容易爆发激情。同时,青少年的情绪又容易波动起伏。这表现为:一方面青少年会因一时成功而欣喜若狂、激动不已,又会因一点挫折垂头丧气,懊丧不止,从而出现情绪两极间的明显跌宕;另一方面,青少年还常会出现似乎莫明其妙的情绪波动,给人以变化无常的感觉。我国心理学工作者(沈家鲜)对高中生的一次调查也发现,在被调查学生中有70%的学生承认经常出现情绪波动,如果考虑到出现波动但自己还未意识到,或不愿承认的情况,其比例可能更高。[①]

(二)情绪出现心境化和文饰现象

如果我们把青少年的情绪都视为疾风暴雨、骤然突变的模式,那么我们将会忽略青少年情绪特点的另一个侧面——心境化和文饰现象。

如前所述,心境是一种比较微弱而持续时间比较长的情绪状态。这与猛烈而短暂的激情现象正好相反。青少年,尤其是进入青年早期的高中生,会出现情绪反应时间明显延长的情况。这种延长表现在两个方面:一是延缓做出情绪反应,二是延长情绪反应过程,从而出现情绪反应心境化的趋势。例如,有的中学生在班上受到老师的批评,心里很不愉快,但当场并没有发作,老师也不在意,谁知事后他(她)竟会为此闷闷不乐好几天甚至个把星期。这种情况在小学阶段几乎是没有的,小学阶段的儿童情绪反应快,转变也快,缺乏心境状态,但到了青少年期,这却成为常有的事。

与此相联系的另一种情况便是情绪文饰现象。即个体内部的情绪体验被外部的情绪表现所掩饰,出现表里不一致的情绪现象。幼儿的情绪表现是明显而真实的,高兴就是高兴的样子,不高兴就是不高兴的神态,外部的情绪表现与内部的情绪体验是一致的。但青少年则会出现内心很难过却脸带微笑,明明很得意却装得若无其事,心里爱上班上的某位异性同学却又在公开场合表现得十分冷漠,从而使青少年的情绪生活变得复杂化,令人难以捉摸。与此同时,青少年的情绪又表现出矛盾的特点,他们的内心非常渴望能与别人交流,吐露心声,但一见到熟悉的人特别是长辈的时候,又难以鼓起倾诉的勇气。对于自己很想了解的事情也往往绕圈子,不肯直言。从表面上看,这种情绪特点与前面提到的兴奋性高、易波动起伏的特点都存在于青少年时期,似乎是对立而不可思议的,其实这恰恰是个体从儿童向成人过渡过程中,情绪由不成熟向成熟发展的表现。造成情绪心境化和文饰现象的直接原因是青少年社会意识和自我意识发展的结果,这使他们既注意到自己的情绪在特定社会情境中表达的适当性,以保持自己在他人心目中良好的形象,又逐渐具有了情绪的自我控制能力,使强烈的情绪反应得到一定的调节。

(三)自尊感强烈、过分敏感而易波动

自尊感是与人们要求他人尊重自己的需要相联系的一种情感。它在儿童生活早期就已展露,只是随着个体进入青少年期,自我意识发生分化,出现建立在主体自我对客

---

① 沈家鲜.从心理学的角度看青少年的教育问题[J].华南师院学报(哲学社会科学版),1980,(04):14-18.

体自我的评价基础上的一种自我体验——自尊心,使自尊感获得内在调节,并在青少年身上表现出一系列特点。

首先,青少年自尊感强烈。这表现在两个方面:一是青少年往往把自尊感放在其他一切情感之上,当自尊感与其他情感发生冲突时,他们常会毫不犹豫地为维护自尊感而牺牲其他情感。例如,青少年十分珍惜朋友间的友谊情感,但一旦发生彼此间有损自尊感的行为,往往会从根本上动摇友谊。二是青少年对自尊感的情绪体验特别强烈,当自尊感受到损害时,常表现出极大的愤怒、恼羞等情绪反应,甚至为此爆发激情,干出不顾自身安危、无视社会法纪的事情。青少年的这一特点与其自尊需要日益发展有着直接关系。

其次,青少年的自尊感往往过分敏感。有的青少年会为一件小事争得脸红耳赤,有的则为此闷闷不乐或耿耿于怀,还有的甚至发生殴斗,不惜诉诸武力。细析原因,这些小事在那些青少年心目中都是涉及维护自尊感的"重大原则问题",绝不能等闲视之。例如,一位男学生在文艺晚会上因唱歌走调被大家哄笑,自觉当众受辱,自尊感受损,竟回到家用猎枪自杀。造成这种过敏现象的原因,除青少年本身自尊感强烈外,主要与青少年的认识问题有关,诸如什么叫自尊、什么叫他尊(尊重他人)、自尊与他尊的关系怎样处理,什么样的事才涉及自尊问题等,青少年往往在实际中难以把握。

再次,青少年自尊感极易波动。遇到顺境易产生优越感,遭遇逆境又易顿生自卑感。他们会在日常生活中因几次考试成功、工作受到一些表扬、谈恋爱顺利、力气比同伴大、身材比别人好等,而骄傲自大,不能容忍他人一点"冒犯"自尊的任何行为,也会因学业一时落后、友谊稍稍有挫折、受到他人冷落、挨了老师批评,甚至因身高不够、外貌不佳而悲观失望、自暴自弃。这与思想方法有关,但最终源于青少年自我评价的不成熟。这种情况在初中生中尤为突出,在高中生中有所改善,这也与高中生自我评价适当性提高有着直接关系。在左其沛的一项研究中发现,初二学生对自己的性格评价偏高和偏低的比例分别为34.6%和3.8%,而高三学生分别为10.2%和12.12%;初二学生对自己的能力评价偏高和偏低的比例分别为51.9%和7.7%,而高三学生分别为8.2%和16.3%(左其沛,1985)。

(四)道德感、理智感和美感有较大发展

作为高级的情感,道德感、理智感和美感是个体接受社会教育的结果,在个体身上发展相对较晚。心理学研究表明,"在正确教育下,学龄晚期的儿童,社会性的情感,如道德感、理智感和美感也逐渐产生和发展起来"(朱智贤,1979)。而进入青少年阶段,随着个体社会性发展和教育影响的积累作用,这些高级情感逐步达到相当的水平。对初中学生的调查表明,道德感和理智感的发展又相对更优于美感的发展水平(黄烃岭、雷雳,1993)。

在另一项研究中,对高中学生这一情感进行更细化的调查。在道德感方面,高中生对爱国感、集体感、荣誉感、友谊感等情感体验上,选择代表积极情感的答案的人数占了最大比例,这表明高中生道德感的发展以积极的、正确的情感为主,在运用道德标准评价自身或他人的行为时,已形成较正确的稳定的反应或体验倾向,处于履行准则与守法

的道德定向以及良心或原则的道德定向阶段,即柯尔伯格(L. Kohlberg,1969)关于道德发展阶段理论中所说的"后习俗道德水平"。当然,在道德感的各个方面,可能发展也并不平衡。在上述调查中也发现,责任感的正确的选择率较低,其中情感状态占较大比例,只是随着年级的升高,这方面的积极情感又得到较快发展(郑和钧、邓京华,1993)。在理智感方面,高中生的求知感最为强烈,其次是喜悦感、坚信感,疑问感较弱,而坚信感的消极情感的选择在理智感的各项内容中为最高,反映了高中生在求知过程中害怕失败、易因挫折丧失信心,其中以高三学生为甚。这可能与频繁的考试、激烈的竞争有关(郑和钧、邓京华,1993)。

第三节 情绪、情感规律在教育中的运用

教育劳动是情绪劳动。学校教育是教师和学生共同参与的双边活动,也是特定情境中的人际交往活动。无论是处于教育主导地位的教师,还是处于教育主体地位的学生,都是有血有肉、有情有感的个体。因此,在教育活动中师生之间不仅有认知方面的信息传递,而且也有着情感方面的信息交流,形成"一个涉及教师和学生在理性与情绪两方面的动态的人际过程",或称为"与个性或社会心理现象相联系的情感力量和认知力量相互作用的动力过程"(Chavez & Cardenus,1980)。如何重视教育中的情感因素,发挥其积极作用,以增进教育活动的科学性和艺术性,优化教育效果,也就成为现代学校教育改革的一个重要课题,是教师在日常的教书育人工作中不可忽视的一个重要方面。这里仅就学校教育的最主要途径,也是最易出现重知轻情现象的领域——教学,谈谈情感规律的实践应用。

一、运用情感规律进行教学

(一)要在教学中确定情感目标

人们在分析教学过程时,总倾向于把注意力集中于教学中的认知系统,而往往忽视情感系统。事实上,教师、学生和教材既是构成教学中认知系统的三个基本要素,也是构成教学中丰富而复杂的情感现象的三个源点。教师的情感包括对教育和教学工作的情感、对所教学科及其有关知识内容的情感、对学生的情感、主导情绪状态和情绪表现(即表情运用状况)等。学生的情感包括对学校学习活动的情感、对所学课程及其有关知识内容的情感、对教师和其他同学的情感、主导情绪状态、课堂情绪气氛和情绪表现等。教材虽是物,但其内容直接或间接地反映了人类实践活动的情况,又是教育者按一定社会、阶级、时代的要求编写而成,在不同程度上体现了教育者的意志,因而其内容本身也不可避免地蕴含大量的情感因素。因此,当教师和学生围绕着教材内容展开教学活动时,不仅认知因素,而且情感因素也被激活了,形成情知信息交流的回路。在教学

中对情知回路进行有效调控,自然同时能产生认知和情感两方面的教学效果。正如美国教育心理学家布鲁姆在描述学校学习模型(model of school learning)时所指出的那样:学生是带着原先的认知行为和情感特点来接受教学的。因此,教学不仅要有认知目标,也要有情感目标。在布鲁姆的领导下,由克拉斯沃尔(Krathwohl,1964)负责制定了情感领域的目标分类。它有五个由低级到高级的阶梯式水平,每一水平又分若干层次,形成一个纵向的目标体系,为教师在教学活动中引导学生逐步达到最高情感目标提供了一个个具体的渐进的努力台阶。这五个水平是:① 接受——指学生愿意注意特殊的现象或刺激,它包括从意识一事物有关的简单觉察,到愿意接受,直至有控制地或有选择地注意三个逐级升高的层次;② 反应——指学生主动参与,它包括从默认反应到愿意反应,直至在反应中得到满足三个层次;③ 价值化——指学生将所学习的内容与一定的价值准则相联系,使价值逐步内化,它包括从接受某种价值准则,到偏好某一价值准则,直至信奉三个层次;④ 组织——指学生将各种价值组成一个价值复合体,即建立内在和谐的、一致的价值体系,它包括价值的概念化和价值体系的组织两个层次;⑤ 价值与价值体系的性格化——指学生能根据已内化了的价值体系行事,形成个性特征,它包括泛化心向(在任何特定的时候都对态度和价值体系有一种内在一致性的心向)和性格化两个层次。可见,这一情感目标体系是以价值内化过程为线索的,把教学视为由教师或教科书上外在陈述的价值准则逐步内化为学生信奉的内在价值准则,并最终沉积为学生个性的过程。

由于教学中情感领域本身的复杂性以及文化背景上的差异,克拉斯沃尔的情感领域教学目标分类只是为我们确定情感教学目标提供了一般的轮廓,我们还可在教学实践中依据实际情况确定具体情感目标。但无论怎样,以下几方面的内涵是应该包含在情感教学目标体系之中的:① 让学生处于愉悦——兴趣、饱满、振奋的情绪状态之中,为认知活动也为情感的陶冶创设良好的情绪背景;② 让学生在接受认知信息的同时获得各种积极情感和高尚情操的陶冶;③ 让学生对学习活动本身产生积极的情感体验,形成良好的学习心向——好学、乐学的人格特征。

(二)在教学中通过认知信息回路调控情感

在认知信息回路与情感信息回路并存的教学活动中,教师不仅可以在情感信息回路内部调控学生的学习情感,也可以通过情知交互作用,从认知信息回路上调控情感,使之既有利于学生本身的发展,又有助于进一步促进教学中的认知发展。这是一条以知促情的重要调控途径,其具体做法是:

1. 精心选择教学内容

美国教育家布鲁纳在《教育过程》一书中明确指出:"学习的最好刺激乃是对所学材料的兴趣。"对于中学生来说,在教学活动中真正能引起他们积极的情绪体验的,首先莫过于教学内容本身所具有的内在魅力。诚然,教学内容是根据学科教学大纲和教材选定的,但任课教师在这方面仍有一定的灵活性、主动性和创造性。"学校经常碰到教学大纲和教科书存在缺点的现象。但我们认为,全部工作都取决于教师,一个知识渊博的、热爱自己工作的、生气勃勃的、精力充沛的教师一定会使任何教学大纲变活,并补正最差的教书"①。因此,教师必须,而且应该根据学生的实际情况、学科发展的现状和社会政治文化生活的变化,对教学内容做适当调整、增补,以求精心选择。事实上,选择教学内容的好坏,会直接引起学生完全不同的情绪体验:"教师选择的教学内容可以是枯燥、单调的;可以不带个人的主观积极的情绪色彩,只是客观地提出一系列的事实与概念。当然,这将在学生那里产生不满足的情绪感受。相反,教师选择的教学内容若是高质量的,那么它们就能引起学生满足的感受,教学活动使他们激动、感兴趣、思想集中、开心、兴奋"②。这一方法是根据情绪发生的心理机制,通过认知信息回路中高质量的教学内容(客观事物)满足学生求知需要的方式,来调控学生情感的。

2. 巧妙组织教学内容

从教学内容的选择到教学内容的呈现,中间还有一个组织、加工的过程。通过这一过程,不仅将所选择的教学内容有机地组织起来,以体现内在的逻辑联系,而且更重要的是,要显示这些教学内容的内在魅力。这里的关键是,要尽可能使学生感到这些教学内容超出满足自己的求知需要的预期。例如,我们应尽可能地将看来比较经典性的教学内容出乎意料地与当代社会、现代科技联系起来,使学生对教学内容产生明显的时代感;将某些看来有些"教条性"的教学内容,出乎意料地与现实的社会、生产实践问题和未来的工作、事业问题联系起来,使学生对教学内容产生明显的实用感;将某些看来相当枯燥而又必要的教学内容,出乎意料地与生动的事例、有趣的知识联系起来,使学生对教学内容产生明显的趣味感;将某些看来似乎简单易懂的教学内容,出乎意料地与学生未曾思考过的问题、未曾接触过的领域联系起来,使学生对教学内容产生明显的新奇感,从而激起学生学习的热情。

3. 择优采用教学形式

这里的教学形式是相对于教学内容而言的一个广义的概念,它包括教学的模式、策略、方法和手段等。在国内外教学中已出现各种各样的教学模式,仅美国师范教育专家乔依斯和韦尔(Joyce & Well,1972,1980)就从上百种教学模式中挑选出发现法、掌握学习法、非指导性教学法等25种模式,而与模式相配合的各种策略的运用就更多了。教学方法更是层出不穷。至于教学手段,随着录音、录像、投影、电影、幻灯、多媒体和电脑等电化教学技术、设备的发展,也呈多样化趋势。这些都为教师教学形式的择优采用创造了有利条件。这里的关键是因"材"择法——根据不同的教学材料和教学对象的不同特点选择最佳教学形式,以满足学生在特定教学情景中的需要,产生相应的积极情绪体验。

(三)在教学中通过情感信息回路调控情感

在教学中通过情感信息回路调控学生情感,使之处于良好的情感氛围之中,这不仅有利于直接促进学生各种情感的陶冶和培养,而且也有利于促进和优化学生的认知活动。

---

① 巴班斯基.波塔什尼克.教育过程最优化回答[M].北京:北京师范大学出版社,1980.
② 弗·鲍良克.教学论[M].叶澜,译.福州:福建人民出版社,1984:88.

1. 教材内容的情感性处理

如前所述,教师、学生和教材是形成课堂教学中情感信息回路的三个情感源点。因此,对教材内容的情感性处理是以情生情、调控学生情感的一个重要方面。所谓的对教材内容的情感性处理,是指教学内容向学生呈现的过程中,教师从情感角度着眼,对教学内容进行必要的加工处理,使之能充分发挥情感因素的积极作用。教材内容可粗分为两类:一类含有丰富的情感因素,以文科类教材内容为主;另一类本身缺乏情感因素,以理科教材内容为主。对于前者,教师要注意发掘教材内容中蕴含的情感因素,并善于以表情的方式表现出来;而对于后者,教师则要设法赋予教材内容以某种情感色彩。后者处理难度大,也更易为人们所忽视,然而,如果处理得当,在教材内容的半壁领域(理科类)中也能充分发挥情感因素的积极作用,则无疑会极大地促进情知交融的教学气氛,陶冶学生情操,实现寓于于教。这里有几种方法供借鉴(卢家楣,1994):

一是情感迁移法。教师在教学过程中巧妙组织呈现方式,使教材内容成为积极情感——兴趣的诱发因素。

二是言语情趣法。运用富有情趣的语言讲解有关教学内容,使之具有相应的情感色彩。陈景润的中学数学老师就曾用极为形象、生动、富有情感的语言来激起学生去探索数学奥秘的热情。

三是拟人比喻法。用拟人化口吻比喻有关教学内容,使之具有情感色彩。例如,在讲楞次定律时,把线圈比喻为具有"冷酷"和"多情"双重性格的人,当磁极来时,线圈的近端产生同性磁极,对原磁极发生排斥,表现出"冷酷无情",但一旦磁极走时,近端又即生异性磁极,对原磁极发生吸引,表现出"多情柔和",随后概括为"来之拒之,走之拉之"八个字,使学生听了既感到情趣盎然,又加深了理解和记忆。

四是轶事插入法。通过"借题发挥",介绍有关知识背后隐匿着的一些可歌可颂、可敬可佩的人物轶事,使学生对这些教学内容产生亲切感,从而使之具有情感色彩,同时还可更好地体现寓育于教的精神。

五是美感引发法。通过充分展示教学内容中隐含的美的因素,引发学生相应的美感体验,从而赋予教材内容一定的情感色彩。例如,$F=ma$(牛顿定律),$E=mc^2$(爱因斯坦质能方程)等,都用最简洁的函数关系反映客观世界中力和加速度、能量和质量的和谐奇妙的统一,体现了科学美。

2. 教师情感的自我调控

作为教学中另一个重要的情感源点,教师情感的自我调控具有特别重要的意义。这是因为情感具有感染功能,教师的情感会在教学过程中随时随地影响着学生的情感,起着极为重要的调控作用。

在这方面教师尤要注意两种调控:一是教师情绪状态的调控。有不少教师没有意识到这一问题的重要性,对自己的情绪由着兴致、不加调控,有的还出于错误的认识,为体现教学的严肃性而故意绷着脸,表现出"冷静"、"沉着"、"严厉"的教态,这都会影响学生的情绪,产生消极效果。正确的做法是,教师在教学活动中要始终调控好自己的情绪,处于饱满、振奋、愉悦、热忱的状态,以感染学生情绪、活跃教学气氛,为学生认知活动创造最佳的情绪背景,特别是在教师自己由于种种原因情绪不佳时走进教室,更要以教师的责任感和敬业心调控自己。正如马卡连柯所说:"从来不让自己有忧愁的神色和抑郁的面容。甚至有不愉快的事情,生病了,也不在儿童面前表现出来。"①二是教师所教学科的情感调控。以往教师考虑的是如何教好自己所教的学科,往往没有意识到自己对所教学科的情感会潜移默化地影响学生对该学科学习的情感和态度。正如苏霍姆林斯基所说:"教师对教材冷漠的态度会影响学生的情绪,使其所讲述的材料好像和学生之间隔着一堵墙。"而"热爱自己学科的教师,他的学生也充满热爱知识、科学、书籍的感情"。因此,优秀的教师不只是传授知识、培养能力,而且还将自己对学科执着追求的精神、热忱和感受带给学生,以激起学生情感上的涟漪和共鸣,这就要求教师不仅不在教学中流露对所教学科的冷漠,乃至厌烦、反感等消极情感,而且更重要的是要真正培养起对该学科的热爱之情。

拓展阅读

情绪劳动

对于情绪进行管理和控制,以便在公众面前创造一个公众期望的脸部表情或身体动作的行为。对于某些职业类型来说,这被看作个人工作内容的一部分。有三个标准可以将不同职业类型划分为高度情绪劳动和低度情绪劳动:

(1) 与公众面对面、声音对声音的接触程度;

(2) 员工使他人产生情绪状态的努力程度;

(3) 组织通过训练和监督的方法对员工的情绪劳动进行监控的程度。

最早由美国社会学家霍克希尔德(Arlie Hochschild,1940—)于1983年提出;1993年,他将定义进一步扩大,认为不管任何工作,只要涉及人际互动,员工都可能需要进行情绪劳动,情绪劳动可以跨越不同行业、阶层和职务。

情绪劳动有三个组成部分:真实情绪表现、假装情绪表现和情绪压抑,每个方面有正性和负性情绪体验,据此组合为六种情绪劳动。在表达策略方面,霍克希尔德认为情绪劳动有表层扮演和深层扮演两种表达策略。前者指员工尽量调控表情行为以表现组织所要求的情绪,而内心的感受并不发生改变;后者指为了按要求进入角色,个体通过思考、想象和记忆等内部心理过程,激起或者压抑某种情绪,尽量去体验必须产生的情绪,使真实情绪体验与需要表现的情绪相符合,并通过情绪行为体现出来,是一个积极主动的过程。深层扮演可以通过诱导情绪和利用想象两种方法实现。当前,情绪劳动已经不限于某些特定职业群,员工在组织中被期望加入某种程度的情绪劳动,在与同事、客户、供应商或其他人交往时,表现出某种情绪并克制其他情绪,以促进工作的有效和组织目标的实现,已成为管理界的共识②。

---

① 马卡连柯.论共产主义教育[M].北京:人民出版社,1955:346.
② 陆雄文.管理学大辞典[M].上海:上海辞书出版社,2013:39.

3. 师生情感的交流

在教学活动中师生之间不仅交流认知,也交流情感;不仅交流教学内容中的情感,也交流着师生人际间的情感。而师生人际间的情感也会通过迁移功能影响学生对教学活动、教学内容的情感和态度。我国古代教学名著《学记》中"亲其师,信其道"之说,便深刻揭示了这一道理。而师生情感交流的核心是爱心融入。这就要求教师从职业道德的高度认识师爱的意义,培养师爱情感,并掌握施爱于生的艺术,因为"光爱还不够,必须善于爱"(克鲁普斯卡娅,1982)。这里简单介绍一些具体方法(卢家楣,2002):

(1) 施爱于细微之处

情感心理学告诉我们,个人的某种情感越深厚,这种情感越会在他的行为举止的细枝末节上表现出来。因此,要知道一个人对某事或某人的情感究竟是深还是浅,最有效而简便的方法是观其行为表现的细微之处,即所谓"细微之处见深情"。而另一方面,学生对教师的观察最为细致,他们能从教师的一言一行、一颦一笑中感受出来不同的意味。鉴于此,教师在与学生交往中,就要善于将爱生之情流露于师生接触的细微之处,让学生从中感受到教师对自己的温馨的情感。

(2) 施爱于意料之外

关于情绪发生的心理机制的研究表明,一个人情绪的发生与客观事物与其主观预期的关系有关,且这一关系主要决定一个人情绪发生的强度。客观事物超出个体的主观预期越大,由此引起的情绪反应的强度也就越大,反之,则越小。鉴于此,教师要使自己的爱的行为能真正引起学生情感上的震动,产生师生情感上的炽热的碰撞,就要设法在师生交往中有意识地利用超出预期所产生的增强情感强度的效果,尽可能使自己的某种爱生行为的处理出乎学生的意料,使之产生情感的震撼,形成巨大的情感冲击波,极大地促进师生人际情感关系的发展。

(3) 施爱于批评之时

批评给学生最表面和直接的感受似乎是未能满足学生的需要,易使学生产生反感情绪,同时,批评学生也正鉴于学生违纪、犯错或不足的行为,也往往是教师"恨铁不成钢"、最易产生负性情绪的时候。因此,批评学生的时候也是教师和学生之间最容易发生对立和对抗、爆发冲突的时候。在这样的特殊场合,如何注意批评的方式和方法,在批评教育学生的过程中仍能让学生感受到教师的一片拳拳之心、殷殷之情,是一件很不容易做到的事情,却也是化消极为积极、变被动为主动的关键,是体现教师教书育人艺术的难点。这里的关键是要设法使对学生的批评过程也能充溢真情和爱心,真正做到严慈相济、情理相融。特别是要注意将学生的违纪行为与学生的人格相区分:我们要批评和纠正的是学生的违纪的行为,要尊重和保护的是学生的人格。

(4) 施爱于困难之际

关于情绪发生的心理机制的研究表明,一个人情绪的发生还与客观事物与其主观需要的关系有关,且这一关系在一定程度上也会影响一个人情绪发生的强度。一般说,个体对客观事物的需要越迫切,满足与否所引起的情绪反应的强度也就越大,反之,则越小。学生困难的时候是学生最需要帮助的时候,也就是对某客观事物的需要最迫切的时候,教师能在这种情况下及时满足学生需要,如同雪中送炭,最易引起学生情感上的触动。因此,教师应把学生的困难求助,视作通过施爱来融洽师生情感关系的最佳契机。

(5) 施爱于关键之刻

在学生的学习生活中会面临许多关键性的时刻,有许多十字路口,如重要考试、重大竞赛、学习生活的适应和转折、学习上的严重挫折等,学生自己出于涉世不深、经验不足,往往把握不住,又不知如何是好,而其后果却又给学生以后的学习生活乃至人生道路造成较大影响。在这种彷徨、困惑的时候,教师若能给予及时的帮助、指导,指点迷津,会使学生倍感教师的爱心和真情,从而增进师生的感情。

(6) 施爱于学生之中

在教学中的师生人际情感的交流里也存在着学生之间的情感交流,只是在人们探讨师生情感时往往把注意力更多地集中在教师与学生之间的情感交流,而易忽视学生与学生之间的情感交流。事实上,后者也能为前者起积极的促进作用。教育学中有一条平行教育原则,意即教师一方面通过自己的教育来影响学生,另一方面,又通过学生集体来对学生施予影响,以达到在两条途径上同时发挥教育作用的目的。在促进师生人际情感方面也有类似于平行教育那样的做法。即教师一方面要把自己对学生的爱直接施予学生,另一方面也可通过学生集体将这种爱传递给学生。由于学生之间的情感有一种特殊的连结,一旦学生感受到学生集体对自己关爱的背后还有教师的一番深情,由此所产生的感激之情更带有值得回味的温馨,极利于促进师生情感关系的融洽。

(7) 施爱于教学之余

师生之间的交往并不局限于教学活动之中,还可以拓展于教学活动之外。师生之间的情感交流也同样要延伸于教学之余,且对教学中的师生人际情感关系的发展具有不可忽视的作用,成为发展教学中师生情感的一条重要的补充渠道。由于在教学之余,师生交往的氛围相对宽松,彼此间的接近更多地带有生活气息,教师对学生的关爱在学生看来,似乎更少一些功利色彩,也就更易为学生以开放的心态所接受。因此,这也就成为教师融洽师生情感的好机会。教师要不失时机地抓住机会,从生活上贴近学生,关心学生,融入学生的世界,与学生打成一片,来积极培养感情。许多优秀教师把此举诙谐地称为"感情投资",情感的回报率往往是不可估量的。

(8) 施爱于家校之间

在现代教学理念中,学校与家长的联系也是促进教育的一个手段。但不少教师只是当学生发生问题时才与家长联系,名为沟通,实是"告状",以致学生形成不良的条件反射——老师上门没好事,不是反映问题,就是施加压力。殊不知,通过家校联系也是向学生传递师爱、发展教学中师生情感的又一条不可忽视的补充渠道。事实证明,教师通过家长来传递对学生的关爱,比直接对学生施爱更有效。例如,教师通过家长对学生实施的表彰就远比对学生本人实施的表彰更有激励作用,更有利于让学生感受到教师对学生的关爱。[1]

---

[1] 卢家楣.心理学[M].上海:人民出版社,2001.

二、运用情感规律培养学生的情商

关于情绪（感）对认知的作用，古哲先贤皆为重视。孔子推崇"乐学"，苏格拉底（Socrates）倡导"产婆术"教学，昆体良（M. R. Quineilianus）主张慈父式教学，夸美纽斯（J. A. Comenius）主张"能使教师和学生全都得到最大快乐"的教学，斯宾塞（H. Spencer）提出了教学的"快乐原则"，这些都在某种程度上意识到情感对教学的影响。布鲁纳（J. S. Bruner）认为好奇心、胜任感等远比奖励、竞争更具有对学生学习行为的驱动作用。以罗杰斯为代表的人本主义教育思想强调个人对学习的喜爱情感在学习中起着重要作用。随着情绪（感）智力概念出现、关于情绪的研究不断系统和深入，上述关于情感教育的思想或原则，便也有了心理学的支撑。人们对以上观念和做法变得更能接受或认可。

对情绪能力的发现始于对认知能力所做的深入研究，而研究的成果被广泛运用到个体的多个方面、社会的多个领域。对"情商"（情绪智力）的界定见仁见智，故首先了解一下情商（情绪智力）的由来。

（一）情绪智力的由来

桑代克（E. L. Thorndike，1920）在对斯皮尔曼（C. E. Spearman）二因素论的反对中，第一个以多因素论来解释智力，于1920年提出社会智力概念，他将人类智力分为社会智力、具体智力和抽象智力三种。桑代克把社会智力（social intelligence）解释为"理解和管理男人和女人、男孩和女孩从而妥善处理人际关系的能力"。这是"情绪智力"概念的萌芽。其后，德国人柳纳（B. Lcuncr，1966）在《情绪智力与解放》一文中首次提出"情绪智力"术语，虽与我们今天的"情绪智力"含义不尽相同，但仍可谓学术界"情绪智力"术语的最初出现。

加德纳（H. Gardner，1983）提出的多元智力理论（multiple intelligence theory），将人类智力分为7种，其中包括人际智力（interpersonal intelligence）——能够有效理解别人和与他人交往、合作的能力和内省智力（intrapersonal intelligence）——能够深入自己内心和情感世界，并以此指导自己行为的能力，均涉及情绪智力现象。1986年柏尼（W. P. Payne）在博士论文《情绪研究》中明确探讨了发展情绪智力的问题。

巴昂（Reuven Baron）于1988年在博士论文中首创情商（emotional quotient，EQ）概念。1990年梅耶、迪巴洛和沙洛维（J. D. Mayer，M. Dipaolo，P. Salvoey，1990）进行了有关情绪智力的颇有价值的实验研究。同年，沙洛维和梅耶提出了情绪智力的理论框架。1995年高尔曼在《情绪智力》一书中探索了情绪智力的结构，提出了五因素理论。随后梅耶、沙洛维和巴昂等又研究情绪智力的测量问题，并于1997年由巴昂研制出世界上第一个测量情绪智力的标准化量表，于1998年由梅耶等人研制出多因素情绪智力量表，巴昂还与帕克合作主编了第一本全面研究情绪智力的专著《情绪智力手册》（The Handbook of Emotional Intelligence）。进入21世纪后，这方面研究成为情感心理学中的又一个较为热门的领域，并正从应用和理论两个方面推进。我国学者对情绪智力也给出了一些不同的定义，吴雯芳（1995）认为，情绪智力是人们调节情绪和控制情绪的能力。许远理等人(2004)认为,情绪智力是加工和处理情绪及情绪信息的能力,即处理情绪信息的能力。卢家楣(2005)则认为,情绪智力是人成功完成情感活动所需的个性心理特征。尽管不同的学者对情绪智力的定义不同,但从中我们不难看出,这些定义都明确指出了情绪智力的操作对象是情绪、情感,并且从本质上反映了情绪智力是能力的一种。[①]

综上,编者认为,从情绪与认知活动、情绪与多种活动关联的过程和效果关系来看,情绪智力可以被看作情绪能力的一种,同时也兼具元素、工具与动力的功能。如果从不同角度对情绪智力与相关概念的关系进行分析,可以发现它们之间或交融、或并列、或交叉、或种属,此现象对彼现象有或因果、或中介、或调节的作用,不一而足。这里主要依据卢家楣的研究,侧重采纳其情绪调控功能。

(二) 情商的概念

关于"情商"的概念有很大争议,曾性初在《情智与情商》一文中尖锐批评了"情商"的说法。尽管如此,"情商"一词在中国已经流行甚广。对原作者(Salovey 和 Mayer、Goleman、Bar-on 等)和翻译者的多种说法进行比较,大致可以这样表述:情商(EQ 或 EI)在中国又被叫作情绪(感)智商(emotional quotient)、情绪(感)智力(emotional intelligence),强调的是情绪(感)能力,指个体调控情绪(感)的一种能力。

根据卢家楣《对情绪智力概念的探讨》一文的分析,可将情绪智力的外延界定为:观察、理解、评价、预见、体验、表达、调控个体对自己的情感、对他人的情感、对自己与他人之间的情感、对他人与他人之间的情感等的操作能力。[②](这种界定也是开放的,随着研究的深入和系统,范围会有变化——编者注)相应的,情绪(感)智力(以下简称"情绪智力")的培养是指对个体情绪(感)(以下简称"情绪")调控能力的培养。

(三) 情绪智力的培养

1. 情绪智力培养的内容

尽管人们对情绪智力的界定不一,但对提升情绪智力的见解和活动有相同、相近的核心内容。

梅耶、沙洛维强调将情绪作为对象的调控,把情绪智力看作个体准确、有效地加工情绪信息的能力集合;认为"情绪智力是觉知和表达情绪、情绪促进思维,理解和分析情绪,以及调控自己与他人情绪的能力"。具体包括:① 情绪的知觉、鉴赏和表达能力:从自己的生理状态、情感体验和思想中辨认和表达情绪的能力;从他人、艺术活动、语言中辨认和表达情绪的能力。② 情绪对思维的促进能力:情绪对思维的引导能力,情绪影响注意信息的方向;与情绪有关的情绪体验如味觉和色觉等对情绪有关的判断和记忆过程产生作用的能力;心境的起伏影响思考能力;情绪状态影响问题解决等。③ 对情绪的理解、分析能力:认识情绪本身与语言表达之间关系的能力,例如对"爱"与"喜欢"

[①] 李铭芳. 情绪智力培养的实验研究[D]. 山东师范大学,2012.
[②] 卢家楣. 对情绪智力概念的探讨[J]. 心理科学,2005,(05):1246-1249.

之间区别的认识;理解情绪所传送的意义的能力;理解复杂心情的能力;认识情绪转换可能性的能力等。④ 对情绪的成熟调控:根据所获得的信息,判断并成熟地进入或离开某种情绪的能力;觉察与自己和他人有关的情绪的能力,调节与别人的情绪之间的关系等。

1995 年,高尔曼在 Emotional Intelligence 一书中较系统地论述了情绪智力的内涵、生理机制、对成功的影响及情绪智力的培养等问题,初步形成了他自己的情绪智力的理论体系和基本观点。高尔曼将情绪智力界定为五个方面:① 认识自己情绪的能力;② 妥善管理自己情绪的能力;③ 自我激励的能力;④ 理解他人情绪的能力;⑤ 人际关系的管理能力。他认为情绪智力对个体成就的作用比智力的作用更大,而且可通过经验和训练得到明显的提高。高尔曼说:"情绪潜能可以说是一种中介能力,决定了我们怎样才能充分而又完美地发挥我们所拥有的各种能力,包括我们的天赋智力。"高尔曼除了提出了上面所提到的观点外,在 1998 年,他还在 Working with Emotional Intelligence 一书中对情绪能力(emotional competence)与情绪智力加以区分。他认为"情绪能力是以情绪智力为基础的一种习得的能力,而情绪能力又能使得人们在工作上取得出色的成绩"。他认为情绪智力决定了我们学习那种依赖于情绪智力的实际技能的潜能,而情绪能力则反映了我们通过学习、掌握技能以及把智力应用到工作中时,我们能够意识到的这些潜能又有多少。

以下两张表全面列举了已有研究中揭示的情绪智力的内容。

表 6-4 是 Goldman 的情绪能力结构图[①],表 6-5[②] 是对三大理论的比较,后表中的三种理论以不同的组合方式阐述情绪智力。Goldman 的理论和 Bar-on 的理论分布于各种水平。特别是 Bar-on 的理论,他的子系统在内部和外部两个领域和高中低三个水平都有分布。而 Mayer 和 Salovey 的理论则仅集中于情绪与认知的相互作用之内。此外,综合模型相对于心理能力模型而言,子系统成分的数量更多。

表 6-4 Goldman 的情绪能力结构图

	自我	外界
	个体的能力	社会能力
鉴别力	自我意识 情绪自我意识 ——准确的自我评价 ——自信	社会意识 ——移情 ——服务取向 ——组织意识

---

① 徐小燕,张进辅.情绪智力理论的发展综述[J].西南师范大学学报(人文社会科学版),2002,(06):77-82.
② 徐小燕,张进辅.情绪智力理论的发展综述[J].西南师范大学学报(人文社会科学版),2002,(06):77-82.

(续表)

	自我	外界
	个体的能力	社会能力
调节	自我管理 ——自我控制 • 可信赖 • 尽责 • 适应性 • 成就动机 • 主动性	关系管理 • 帮助他人 • 影响力 • 沟通的能力 • 解决冲突的能力 • 领导的能力 • 改革的能力 • 建立关系 • 团队协作

表6-5 情绪智力三大理论比较

		←子系统效用→		
		满足内部需要		对外部世界的反应
↑ 子 系 统 水 平 ↓	高 习得方式	个体内部品质 • 个体内部技能 ▲自我激励		人际品质 • 人际技能 ▲关系的管理
	中 相互功能	动机与情绪的相互作用 • 压力管理技能	情绪与认知的相互作用 ■情绪的知觉和表达 ■情绪促进思维 ■理解情绪 ■调控情绪	▲了解自己的情绪 ▲认知他人的情绪 ▲管理情绪
	低 生物性机制	动机指引	情绪品质 • 一般心境	认知能力 • 适应技能

• Bar-on(1997)　▲ Goleman(1995)　■ Mayer & Salovey(1997)

近年来,我国的心理学者在对国外有关情绪智力的研究做了大量介绍的同时,也进行了一些有中国特色的研究。但总的来说,国内的研究基本上还处于理论探讨阶段。

本文认为,情绪智力是人们在学习、生活和工作中影响其成功与否的非认知性心理能力,包括情绪觉知能力、情绪评价能力、情绪适应能力、情绪调控能力和情绪表现能力五种因素,它们又分为若干次级因素成分。按照我们的情绪智力因素结构,可以对情绪智力五个主要因素做以下简要界定,并将十八个次级因素涵盖其中:

情绪觉知能力:指认识、感受、理解和区分自己、他人和社会的情绪、情感的能力。它包括自我觉察、移情、社会责任感。

情绪评价能力:指正确地评价、尊重和接受自己、自己的情绪情感以及所取得的成绩并从中体验到快乐的能力。它包括成就感、自我尊重、乐观主义、幸福感。

情绪适应能力:指为达到目标而做出不懈努力,坚定不移地克服各种困难,同时又能客观地认识、验证和有效解决现实问题的能力。它包括现实检验、自我激励、问题解决、坚定性。

情绪调控能力:指自主、灵活地处理、控制和应对各种情绪情感问题和心理压力的能力。它包括自制性、灵活性、自主性、压力承受力。

情绪表现能力:指能有效地表达自己的思想观点和情绪情感,并通过自己的言行和表情影响和感染别人,从而建立良好的人际关系的能力。它包括人际关系、感染力、表达力。

总的来说,国内对情绪智力理论和应用的研究还是初步的,还需要大家共同努力,为我们的心理学、素质教育、人才的培养、企业的生产效率等方面提供理论和实践上的依据或可应用的研究成果。①

2. 情绪智力培养的途径

情绪智力的培养主要有以下三个途径:了解知识情绪智力的生理机制;觉察自我、他人、群体的情绪;在觉察的基础上预测、调控自我、他人、群体的状态。

(1) 了解情绪、情绪智力的生理机制

一是情绪原理——多因素、多模式。只有在了解情绪原理的基础上了解情绪智力的生理机制,在实际应用中才能举一反三,有的放矢。前面我们已经接触了大部分的情绪理论,这里在下面列一张表(见表6-6),做扼要呈现。

表6-6 情绪理论总览②

理论名称	主要人物	研究对象	基本观点
外周情绪理论	詹姆士、朗格	情绪对机体的作用	情绪就是对机体的知觉。
动力定型理论	巴甫洛夫	大脑皮层的高级神经活动与情绪的关系	第二信号系统调节、控制情绪和情感,因此情绪可以长远控制。
丘脑情绪理论	坎农、巴德	情绪与丘脑的关系	激发情绪的刺激由丘脑进行加工,同时把信息输送到大脑及机体的其他部分。
激活归因理论	沙赫特	情绪与生理反应以及情绪与认知的关系	情绪既来自生理反应的反馈,也来自对导致这些反应情境的认知评价。
认知评价理论	阿诺德、拉扎鲁斯	情绪与认知评价的关系	每一种情绪均包括生理的、行为的和认知的三种成分。

二是情绪智力原理——皮层上下协同作用机制。基于自然适应的需要,人有情绪和理智的双通道途径,例如战斗或逃跑反应,如图6-1所示。视觉信号经视网膜到达丘脑,在此被转换成脑的信号语言。绝大多数信息到达视觉皮质,在此经分析、评估,指示做出适应反应。若做情绪反应,信号传至杏仁核,以激活情绪中枢。但有一小部分信息从丘脑更快地直接进入杏仁核,导致先一步(可能不太准确)的反应。据此,杏仁核可

---

① 徐小燕,张进辅.情绪智力理论的发展综述[J].西南师范大学学报(人文社会科学版),2002,(06):77-82.
② 全国十二所重点师范大学.心理学基础[M].北京:教育科学出版社,2002:141.

在皮质中枢充分理解情势前激发情绪反应。①

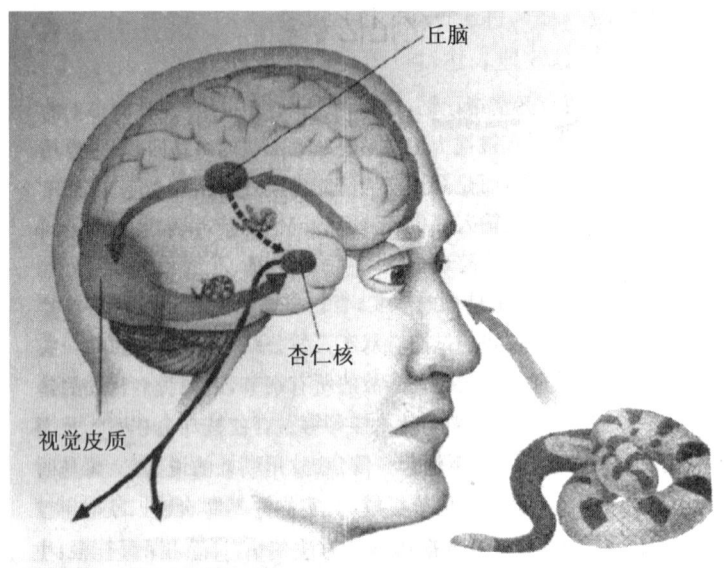

图 6-1 战斗或逃跑反应

基于人类社会适应的需要，人又有理智和情绪调节的功能。

杏仁核及相关的边缘系统与新皮质的联系，是思维与情感彼此激发战争或维持和平的关键；理智与灵魂之间或烽火连天、剑拔弩张，或和平共处、协调合作，都取决于这一联系。情绪影响着理智能否有效发挥作用，或能否明智决策，甚至考虑问题是否清晰明白等，都可从这一联系通路得到解释。②

皮层上下的联系，条件反射的强化与迁移，可以使情绪与理智的沟通及时、准确，做出的行为反应适合、适当，从而可以形成良好的情绪智力。长期的有意训练和生活磨炼能产生"急中生智"和正确决策的结果。

第二次世界大战期间，有一艘美国军舰停靠在某个港湾，那天晚上月朗星稀，周围的海域一片寂静，这本该是个美妙的夜晚，但是就在这时，一位水兵例行巡视时，突然呆住了，他看见在不远的海面上有一团漆黑的东西在漂浮着，借着星光看到那东西离他越来越近，终于他看清了，那是一枚触发式水雷，有可能是从某处雷区脱离出来的。

---

① D. 戈尔曼(著). 耿文秀, 查波(译). 情感智力[M]. 上海：上海科学技术出版社，1997：25.
② D. 戈尔曼(著). 耿文秀, 查波(译). 情感智力[M]. 上海：上海科学技术出版社，1997，32

> 情况十分危急,因为水雷正在朝着他所在的军舰方向浮动,如果不及时采取措施,用不了多久水雷就会和军舰同归于尽。到时候他和战友们,通通都会被炸死。水兵不敢再往下想,赶紧抓起电话通知了当天的值日官,值日官又马上把情况报告给了舰长,于是全舰马上发出戒备讯号,大家纷纷警戒起来,然而在这种情况下,除了恐惧,人们什么办法都想不出来,什么事情也做不了,只是一个个愕然地注视着那枚渐渐靠近的水雷,他们知道,如果现在起锚离开已经太晚了,根本没有足够的时间发动引擎;使舰身和水雷漂离开更是不可能,螺旋桨转动,只会使水雷更快地向军舰飘来;用枪炮将水雷引爆?太危险了,那枚水雷离军舰上的弹药库实在是太近了,到时候炸的就不光是水雷了。
>
> 能想到的办法都被逐一否决了,时间紧急,再不拿出一个切实可行的方案,他们可真就完了,就在这千钧一发的紧要关头,有一名名不见经传的水手突然大声向军官报告说:"长官,请赶紧让人拿消防水龙头来!"水兵的大喊,顿时打破了刚才凝重的气氛,大家立刻明白了他所要采取的办法,就这样,全体官兵齐心协力,用消防水龙头向水雷喷水,形成了一股强劲的水流,把水雷带向了远方,然后再由一名射击高手将其引爆,一场危机终于被化解了。

(2) 主动觉察、调控自我、他人、群体的认知、情绪和行为

一个学习上极具天赋的学生可能因为完不成学业而不得不退学(高校有很多学生退学的直接原因是成绩不好,背后的原因是人际适应不良,因人际关系障碍导致学业障碍——笔者注),一个学业优异的学生毕业后进入工作岗位却很难融入周边的环境,结果自己也很痛苦。生活告诉我们智商不是对人生幸福与成功唯一的预测,还有其他重要的影响因素是智商无法描述的,这就是后来为人们所津津乐道的情商。情商表现在对内心矛盾和冲突的克服技巧,对自我的激励与超越,对与交往对象之间关系的协调及对环境的良好适应。情商的本质是品行与智慧修养的结晶。①

觉察是调控的基础,调控是觉察的目标。觉察自我、他人、群体的想法、情绪和行为,才有可能进行有效的预测和调控。

首先,需要敏锐地觉察、有效地调控自己的情绪。"吾日三省吾身",事后的反思、觉察相对比较容易,难的是在激情状态下还能及时觉察自己的想法、情绪和行为。感知、体验自己的积极和消极情绪,时常内省和反思,以效果为参照,对积极和消极情绪的原因(内、外因)、过程、想法、种类、程度、结果、匹配性做准确地判断、客观地评价。亚里士多德认为,将一种情绪与另一种情绪区分开来不在于感官与生理唤醒的不同,而在于信念的不同。他有一句名言:"任何人都会生气,这没什么难的。但要能适时适所、以适当的方式对适当的对象恰如其分地生气,可就难上加难"(转引自 Colman,2001)。情绪

---

① 网易公开课. 王萍. 何谓情商[EB/OL]. https://c.open.163.com/search/search.htm?query=%E6%83%85%E5%95%86#/search/all.

的动力、调节、信号、保健、感染、迁移功能已为研究者所认可,如何面对消极情绪、接受其正向价值、消除其负向影响是每个个体要做的功课。用适当方式表达、宣泄情绪,在不同的情绪背景下做出有益于自己、他人、群体的行为是每个人期望的,这时候有"共赢"的信念可以产生很好的调节作用。

其次,学会察言观色,努力发现别人的需要,超前合理满足。努力以己度人,加之换位思考、换位体验,对他人、群体里的情绪种类、程度、原因做出准确判断,感知、体验他人的积极和消极情绪,能够有及时的、一定程度的共情,对他人的消极情绪表现出同情意向和行为,做到这些才有可能形成良好的人际关系。很多管理者、教师、医生练就了这方面的能力。做出这些行为背后的动力是与职业信念相关的价值观、目标的支持,因为此时别人的需要已经跟自己的需要融合一致,自己便能够习惯性地去关心别人,适度满足别人的需要便成为自动的反应,自己便也成为受欢迎的人。

最后,要调控我他、他他、自群关系,建立良好的人际关系,需要主动觉察他人和群体的情绪。觉察情绪的种类、产生情绪的原因、情绪的结果、该情绪状态下可能的行为等,这些为正确调控情绪提供了准确的信息资源。还需要能对消极刺激的评判有敏感度、深度、高度的判断,加之"共赢"的观念、应对自如的技巧,同时如果有乐观态度、有发现感受积极刺激源的慧眼,再做出积极的努力,就有可能引导他人和群体,化无助为自信、变躁动为平静、转淡漠为兴奋、化消极为积极,共同使生活环境变得美好。做群体中的正向能量源既是自我激励,也是群体激励。情绪具有感染性,贡献正向能量的同时,也可能是在为创设一个属于自己的良好精神环境氛围做了一份贡献。

拓展阅读

下面这个实验为很多情绪智力文章和书籍所引用,同时也能启发我们平时多做延缓抑制的自我训练。

80年代初,美国心理学家曾做了一项实验,实验对象是4岁左右的儿童。实验者先发给儿童每人一块糖,然后告诉他们:你们可以马上就吃,但我有事出去一会儿,谁等我回来再吃,我将再发给他一块糖。有的儿童马上把糖吃了;有的儿童犹豫了一会儿,但还是吃了;还有的儿童通过唱歌、做游戏甚至假装睡觉等坚持到最后。实验者回来后,坚持到最后的儿童又得到了一块糖。实验过后,研究者进行了长达十几年的追踪,发现到中学时,这些儿童就表现出明显的差异:那些坚持到最后的儿童具有较强的适应能力和进取精神,合群、勇敢、独立;没有坚持到最后的儿童则比较固执、孤僻、易屈服等。学校自然倾向测试(The Scholastic Aptitude Test)的结果是,坚持到最后的儿童平均得分为210分。研究表明,成功可能与情绪调控有密切的关系。这项实验,引起了人们对智慧的深入探讨。①

---

① 赵同森.情绪智力[J].心理科学,1998,(04):379-380.

3. 情绪智力培养的方法

情绪智力的基础内容是要善于调控自己的情绪,使之经常处于良好的状态。这里的良好状态的基调是愉悦、兴趣以及学习、工作时适度的紧张。情绪修养的关键就是学会消释和克服不良情绪。关于情绪智力培养的方法很多,将情绪原理灵活运用,便可以发展出适合于自己的多种方法。

(1) 排除苦恼

在学习生活中总会遇到不顺心的事,抑或挫折和失败,引起各种苦恼,表现为烦恼、痛苦、悲伤等。苦恼是一种负性情绪,不仅使人消沉,影响行为活动的积极性和智慧潜能的发挥,而且时间一长,更会有碍健康。因此排除苦恼是提高情绪修养的重要方面。这里可根据情感规律采取以下几种方法:

① 铲除苦恼根源。产生苦恼的根本原因是客观事物不符合个体主观需要。因此,一旦有不顺心的事发生,不能把自己的意识束缚于对该事后果的思量之中,而应把注意力放在如何解决问题的努力上,以积极的态度直面现实,从根本上铲除引起苦恼的根源,这是排除苦恼的最切实的方法之一。

② 改变认知角度。虽说客观事物不满足个体主观需要是产生苦恼的根本原因,但其直接原因仍是个体对客观事物与主观需要之间关系的认知评价,因此,有意识地改变自己的认知角度,一分为二地对待问题,努力从客观事物中分析、寻找合理的、积极的因素,是排除苦恼的有效方法。

③ 适当宣泄情绪。如果一时产生较强烈的苦恼情绪,不宜积压在心里,可采取适当的方式加以宣泄。如到操场上去跑几圈,或找一个合适的地方用木棍敲击砖石,待到累得满头大汗、气喘吁吁时会感到精疲力竭,而心情反而得到明显好转。有时,悲伤之极,不妨大哭一场,哭也是释放负面能量、调节平衡的一种方式。

④ 调换环境。如前所述,情绪具有情境性,苦恼情绪也不例外。当苦恼情绪一时难以摆脱时,可到其他宿舍走走,或到图书馆里去看看自己平时感兴趣而没有时间去看的书,或到街上、闹市区逛一下,或去影院看一场轻松的、喜剧性的电影,如是节假日,有条件的话,最好外出旅游,走亲访友,通过暂换环境来帮助排除苦恼。

⑤ 睡觉休息。苦恼缠绕、思绪紊乱时,睡觉休息也会收到意想不到的效果。因为睡觉时,大脑处于暂时放松、静息状态,情绪也得到彻底松弛。一觉醒来,人会非常冷静,刚刚被苦恼扰乱的头脑,会变得非常清醒,有助于从新的角度思考问题,评价现实,梳理头绪,从而达到消除苦恼的目的。毛泽东生前就十分赞赏此法,他说:"烦恼时,睡上一觉最好。"

(2) 学会制怒

怒,也是一种负性情绪,依据强度不同,可分为微怒、愤怒、大怒和狂怒等。这里所指的主要是已进入激情状态的愤怒。它在性质上具有两重性:积极的、充满凛然正气的怒和消极的、不该发作的怒。面对敌人的罪恶行径,义愤填膺、怒不可遏,与之做针锋相对的斗争,这便是积极的怒;在并非原则性的问题上,为一些鸡毛蒜皮的小事而大动肝火、怒气冲冲、大发雷霆,这则是消极的怒。克服和避免后一种怒,是情绪修养的又一重要内容。这是因为,一方面处于激情状态的消极性的怒,会让我们的意识失去对行为的有效控制,失去对行为后果的冷静思考,往往会做出不明智的行为举止,影响人际关系,甚至干出"一失足成千古恨"的蠢事,有时也会损害健康。我国古代《黄帝内经》中就有"怒伤肝"的明确警示。另一方面,青年人又正处于血气方刚之时,易于情绪激动、爆发怒气。因此,可以说,是否善于制怒,也是衡量青年人情绪修养水平的一个重要标志。世界上根本不发怒的人恐怕少有,但要做到少发消极的怒是完全有可能的,这主要在于把握以下两点:

首先,要拓宽心理容量。心理容量(俗称气量)越大的人能经受较强的刺激而不动怒。为此,一要培养远大的生活目标,习惯于从大局、从长远处着眼,不拘泥于小节琐事;二要善于理解人,一旦发生矛盾、冲突,要习惯于从对方的角度来看问题,以便心平气和地讲清道理;三要尊重他人,因为事实上,一个人的脾气不管怎样暴烈,对他人内心真正尊重的人是很少发火的;四要提高文化知识修养,一般说,文化知识修养高的人,看问题比较通达的人,心理容量也就相对比较大,不易发火动怒。

其次,要具有防怒措施。平时有一套防怒的操作手段,才有利于临场有效制怒。第一,在怒气刚产生时,及时制怒比较有效。一个非常简易的方法就是,把舌头在嘴里转十个圈,使自己正急速膨胀的怒气有所消退。第二,当怒气有所消退时,要自己反问自己,"如果真有道理能否延迟些时间再发火?"从而把自己的意识重新拉回到冷静的、理智的状态。第三,要针对自己易发火的特点,养成接受他人劝言和自我暗示的习惯,从外部诱导中获得制怒的信息和力量。如林则徐在自己的厅堂上高挂"制怒"的大匾,每当他遇事欲怒时,看一看匾牌上的"制怒"两字,使用理智和自制力来调控情绪,避免发火。

(3) 消除紧张

在现代学校学习生活中,讲究学习的效率和效益,强调竞争和挑战,紧张情绪是难免的,而且,适度的紧张对学生来说,是有益而必要的,它比松弛状态更能调动人的潜能和智慧,但一旦过度,则同样走向反面,产生一系列消极影响,如大脑神经的兴奋和抑制过程失调,出现暂时性的不平衡,干扰认知活动,降低其活动的效率,并会引起心跳加速、血压增高等生理反应,不利于健康。特别是考试、测试时,过度紧张的问题尤为突出。如何调节情绪,以防止过度的紧张,也是学生情绪修养的一个方面,这不仅有利于临场发挥智慧水平,而且也有利于平时的身心健康,改善生活质量。这里主要谈临场紧张的消除方法:

① 调节动机强度。每次测验、考试,理应全力以赴,努力考出高水平。但走进考场临考时,则头脑中不再考虑这次测验或考试的成败、得失,而是带着一份平常心,只要求自己像平时做练习那样一般发挥就可以了。

② 弱化自我中心意识。考试过度紧张的学生往往自我中心意识很强烈,过多地注意别人对自己的评价,关心自我在别人心目中的形象,一边考试一边还在担心自己落后于他人,这无疑是自我加压,陡增紧张感。因此,在考试时要弱化这方面的自我中心意识,只管自己静心答题,不管他人评价与考试状况。

③ 进行放松操练。考试时应提早到场,试卷发放前往往也是最紧张的时候,如一

时镇静不下来,可运用呼吸进行放松操练:双眼轻合,先深吸一口气,使全身肌肉紧张,达到极限后慢慢放松;同时,缓缓呼气,重复数次。该操练应平时加以练习、体会,考试时才能达到最佳放松效果。

④ 实施"焦点转移"。在考试中如出现怯场现象,可立即采用"焦点转移法"加以调节:伏桌暂歇片刻,做深呼吸,默数一、二、三、四……尽量回忆生活中自认为最有趣的事,待情绪平静后再继续应试。

⑤ 重视"舌尖现象"。答题时,遇到一时记不起来的,切莫焦虑,这可能就是前面提到的"舌尖现象"——因情绪紧张所引起的记忆短时抑制。这时,越急越想不出,越想不出越急,导致恶性循环。倒不妨先做其他题目,这样会自动解除抑制状态,恢复记忆。遇到难题,也不要过多纠缠,引发紧张情绪,而应暂搁一边,待最后解决。

⑥ 保证试前休息。考试前夕切莫挑灯夜战,而要保证休息,以免因休息不足而诱发紧张情绪。①

(4) 主动培养积极心态

① 积累积极体验。以往成功、快乐的经验伴随着愉悦的主观体验和舒服的感官记忆成为个体以后需发动行为的动力,主动、高效地为其应为。有意回忆行为、事件的细节、过程等,强化过去的积极体验;主动参与多种活动,创造机会积累积极体验,为培养良好心态提供动力源。

② 进行积极认知。对每一个行为、情境、事件等都可以做多角度、多层次的认知,如果不仅考虑问题解决,而且考虑个体心态,那么寻找积极因素、进行积极归因则极为有利。如:努力寻找行为的积极动机、事件的过程价值、结果中的有利方面……,能为积极心态的建立奠定基础。

③ 创造积极价值。选择适合的情境、做出适当的行为、呈现适度的反应、实现良好的结果,如此多次经历后个体的自我价值感会得到增强,自尊感增强,已有的自我实现的高峰体验促使个体步入更多追求自我实现的需要获得满足的良性循环。

④ 塑造积极人格。积极心态的创建和维持不仅依赖于适度追求、积极认知、适当反应,还受制于个体独特的、稳定的精神整体,因此个体有必要在全面、正确认知的基础上,在适合的价值系统统领下,有意进行长期一贯的追求和训练,习惯化于身心灵一致的感受和表达,塑造健全而积极的人格,呈现积极心态,获得和感受更多成功、快乐。

(5) 鼓励建立良好的人际关系

良好的人际关系在自知、知人、适宜互动中建立、维持和发展,自知方能自控,知人方能适宜互动,从而进行有效的关系调控。

情绪智力的五大能力为:了解自己情绪的能力;控制自己情绪的能力;自我激励的能力;了解他人情绪的能力;维系良好人际关系的能力。以上五大能力可以概括为自我调控力和人际调控力。提升后者需要做到以下几个方面:

① 察言观色。表情反映情绪,善于察言观色便是善于觉察情绪,也只有善于觉察

---

① 卢家楣. 心理学[M]. 上海:人民出版社,2001.

别人的需要,才有可能做到言行举止得体适宜,受人欢迎。

② 换位共情。每个人的思维都摆脱不了自我中心性,只有有意地训练从多个角度思考、多从别人角度思考,有助于降低自我中心性,做到换位思考,才有可能产生一体感,建立真正的共情。高共情容易建立亲近的关系。

③ 友善尊重。当与别人看法一致、利益一致时,以上两点相对容易做到,难的是看法、利益不一致甚至冲突时,还能友善地理解、谅解和尊重别人,这需要高远的视野、宽广的胸怀,如果难以做到的事我们还能做到,则更有可能获得深厚的情谊。

王晓钧等运用文献研究法对情绪智力理论提出后22年以来的国内外情绪智力文献进行系统研究,研究发现,"迅速普及,无限炒作"是情绪智力应用研究的特点之一;研究还发现:情绪智力研究文献数量在9大领域的排名依次为:管理、临床与健康、教育与发展。这结果从另一个侧面也反映了民众对于情商、情绪智力相关内容的强烈需求。管理人员、教师、医生、学生应更加密切关注相关内容,市场上有很多高价培训商品,而商业操作中的重大缺陷可能是忽略非智力因素中对人的素质及其发展起统领作用的价值系统的功能,单纯训练技能技巧,导致事倍功半或南辕北辙的效果。因此,有学者认为,高情商、好的情绪智力不是圆滑世故,而是在方向正确、"三观"一致、互利共赢基础上的设身处地、感同身受、换位思考、换位体验、共情同情的能力。关于情绪智力的研究在不断的完善中,提升个体情绪智力的工作也无止境。

拓展阅读

情绪智力问卷EIS中文版(王才康,2002)①

亲爱的同学:请你仔细阅读每一个句子,然后根据你的实际情况,在句子后面相应的数字上打"×"。数字代表对你来说,这个句子是否符合的程度,具体如下:

①—很不符合;②—较不符合;③—不清楚;④—较符合;⑤—很符合。

谢谢你的合作!

1. 我知道与别人谈论问题的恰当时机　①②③④⑤
2. 我遇到困难时会想起以前遇到并解决同样困难的时候　①②③④⑤
3. 我希望我能做好我想做的大多数的事情　①②③④⑤
4. 别人觉得我很容易信赖　①②③④⑤
5. 我发觉我很难理解别人的身体语言　①②③④⑤
6. 人生中的一些变故改变了我的世界观　①②③④⑤
7. 心境好的时候我就会看到新的希望　①②③④⑤
8. 情绪是决定我们生活有意义的重要因素　①②③④⑤
9. 我能清楚意识到自己每一刻的情绪　①②③④⑤
10. 我盼望能事事如意　①②③④⑤

---

① 王晓娟.大学生情绪智力问卷编制及调查[D].上海师范大学,2005.

11. 我喜欢与别人分享自己的情感　①②③④⑤
12. 情绪好的时候,我会想方设法使它延长一些　①②③④⑤
13. 安排有关事情,我尽量使别人感到满意　①②③④⑤
14. 我喜欢做能使自己感到高兴的事情　①②③④⑤
15. 我很清楚我传递给别人的非语言信息　①②③④⑤
16. 我尽量做得好一些,使别人对我的印象好一点　①②③④⑤
17. 我能察言观色辨别别人的情绪　①②③④⑤
18. 心境好的时候解决有关问题容易一些　①②③④⑤
19. 我知道我为什么情绪不好　①②③④⑤
20. 心境好的时候新异的想法就会多一些　①②③④⑤
21. 我能控制自己的情绪　①②③④⑤
22. 我很清楚自己某一刻的情绪　①②③④⑤
23. 工作时我会想象自己即将取得好成绩,来激励自己　①②③④⑤
24. 发现别人在某一方面做得很好,我会称赞他　①②③④⑤
25. 我能理解别人传递给我的非语言信息　①②③④⑤
26. 当别人告诉我他人生中经历的某件重大事件时,我感觉好像发生在自己身上一样　①②③④⑤
27. 心境变好时新颖的思想会大量涌现　①②③④⑤
28. 遇到困难时一旦想到会失败,我就会退却　①②③④⑤
29. 只要瞟一眼,我就能知道别人的情绪好坏　①②③④⑤
30. 当别人消沉时我能帮助他,使他感觉好一些　①②③④⑤
31. 良好的心境有助于面对困难的挑战　①②③④⑤
32. 我能通过别人讲话的语调判断他当时的情绪　①②③④⑤
33. 我很难理解别人的想法和感受　①②③④⑤

声明:本量表是华南师大王才康老师修订的,如需使用请征得王老师的同意,谢谢合作!

研究动态

情绪、情感的研究与应用越来越受到重视,将情感规律运用于学科教学的研究很多,从重视智商到并重情商的社会现象,对全面提升个体心理素质、提高个体生活质量、增进社会和谐有重要意义。

关于情绪、情感的研究和应用有以下需求和趋势:

1. 需要对情绪、情感做进一步深入、系统的研究,丰富、完善基础理论,整体提高基础理论水平。

2. 探索将情绪、情感理论熟练应用于教育、教学实践的模式。
3. 探索促进乐学与乐教机制,提高教育、教学效益。
4. 利用情绪规律切实增进个体幸福感、提高群体和谐度。
5. 加强对情商、乐商等的实证性研究,提高测量工具的信度、效度。
6. 探究智商、情商、乐商、创造力之间的关系,提升创造力。

(一)名词解释

1. 情绪 2. 情感 3. 心境 4. 激情 5. 应激 6. 理智感 7. 道德感 8. 美感 9. 情商 10. 情绪智力(情感智力)

(二)简答题

1. 简述情绪、情感的关系。
2. 简述认识过程与情感过程的关系。
3. 简述情绪原理对自我情绪调控的启发。

(三)论述题

1. 怎样运用情感原理进行教育、教学?
2. 怎样运用情感原理进行自我教育?
3. 联系实际说明观察的特性及观察力的培养。

[1] 彭聘龄. 普通心理学[M]. 北京:北京师范大学出版社,2004.

[2] 孟昭兰. 情绪心理学[M]. 北京:北京大学出版社出版,2005.

[3] 莫雷. 20世纪心理学名家名著[M]. 广州:广东高等教育出版社,2002.

[4] 耿文秀,查波译. 情感智商[M]. 上海:上海科学技术出版社,1998.

[5] 田昕承. 大学生幽默感、情绪智力与其心理健康的关系研究[D]. 广西师范大学,2015.

[6] 李铭芳. 情绪智力培养的实验研究[D]. 山东师范大学,2012.

[7] 黄玄清. 哈佛情商[M]. 北京:中国妇女出版社,2006.

[8] 谭春虹. EQ情商[M]. 北京:海潮出版社,2005.

[9] 张向葵,桑标. 发展心理学[M]. 北京:教育科学出版社,2012.

[10] 陈家麟. 学校心理教育[M]. 北京:教育科学出版社,1995.

[11] 吴庆麟. 教育心理学——献给教师的书[M]. 上海:华东师范大学出版社,2010.

[12] 爱课程网:http://www.icourses.cn/coursestatic/course_6583.html.

第七章
儿童意志发展与意商提升

> 学习目标：
> 1. 识记意志的概念与意志的特性。
> 2. 了解意志品质与意志的心理过程。
> 3. 理解儿童意志发展的特点。
> 4. 掌握儿童意商提升的方法与策略。

人作为万物之灵，每天都有很多问题需要解决，需要不断地思考来认识和改造这纷繁复杂的客观世界。但人们在认识世界和改造世界的过程中，无不经历过多次的失败和挫折，无不要同旧的观念和传统习惯势力进行长期的斗争，无不需要克服来自多方面的（包括认识者自身的）困难和障碍，因此，也就必然离不开意志的支持。本章将在介绍意志的概念、特性、品质以及儿童意志发展的特点的基础上，阐述培养儿童良好的意志品质、提升儿童意商的方法与策略。

第一节 意志概述

一、意志的概念

意志是人自觉地确定目的，并依据目的来支配、调节行动，克服困难，实现预定目的的心理过程。

意志是人的意识能动性的集中表现，是人类特有的心理现象。它在个体主动地变革现实的行动中表现出来，对行为（包括外部动作和内部心理状态）有发动、坚持和制止、改变等方面的控制调节作用。动物也与环境相互作用，有些高等动物甚至有某种带目的性的行为，但是从根本上说，动物的行为不能达到自觉意识的水平。尽管它的动作可能十分精巧，但它却不可能意识到自己行为的目的和后果。因此动物的行为是盲目的，是"无意地发生的，而且对于动物本身来说是偶然的事情"[①]。然而人类的活动则完全不同，它是有意识、有目的、有计划地实现的，并且"人离开动物愈远，他们对自然界的作用就愈带有经过思考的、有计划的、向着一定的和事先知道的目标前进的特征"[②]。个体在从事活动之前，活动的结果已经作为行动的目的而观念地存在于他的头脑中，他以这个目的来指引自己的行动，"把它当作规律来规定他的行动的式样和方法，使他的意志从属于这个目的"[③]。没有自觉的目的，就失去了有意识地改造世界的前提。因此，只有人类才能在自然界里打上自己意志的印记。人的目的是主观的、观念的东西。主观要见之于客观，观念要变为现实，必须付诸行动，付诸实际动作。如果说，认知是外部刺激向内部意识事实的转化，那么意志就是内部意识事实向外部动作的转化。这后一个转化，常常会遇到种种内部和外部的困难，要克服这些困难，就不能不对自己的活动和行为进行自觉的组织，就不能不进行自我调节。一般而言，困难可以分为外部困难和内部困难，并且外部困难是通过内部困难起作用的。举起10公斤的重物行走一段路程，对于一个手无缚鸡之力的病弱之躯，是一项艰难的任务，需要他做出相当大的意志努力；但对一位健壮的举重冠军来说，则不足以检验他的意志力。

意志对行为执行有两种功能，即激励功能和抑制功能。前者在于推动个体去从事达到预定目的所必需的行动，后者在于制止不符合预定目的的行动。意志的这两项功能在实际活动中是统一的，例如，有了利用业余时间学好外语的决心，这种决心就一方面推动个体去进行外语学习活动，另一方面又抑制那些可能干扰其学好外语的其他活动。

意志不仅组织、调节外部动作，还可以组织、调节人的心理状态。当学生排除外界干扰，把注意集中于完成作业时，就存在着意志对注意、思维等认识活动的组织和调节；当人在危急、险恶的情境中，克服内心的恐惧和慌乱，强使自己保持镇定时，就表现出意志对情绪状态的组织和调节。意志行为的特殊表现之一是所谓的冒险行为，冒险是在主体活动结果具有不确定性以及对活动失败招致的不利后果有所预计的条件下的一种活动特征。因此一个人为了理想或道义上的理由，是否敢从事冒险行为，他能承担多大的风险，从一个侧面鲜明地表现出他的意志力。在社会生活中，机遇常常伴随着风险。人类古往今来的许多伟大的发明和发现，许多丰功伟绩的建树，都曾经历过种种骇人的艰险。人类迎接、承受和战胜无数风险的历程，闪烁着巨大意志力量的光辉。

---

① 马克思恩格斯全集(第3卷)[M].北京:人民出版社,1972:516.
② 马克思恩格斯全集(第3卷)[M].北京:人民出版社,1972:516.
③ 马克思.资本论(第1卷)[M].北京:人民出版社,1963:172.

拓展阅读

意志对于人的事业成功不可或缺，这已被历史上无数杰出人物的故事所证实，中外许多思想家都有关于加强意志培养和锻炼的言论。孟子就主张培养"富贵不能淫，贫贱不能移，威武不能屈"的人，认为"天将降大任于斯人也，必先苦其心志，劳其筋骨，饿其体肤，空乏其身，行拂乱其所为，所以动心忍性，曾益其所不能"。马克思说："在科学上没有平坦的大道，只有不畏劳苦沿着陡峭山路攀登的人，才有希望到达光辉的顶点"。相对认识世界而言，改造世界的困难更大，障碍更多，因此更需要付出代价，更需要意志的努力。毛泽东在青年时代就指出："夫力拔山气盖世，猛烈而已；不斩楼兰誓不还，不畏而已；化家为国，敢为而已；八年于外，三过其门而不入，耐久而已。""猛烈、不畏、敢为、耐久"，"皆意志之事"。因此，他说："意志也者，固人生事业之先驱也"。国外也有许多旨在增强儿童耐性、韧性的"艰苦教育"、"挫折教育"的学校与主张。

在英国伦敦以西32公里郊区，有一所建于1440年的著名公学，叫伊登公学。该校有良好的实验室、图书馆设施和师资，但其办学特点就是对学生要求极其严格，学生基本上过着军营式的生活，从清晨五点到晚上八点，全部安排上课、自习、体育和文娱等集体活动，食宿条件比较差，据说这么做的目的就是为了磨炼学生的意志。几个世纪以来，这所学校的毕业生中出现了许多杰出人才。法国的传记大师安德烈·莫洛亚也认为：学校无情便是德，企图用现代的生活方式取悦于孩子们，并以此笼络，是倒行逆施。他还认为思想的形成，首先是意志的形成。意志的形成，也有助于世界观的形成，两者之间，互为因果。

二、意志的特性

（一）相对自由性

关于人的意志的本质，长期以来在心理学、哲学乃至生理学家中存在着激烈的争论。争论的焦点是人类究竟有没有所谓的"意志自由"。

西方行为主义心理学完全否认意志的存在。它把人的行为归结为"刺激—反应"（S-R）的简单公式，认为人的反应是机械地被外界刺激物所决定的。因此它不但否认意志，而且根本否认人的意识。

事实上，人的行为有高度的自主性。就一定条件下的具体行动而言，它的确是受个人的主观意愿所左右的。面临同样的情境，人可以产生这样的动机，也可以产生那样的动机；可以采取这个行动，也可以采取那个行动。也就是说，人的行为不是被动地、单纯地受外部情境所决定的，它也受主体内部意识状态的调节，而这种调节，正是意志活动存在的证明，是人的意志具有自由性的证明。

唯心主义者从另一个极端片面夸大"意志自由"，把意志看成一种独立于客观现实的、纯粹的"精神力量"，看成一种超越于物质之上并不受客观规律制约的"自我"的表现。19世纪的德国哲学家尼采(F. Nietzsche)和叔本华(A. Schopenhauer)就宣扬过唯意志论,鼓吹人的自由意志主宰一切。19世纪末和20世纪初的英国心理学家麦独孤(McDougall)断言,人的行为是由一种内在的"驱力"所决定的,而这种驱力是基于机体的神秘的本能。当代著名的澳大利亚神经生理学家、诺贝尔奖获得者艾克尔斯(Eccles)也把人的意识和大脑看作两个彼此独立的实体,他认为"脑从意识精神那里接收到一个意志动作,转过来脑又把意识经验传给精神",意识精神、意志是"第一性的实在",其他一切事物是派生的,是"第二性的实在"。在他看来,既然意志是第一性的实在,意志的自由当然也就是不受任何物质因素所制约的了,这种意志观同样是错误的。意志是决定人的活动的直接原因,但不是终极原因。意志受人的目的所指引,受人的动机所推动,但目的和动机是由人的需要所决定的,而人的需要最终必须受制于物质世界的因果制约性。恩格斯在驳斥意志自由论时曾经指出:"自由不在于幻想中摆脱自然规律而独立,而在于认识这些规律,从而能够有计划地使自然规律为一定的目的服务。因此,意志自由只是借助于对事物的认识来做出决定的那种能力。"①恩格斯的这一论断,既指出了意志自由的存在,又对意志自由的本质做出了科学的解释和严格的限定。概言之,意志自由只是人对必然的认识和在行动中对必然的驾驭。

由此可见,在个人的心理活动中,意志是自由的,又是不自由的。说它是自由的,是因为在一定条件下,人可以按照他的意愿自主地、能动地确立目的、发动或制止某个行动、选择行动方式;说它是不自由的,是因为人的一切行动都必须服从客观规律和人对客观规律的认识,否则就会在实践中碰壁。因此,在相对的、有条件的意义上,意志是自由的;在绝对的、归根结底的意义上,意志又是不自由的。

(二) 社会制约性

动物没有意志,意志是人所特有的心理现象,它是在漫长的从猿到人的进化历程中,随着人类的产生而产生的。人的意志发生的源泉不在机体内部,而在社会劳动之中,社会劳动给意志活动的产生提出了需要并提供了可能。

劳动是有目的、有计划的活动。人类最初在求生需要的驱策下从事萌芽形式的劳动过程中,逐渐形成行动的目的,并学会使自己的行动服从于既定的目的。劳动一开始就是社会性的协同活动。劳动的社会性是意志形成和发展的基础。人类的祖先在通过社会劳动来满足个人的需要时,还必须根据社会的要求,为满足整个社会的需要而行动。这是因为他们在长期的生活实践中认识到,必须首先从事某些并非直接满足个人需要的行动,才有可能满足个人的需要。比如,他必须制造供别人使用的狩猎或捕鱼工具,别人使用这些工具去获得食物,然后才能供他果腹。这种行动服从某种社会性的间接目的的情形,是意志产生的起点和基础。抑制个人的意愿和需求,忍受或克服个人生理上或心理上的困难,而使行动服从于既定目的、任务的能力就从这里形成和发展起来。

---

① 马克思恩格斯全集(第3卷)[M].北京:人民出版社,1972:153-156.

人的自觉目的的提出以及达到目的的计划和手段的拟定,都需要借助于语言作为工具,而语言也正是在社会劳动中才产生出来的。因此,意志是随着人类的形成,在行动和言语交际的基础上产生的。

从个体发展上看,意志产生的契机也是社会性的。初生婴儿无所谓意志活动,他们在与周围成人的交往中,最初学会根据成人的言语指令来调节自己的随意注意,而后又逐步学会按照成人的要求来支配自己的身体动作,再以后,随着儿童完成对言语的掌握和自我意识的发展,他才慢慢地能够依照自己的愿望和意图采取有目的的行动。意志是人所特有的心理现象,任何时代、社会制度和阶级的人都有"意志"这种心理活动形式。但是不同时代、不同社会制度和不同阶级的人,他们的意志的思想内容是不尽相同的,他们的动机和目的的思想内容也是不尽相同的。从这个意义上讲,意志也受社会历史条件的制约。

(三) 认识基础性

意志和认识过程有着极为密切的联系。

意志具有自觉的目的性,但人的任何目的都不是头脑里所固有的,也不是主观自生的,它是人过去和现在的认识活动的产物。目的虽是主观的东西,它的来源却是客观世界。人的行为目的不可能凭空产生,人确立这种或那种目的,归根结底取决于人的需要。而需要也是人对客观现实的反映,是通过人对自身需求的认识而形成的。物质需要是人对物质性需求的反映,精神需求则是人对一定社会物质文化生活的反映。因此,离开了认识过程,意志就无从产生。

人的行动目的,也不是任意提出的,它受到客观规律的制约。从主观方面看,只有当人确信他的愿望和目的符合于客观规律,具有实现的可能性时,他才有决心采取此项愿望和目的;从客观方面看,也只有当他的愿望和目的确实符合规律时,他的意志行动才能得到实现。因此列宁说:"人的目的是客观世界所产生的,是以它为前提的。"[①]人只有认识了客观世界的规律,认识了人自身的需要和客观规律间的关系,才能提出和确立合理的目的。

实现意志活动需要有行动的手段。关于行动手段的知识和技能,也是通过认识活动而获得的。个体的认识愈是丰富和深入,他所积累的有关知识和技能愈多,他在意志活动中对行动手段的采取和运用才愈是顺利和有效。

在实现每一项具体的意志行动的时候,为了确立目的和选择手段,通常要审度客观的形势,分析现实的条件,回顾以往的经验,设想未来的前景,拟定种种方案,编制行动计划,并对这一切进行反复的权衡和斟酌,这就必须依赖感知、记忆、想象、思维的过程。这些过程实际上构成意志活动的理智成分。因此,离开了认识过程,就不会有意志活动。

另一方面,意志也给认识过程以巨大影响。首先,人对外部世界的认识,是有目的、

---

① 列宁. 哲学笔记[M]. 北京:人民出版社,1956:174.

有计划并需克服各种困难的过程,诸如,观察活动的组织、随意注意的维持、随意识记的进行、创造性想象的实现、解决问题的思维活动的展开等,都离不开人的意志努力,即离不开意志过程;其次,人对客观世界的认识,是在变革事物的过程中完成的,而一切变革现实的实践活动都是意志行动,都必须受意志过程的支配和调节。所以,没有意志,也不会有深入的、完全的认识活动。

心理学有关习得性无助的研究,似乎从反面证明了人对自己行为结果的认识,会制约其意志行为的表现。赛利格曼(Seligman)等于60年代末发现,狗在连续多次遭受电击而无法躲避的情形下,会产生一种反应,即在即使可以躲避时也不再躲避而听任电击,这就是所谓习得性无助的现象。70年代中期,海若托(Hiroto)等以大学生作被试,把被试分成两组,令其在强噪音干扰的条件下进行作业。其中一组对这种干扰可以设法躲避,另一组则根本无从躲避。然后,当两组被试均被置于可躲避的条件下作业时,后一组被试很少试图去躲避噪音。这组被试在明显的有害刺激面前"认输"而不做努力,似乎表明了他们意志的消失,这种变化是基于他们对以前行为结果的认知而发生的。

(四) 情绪动力性

情绪可以成为意志的动力。当某种情感或情绪对人的一定行为起推动或支持作用时,就存在这种情形。例如,对祖国的热爱和对敌人的仇恨激励着人们去保卫祖国和消灭敌人。一个对所要达到的目标抱着漠然的冷淡态度的人,是难以表现出坚强的意志的。

情绪也可以成为意志的阻力。人在从事他所不乐意去干的活动时就发生这种情形。"不乐意"的情绪,对于这项活动而言是一种消极的体验,它妨碍着意志行动的贯彻,造成意志过程的内部困难。此外,人在完成某项他所热衷却又感到棘手的任务时,也可能发生这种情形。因为由外部困难所引起的消极的情绪体验(困惑、焦虑、彷徨、痛苦),也会动摇和蠹蚀人的意志。

由于意志本身执行着组织和调节功能,因此,对某项意志行动起阻碍作用的情绪实际上与意志处于相互制约、此消彼长的关系之中。在这种情况下,意志行动最终是否得到体现,取决于各种主客观条件。就人的内部条件来说,主要取决于意志和消极情绪之间的力量对比:意志力薄弱而消极情绪强烈,会导致意志行动半途而废;感觉困难巨大,但目标实现的快乐驱动力也很大,可能促使个体克服困难,实现目标;意志坚强则可克服不利情绪的干扰,使行动贯彻始终;意志坚强且目标实现的快乐驱动力大,目标实现的可能性最大。

意志对情绪的影响,有时还表现为对情绪的直接控制。如果一个遭遇不幸而陷于哀伤心境的演员,为了不妨碍本职工作,在舞台上仍能成功地扮演喜剧角色,那么他就是凭借意志的力量,抑制了一种情绪而激发了另一种情绪。

平时人们所说的"理智与情感的冲突",其实也是意志与情感的冲突;所谓"理智对情感的驾驭",其实是意志遵循理智的要求而出现的对情感的驾驭。认识过程本身并不具有直接控制情感的功能,控制是由意志来完成的。所谓"理智战胜情感",是指意志的力量根据理智的认识克服了与理智相矛盾的情感;而"情感战胜理智",是指意志力不足以抑制情绪的冲动而成为情绪的俘虏,背离了理智的方向。

意志的一个重要内容是自觉地确立目的。传统的观点认为,人在最理性的决策过程中,全然依赖思维活动而全无情绪的参与。但神经病学家戴马修(A. Damasio)提出,理性的决策不可没有情绪的参与。他发现前额叶和作为情绪之源的杏仁核之间的通道受损的病人,尽管其认知能力和智商并不降低,但决策能力却严重减损,这类病人无论在事业上还是生活中,均表现出决策水平的低下,甚至连决策小小的约会都令他们倍感困惑。在戴马修看来,个体在生活历程中积累起来的情绪经验,在决策过程伊始就指引着他排列、集合所有的可能性,权衡取舍,以便做出最佳选择。而人所经历的事件的情绪色彩的储存,是离不开杏仁核的功能的。一旦新皮层前额叶同杏仁核之间的通道受损,关于情绪体验的记忆就难以激活。在这种情形下,纵使新皮层如何深思熟虑,也无法引起同以往的经验相关的情绪体验,于是他对一切事物都变得淡然、漠然,如此他又将如何朝确定的方向去决策他的行为呢?

总之,认识、情感和意志是密切联系、彼此渗透着的。发生在实际生活中的同一心理活动,通常既是认识的,又是情感的,也是意志的。任何意志过程总包含理智成分和或多或少的情绪成分,而理智和情感过程也包含意志成分。实际上并不存在纯粹的、不与任何认识和情绪过程相关的意志过程。因此,不能把意志仅仅归结为反映活动的效应环节,而应看作完整反映活动的一个方面。研究意志,就是研究统一的心理活动的意志方面。

三、意志的品质

无论心理学者研究意志,还是学生学习关于意志的知识,归根结底,都是为了培养和发展个体良好的意志品质。意志品质,也从一个侧面反映出意志现象的某种规律性。

(一) 自觉性

意志的自觉性是指个体自觉地确定行动目的,并独立自主地采取决定和执行决定,这反映了一个人在活动中坚定的立场和始终如一的追求目标。它贯穿于意志行动的始终,也是意志行动进行和发展的重要动力。具有自觉性的人,在行动中既能坚持独立性,不轻易受外界影响,又能不骄不躁,虚心听取有益的意见。

与自觉性相反的表现是易受暗示和独断。易受暗示指缺乏主见,人云亦云,没有独立的见解和敢为天下先的勇气,为人处事易受他人影响,表现出过多的屈从和盲从,这是意志薄弱的表现。具有这种性格的人,难以充分发挥自己的智慧和个性,工作中难以体现应有的独创性。独断指个体容易从主观出发,一意孤行,刚愎自用,听不进中肯的意见和合理的建议。历史上的"马谡失街亭"、"曹操走华容"、"楚霸王四面楚歌",都是独断专行造成的后果。意志品质的自觉性应该是以冷静的理性思考为基础,为了实现预定目的,既坚持正确的决策,不为他人所动,又能及时听取合理化建议,修正不合理的地方。

（二）果断性

果断性是指善于在复杂的情境中迅速而有效地采取决定，一经采取决定，及时地投入行动。欲求事业成功，把握时机是重要的；时机又是变化的、稍纵即逝的，只有处事果断，才能抓住有利的时机。果断的意义，在军事指挥员身上表现得尤其突出。战场形势错综复杂，瞬息万变；形势的复杂需要进行细致、缜密的分析研究，形势的多变需要决断迅速及时。因此，战斗的胜负不仅取决于指挥员决策的正确与否，而且取决于决策的及时与否；即使是正确的军事布置，如果在时间上延迟、耽误，也可能导致失败。与果断性相反的特征有两种，一种是优柔寡断，优柔者每遇抉择，总是犹豫不决，摇摆不定，动机斗争没完没了，难以做出最终的选择；好不容易做了个决定，又迟迟不付诸行动，生怕走错步子而后悔。这种人的智慧水平可能不低，但因其太缺乏行动性，结果限制了他的才能发挥。莎士比亚（W. Shakespeare）笔下的哈姆雷特头脑清醒，感觉敏锐，感情丰富，但由于他太过分地耽于思索而怯于行动，结果错失多次良机，终难实现替父报仇的夙愿。

果断的另一对立面是鲁莽。鲁莽者办事倒也很少迟疑，说干就干，他的行动快则快矣，却不善于事前做周密考虑和斟酌，结果多半成事不足、败事有余。所以避免鲁莽，需要深思熟虑；避免优柔寡断，需要当机立断。

（三）坚韧性

人生是一个漫长的过程，实现人生总目标，需要数十年的奋斗。长时期地向着既定的目标奋进、拼搏，必须要有坚韧的意志。鲁迅在"风雨如磐"的旧社会，特别强调要坚持"韧性的战斗"。韧性的战斗要求坚韧的意志品质，老一辈卓有成就的革命家、科学家、文艺家之所以取得成功，除了他们的才能之外，无一例外地都具有一个共同的心理条件，即意志的高度坚韧性。正是这种坚韧性，使他们数十年如一日地克服种种艰难险阻，百折不挠地向前进取。大目标是由一系列小目标积累而成的。有些小目标的实现，也需假以时日，不可能一蹴而就。青年人的冬季长跑锻炼就考验着人的意志坚韧性：寒冬腊月，清晨起床，温暖舒适的被窝首先会拖住你；起得床来室外寒风刺骨，就会使你退缩；跑步既久，双腿疲软，生理上产生劳累，时时让你想停下步来；跑步动作本身就是单调的，并无什么引人入胜之处，倘再逢上临考期间，时间紧迫，更会使你产生"算了吧，今天就免掉一次"的念头……凡此种种，都是干扰你行动的不利因素，你都能抗拒吗？今天能熬过去，还有明天；日复一日，月复一月，你能长久坚持下去吗？只有持之以恒，风雨无阻，经年不辍，你才是胜利者。而你夺取胜利的保证，就是你的坚强意志，是你意志的坚韧性。可见意志的坚韧性就体现在善于长久地坚持业已开始符合目的的行动，做到锲而不舍，有始有终；善于抵御不符合行动的目的的种种主客观诱因的干扰，做到千纷百扰，不为所动。不论前进道路上如何困难重重，决不放弃对目的的执着追求；不论行动过程中如何枝节横生，总是心无旁骛，不达目的，决不罢休。

意志的坚韧性既不同于动摇，也不同于执拗。动摇的人，也可能开始某种壮举，并显得决心不小,虎气十足;但一旦遭遇挫折,就知难而退,或者以某种借口原谅自己,甚至怀疑当初所做决定的必要性和可行性。这种人办事常显出"三分钟的热度","三天打鱼,两天晒网",结果是虎头蛇尾。至于性格执拗者,其特点是只能刻板地依照一成不变的计划行事,不能敏锐地觉察情势的变化,不善于及时根据新情况,相应地对行动方式乃至行动目的做出修正,并相应地改变自己的行为。良好的意志品质,不仅表现于支持贯彻既定的决定,而且也表现于必要时善于当机立断地改变旧的决定,采取新的决定。顽固、执拗、一意孤行、我行我素,也是意志薄弱的特征。

(四) 自制性

人不但是客观现实的主人,也应是自己的主人。此话听起来理所当然,做起来却很不容易。做自己的主人,意味着根据正确的原则指挥自己,控制自己。人的各种愿望和冲动并不都是合理的;合理的欲望和冲动在一定条件下也不一定是适当的。人生活在社会环境中,生活在同他人的相互关系之中,个人利益和愿望同社会利益和他人的愿望时时发生矛盾。有时,个人的一时冲动和愿望同他本人的根本利益也会存在矛盾。有时,个人必须依据社会的规范来约束自己的行动,必须根据自己的根本利益来调节自己的行动。

《普通一兵》主人公马特洛索夫信奉一句格言:"去做自己应该做的事,不做自己想做的事。"实践这句话的过程,就是考验人的自制力的过程。

自制性表现为发动行动和抑制行动两个相联系的方面。也就是说,一方面克服外部困难或某种内部动机的干扰,强迫抑制自己的某种行动;另一方面,在内外干扰的条件下,发动和维持某种行动。抑制自己的行动,就是"不做想做的事"。学生在课堂上遵守纪律,在公共场所遵守规章,身患疾病时遵守医嘱忌食自己喜爱的食物等,都是自制力的表现。

在存在外部困难和某种内部动机的干扰下,发动和维持自己的行动,就是"去做应做的事"。例如,暑假里的一天,某学生按计划该完成暑假作业,但是那天天气炎热难耐,或他觉得疲乏,想休息一下,或他被当晚电视节目所吸引,或有好朋友约他出去听精彩的音乐会,如果他想到计划必须如期完成,他会坐在桌子边完成作业,他靠的就是自制的力量。

自制性还表现在对情绪反应的控制上。情绪是会直接影响人的行为的,因此,对情绪的有效控制,也间接地调节着人的行动。突然遇到危险,人往往产生恐惧,甚至惊慌失措。但呆若木鸡也好,手忙脚乱也好,不但无助于应付险情,反会使当事者遭殃。只有临危不惧、镇定自若,从而情急生智,思考对策,才可能化险为夷,而做到这一点,就需要有自制力。

> **拓展阅读**
>
> 我国英勇的烈士邱少云可作为自制性发挥的范例,在一次战斗中,他奉命隐蔽在阵地上,炮火烧着了他的衣服。按照美国心理学家马斯洛的"需要层次理论",当人的基本"安全需要"受到威胁时,必然会奋起灭火自救。但是邱少云为了不在敌人面前暴露目标,强忍着剧痛的煎熬,一动也不动,直到被火焰夺去生命,这是为了事业,为了战局的利益,表现出了高度自制性。这一事例有力地证明,一个人的高尚而强烈的社会性动机可以在多大的程度上制约和克服生理动机,从而显示出令人惊叹的意志力量。

四、意志行动的心理过程

意志总是通过一系列具体行动表现出来的。受意志组织和控制的行动,就是意志行动。研究意志行动,主要是分析行动的心理学方面,即心理对行动的组织和调节过程。意志行动的心理过程分为两个阶段,即采取决定阶段和执行决定阶段。

采取决定阶段是意志行动的开始阶段,它决定意志行动的方向,规定未来意志行动的轨道,因此是完成意志行动之重要的、不可缺少的开端;执行决定阶段是意志行动的完成阶段,在这个阶段里,人的主观目的转化为客观结果,观念的东西转化为实际行动,实现对客观世界的改造。

(一) 采取决定阶段

决定的采取并不是刹那间就完成的,它是一个过程,有着丰富的心理学内容,体现出人的意志品质。决定的采取,包括行动目的的确立、动机冲突的解决和行动计划的制定等环节。

1. 行动目的的确立

行动目的在意志活动中起着极其重要的作用。行动目的意义越大、越具体可行,则由行动目的所引起的行动毅力也会越强,对意志活动的完成越具有推动作用。个体通常面临着不止一个,而是几个可供选择的目的,他必须根据每个目的意义和价值,考虑其必要性,并根据主观和客观的条件,考虑其实现的可能性。如果每一种目的都有吸引人之处,都有某种必要性和可能性,个体就会发生心理上的冲突、引起内部困难,在不同目的之间举棋不定。各个行动目的的诱人程度越是强烈而相近,这种冲突就越尖锐,做出抉择也就越困难。有时目的本身在客观性质上并不矛盾,但是不可能在同一时刻实现,也需要主体进行比较,权衡其轻重缓急,做出先后或主次的安排。

2. 动机冲突的解决

在采取决定过程中出现心理冲突的现象是很常见的,这种心理冲突也称为"动机冲突",是指一个人在某种活动中,同时存在着一个或数个所欲求的目标,或存在两个或两个以上互相排斥的动机,当处于相互矛盾的状态时,个体难以决定取舍,行动上会犹豫不决,它是造成挫折和心理应激的一个重要原因。勒温按趋避行为将动机冲突分为四

种基本类型:

(1) 双趋冲突

双趋冲突指两种对个体都具有吸引力的目标同时出现,形成强度相同的两个动机。由于条件限制,只能选择其中的一个目标,此时个体往往会表现出难于取舍的矛盾心理,这就是双趋冲突。"鱼与熊掌不可兼得"就是双趋冲突的真实写照。

(2) 双避冲突

这是指两个对个体都具有威胁性的目标同时出现,使个体对这两个目标均产生逃避动机,但由于条件和环境的限制,必须选择其中一个目标,这种选择时的心理冲突称之为"双避冲突"。"前遇大河,后有追兵"正是这种处境的表现。

(3) 趋避冲突

趋避冲突指某一事物对个体同时具有利与弊的双重意义时,会使人产生两种动机态度:一方面好而趋之,另一方面则恶而远之。所谓"想吃鱼又怕鱼刺"就是这种冲突的表现。

(4) 多重趋避冲突

在实际生活中,人们的趋避冲突常常表现出一种更复杂的形式,即人们面对着两个或两个以上的目标,而每个目标又分别具有吸引和排斥两方面的作用。人们无法简单地选择一个目标,而回避或拒绝另一个目标,由此引起的冲突称为多重趋避冲突。

在现实生活中,一个人常常遇到各种动机冲突。如果对动机冲突不能很好地处理,就会产生强烈的消极情绪,并陷入困惑和苦闷之中,甚至颓废和绝望,无力自拔。动机冲突不但影响人的正常工作和学习的积极性,还会给人的身心健康带来严重的威胁,甚至使人的精神状态趋于崩溃,乃至行为失常。因此,当个体面临动机冲突的时候,需要做出判断和决策,凭借意志努力,解决动机冲突问题。

3. 行动计划的制定

在解决了动机冲突并确立了行动目的之后,就需要选择达到目的的手段、方法和策略,制定行动计划。手段、方法和策略的选择是否合理,计划制定得是否详细和得当,对行动目的能否顺利实现影响极大。切实可行的手段、方法和策略,详细周密的行动计划能够使行动事半功倍,否则,就会事倍功半,甚至导致行动的失败。

(二) 执行决定阶段

决定一经采取之后,决定的执行便是意志行动实现的关键阶段。因为即使行动的动机再高尚,行动的目的再美好,行动的计划再完善,如果不付诸实际行动,这一切也就失去意义,不再能构成意志行动。

执行决定,常要求付出更大的意志努力。这是由于:第一,执行决定的行动要求巨大的智力或体力付出,并要求忍受由行动或行动环境带来的种种不愉快的体验。例如坚持冬季户外长跑,要战胜气候严寒和生理疲劳,做科学研究要求艰苦而持久的思维探索;第二,积极而有效的行动,要求克服人的个性中原有的消极品质,如懈怠、保守、不良习惯等;第三,执行决定过程中,与既定目的不符合的各种动机还可能在思想上反复出现,诱使人的行动脱离预定的轨道;第四,行动中会出现意料之外的新情况、新问题,而主体可能又缺乏应付新情况、解决问题的现成手段,这也会造成人的行动受阻;第五,在行动尚未完成之时,还可能产生新的动机、新的目的和手段,它们会在心理上同既定目的发生竞争,从而干扰行动的进程。

所有这些都是妨碍意志行动贯彻到底的因素,要求个体做出意志的努力。这些困难的克服,取决于一系列条件。

坚定的信念和世界观是有效地克服困难的基本条件。信念和世界观是人的行动的一般准则,当人具有清晰的行动准则并坚信其正确时,才能坚决地同困难做斗争。

个体所提出的目的的性质,对于困难的克服有着重要意义。"伟大的目的产生伟大的毅力"。目的越重大,越崇高,就越能动员人的力量克服遇到的困难。但目的必须明确而适当。如果不具备实现的客观可能,则最终必然导致行动的半途而废。如果目的虽然可能达到,但过于遥远,对于意志不够坚强的人,常常成为影响行动坚持到底的原因。因此,为了培养意志,过高和过低的目的都是不可取的,它们不利于培养和锻炼人与困难做斗争的毅力。

第二节 儿童意志发展的特点

一般而言,意志品质是在生活中随年龄的不断增长而逐渐发展的,其中,在幼儿时期和小学低年级,一个人的自觉性就有一定的发展,但非常有限。自觉性是在小学高年级不断发展起来的,这时的主体能够自觉调节自己的行为,但需要受到他人的指导,自我独立性比较差;小学生从四年级开始,受到抽象的思维能力的影响,再加上此时的他们辨别是非的能力也逐渐发展,他们的果断性品质开始有所发展。到了中学,中学生的果断性品质进一步提升,并能根据一定的原则适时、果断地做出正确的决定;幼儿时期,人们的坚韧性已有了初步发展,能为达到较浅、较近的目的做出坚持行为,这种表现在游戏中尤为突出。随着父母和老师的不断教育和帮助,小学生逐渐地能克服一定的困难,努力坚持完成任务,到了中学阶段,他们便能认识行为目标的意义,自觉克服种种困难,坚持不懈地为达成自己的目标而努力;自制性是在小学初期学校的组织纪律要求下不断建立、发展起来的,同样是到了中学,人们控制和支配自己行为的能力才有了显著的提高。

拓展阅读

至今为止,尚未见到对儿童意志发展的系统研究和总结,但心理学工作者也进行了不懈的探索。

宋培东等人(2005)采用陈会昌编制的《意志品质自测问卷》,对山西省长治市的

6所中小学随机抽取9～18岁学生883人进行测试,结果表明:中小学意志品质的发展可以分为4个阶段:9～10岁的小学生因生理、心理发展不成熟,意志品质得分较低;11～12岁的小学生由于心理发展、身体发育和体育、劳动活动的锻炼,意志品质有了迅速发展;12～15岁中学生正值青春发育期,由于生理、心理发育中的动荡,学生的意志品质有所下降;16～18岁的学生进入青年时期,心理发展趋向成熟、稳定,意志品质又得到新的发展,达到最高水平。

杨珊(2015)调查了浙江高中生的意志品质后发现,女生在意志品质"自觉性"、"自制性"、"坚韧性"维度的得分略高于男生,但差异不显著,但男生在"果断性"维度上显著性高于女生,这是男女生性格差别使然。女生心细,考虑周全,办事认真,但爱瞻前顾后,容易感性;而男生做事干脆利落,勇敢坚强,但容易三分钟热度,自制力不够。李婉君(2011)对北京市初中生意志品质进行调查,结果类似,综合来看,女生在意志品质表现方面优于男生。

宋培东(2005)、杨珊(2015)等调查结果发现,乡镇中的高中生在意志品质总体得分、果断性、自觉性几个方面都显著优于城区中的学生。乡镇高中的学生多为农村的孩子,与城区中的独生子女相比生活中有更多的磨炼。农村中独生子女的家庭较少,多为两个或两个以上的孩子,父母无法对每个孩子照顾周全,这就需要孩子们自我照顾,自食其力,生活中的小事、杂事需要他们自己想办法解决;而城市中的孩子多为独生子女,事业忙的家庭会有保姆等照顾,很少需要孩子亲力亲为。

还有一些学者通过问卷调查、观察与分析等方法,调查了儿童意志品质总体的发展趋势以及各个年龄阶段意志品质的发展水平。比如,陈子丹(2014)认为,一年级小学生入学半年左右,是儿童生活发生重大转变的阶段:由以游戏为主导活动转向以学校学习为主导活动,在意志力上则由自控力为主转向意志品质全面发展的开端阶段。在各项意志品质上,陈子丹的研究显示约有45%的儿童发展较好,40%左右的儿童正处于过渡期,还有15%左右的儿童发展较差。具体而言,在能动性、自觉性、独立性、自制性、果断性上表现较差的儿童多一些。

意志品质的发展,也有一些具体的特点与趋势:

一、自觉性特点

意志自觉性特点,取决于个体的认识能力和自我意识的发展水平等因素。中学生的意志自觉性程度无疑与小学生有着显著的不同。但在中学生中,初中学生和高中学生的意志发展状况又有所区别。

初中生意志自觉性的特点,表现出其近景动机起着支配作用。比如,学习活动中,尽管教师经常对初中生们进行远大理想的教育,但他们对自己未来理想的规划还相当模糊,真正经常影响他们行为的是近因性动因。如不按时交作业,会遭到老师的批评;考试成绩如果不佳,会影响自己在班里的威信等。

高中生的自觉性则有了较大的发展。这首先表现在,他们的动机和目标不像初中生那样具有"近景"性。他们既有短期目标,又有较长远的目标。如不少学生的学习活动,不仅为教师近期教学要求所左右,而且受自己今后升大学的目标所指引,有的高中生甚至有比较明确的未来的职业定向。其次,高中生确立行动目的,比初中生有更强的独立性。比如,高中生对毕业后升大学所学专业的选择,往往不愿受家长的影响,有时会坚持自己的意愿,甚至与家长据理力争。

二、果断性特点

初中生同小学生相比,其自尊需要和独立倾向确实有巨大的进步,但初中生经常表现出口头上决心不小,甚至信誓旦旦,一到执行时,则犹豫拖沓,摇摆不定。那么初中生之易于表决心,是否能证明他们的果断性高?并不能。因为决定时的果断,是以对某项决定的合理性、可行性的充分估量为特征的,故初中生做出决定的轻易性恰恰是其果断性发展不足的反映。有人调查了某中学初一、初二两个年级的学生期中考试以后制定学习计划和放暑假前制定假期活动计划的情况,发现计划虽然订得容易,但结果有80%的学生根本未付诸实施,只有3%的学生执行了计划的一小部分。

刘明等人的研究表明,意志果断性的发展,从小学二年级到初中二年级并不显著,而到高一前后,才出现明显提高。这可能是同他们的认识能力,特别是思维的批判性和敏捷性品质的发展相联系的。

三、坚韧性特点

相对而言,初中生的坚韧性有了一定的发展,在完成学习任务或其他工作任务遇到困难时,更多比例的学生能够坚持,尤其是到了高中阶段,学习任务更加繁重,难度更高,对学生身体、心理的考验更大,绝大多数高中生都能够按照学习任务和教师的要求不懈努力、坚韧不拔地学习,完成各项任务,表现出良好的意志品质。

四、自制性特点

初中生的自制力,即自我约束的能力与小学生相比,有了质的提高。无论在课堂纪律的维持上,还是在课外活动中,都表现更多的自律能力。但初中生与高中生相比,又显示出一定的不足。

有项研究曾以学生在某项社会公益劳动(抄图书卡)中抵抗外部诱惑的程度为指标,研究小学生、初中生和高中生自制力发展的差别。这项研究把诱因首次出现后半小时之内离开活动场所定为一级水平,把诱因再次出现后半小时内离开定为二级水平,把自始至终坚持工作定为三级水平。结果表明,小学二年级到四年级有40%和32%分别在一级水平上,有55%处于二级水平,达到三级水平为数甚少;而初中生达到三级水平有多达一半以上(53%)(黄烃峰、雷雳,1993),至于高中生,达三级水平者更多,占61%(郑和钧、邓军华,1993)。

总之,青少年学生的意志品质是随年龄的增长而逐步发展的,并且存在着年龄差异

(傅安球等,1987)。中小学阶段,各种意志品质的发展速度,在小学时期相对较快,在中学时期相对缓慢(品德发展研究协调组,1986),而且,在小学低年级阶段发展最为迅速,中年级阶段发展较为平缓,高年级阶段又出现一个新的发展水平(傅安球等,1987)。各种意志品质的性别差异在中小学时期十分显著,特别是在完成单调工作时,均是女生优于男生(品德发展研究协调组,1986),这就为更有效地进行教育提供了心理学上的依据。

第三节 儿童意商的提升

一、意商概述

意商(Will Intelligence Quotient,简写成 WQ),就是意志商数,指一个人的意志品质水平,包括自觉性、果断性、坚韧性和自制性等方面。意商实质上是指对人的意志的一种量度,即对意志强弱水准的规定性。如能在学习和工作中具有不怕苦和累的顽强拼搏精神,就是高意商。

(一) 意商存在的理论根据

心理学上讲,人类的心理活动包括认知、情感和意志三个基本方面,即通常讲的知、情、意三要素。每个人的意识活动,都离不开知、情、意,由此可见人的心理素质也应包括认知素质(智力素质)、情感素质和意志素质,这三种素质分别反映出人对于事实的关系、价值的关系和实践的关系的认识能力。智力素质的高低即智商,情感素质的高低即情商,那么意志素质的高低就是意商,它往往取决于人对实践关系的主观反映(如计划、毅力等)与事实的吻合程度,主要考察人们的自觉性、果断性、坚韧性和自制性等。

(二) 意商存在的现实根据

人们通过日常生活的切身实践和体会反复证明,人类认识活动的三要素始终是相辅相成、密不可分的。人的认知不可能缺少情感和意志的参与;同样,也不存在缺少认知因素参与的情感或意志活动。无数的事实已证明,如果人的认知活动拥有坚强的意志和强烈的情感支持,那么其效率和效果都是十分令人满意的;反之,则会阻碍其认知活动的进行甚至会出现负面影响。因此意志素质较高的人往往能严格控制自己的各种活动,有效把握其强度、灵活性、发生的频率、波及的范围和对象等,并能很好地掌握自己的活动有可能产生的正面和负面作用,由此果断地做出行为决策。

二、提升儿童意商的意义

(一) 有利于儿童智商的发挥

"志不强者智不达,言不信者行不果",这是墨子的一句至理名言,它深刻地揭示了意商对智商充分发挥的保证作用。美国心理学家特尔曼从1921年开始对1 528名智力超常（他们的智商都在140分以上）的儿童进行大规模的追踪研究，前后长达50年。特尔曼对800名男性中成就最大的20%和成就最小的20%进行比较，结果发现：这两组人的差别主要在于他们的人格品质，特别是意志品质的差异。成就大的一组人在谨慎、进取心、自信心、不屈不挠、坚持性等意志品质上明显高于成就小的一组人，这就清楚地表明意商是智商充分发挥的坚强后盾。

在智慧活动中，人的智力因素要想发挥最大效能，必须有优良非理性因素的积极参与，其中意商的作用是功不可没的。一方面，意商对智力开发具有积极的作用。一般认为，7岁以后儿童的智商才相对稳定，当然，有些人以后还会增长。有研究发现，具有很强的忍受力和坚持力的儿童其智商增长较快；稍大一些儿童的智商增长则与强烈的成就动机关系密切。不管是忍受力、坚持力，还是成就动机，都与人的意商有着极为密切的联系。在一定程度上，一个人的智慧潜能能不能有效地转化为智慧行为，就要看这个人的意商状况如何。没有良好的意商，他的智慧潜能是不可能充分发挥出来的。另一方面，意商保证智商的充分发挥，著名文学家、诗人郭沫若曾经说过：形成天才的决定因素应该是勤奋。有几分勤学苦练，天资就能发挥几分。天资的充分发挥和个人的勤学苦练成正比，有十分天资的人加以勤学苦练，才可能使他的天资充分发挥。如果勤学苦练只到五分，他的天资就只能发挥到五分。如果一分勤奋也没有，他的天资就等于零。相反，有七分天资的人，加以十分勤学苦练，他的七分天资可能全部发挥出来，那就必然远远超过有十分天资而不努力的人了。

一般来说，意商高的儿童，不仅面对顺境时能够表现得坦然自若，向着一个又一个目标继续努力，而且在面对困境时能够表现出坚韧不拔、勇往直前的品质，克服一个又一个困难，解决一个又一个问题，确保学习任务和目标的达成。

有时候，意商还可以弥补智商因素的不足，在现实生活中，也常常有智商平平的儿童，因为有坚强的意志、远大的抱负、博大的胸怀，使他们在学业、事业等作为上，后来居上，成为力争上游的强者，获得了较大的成功。

事实上，对很多人来说，不是没有机会，而是机会来临时，由于种种原因，没有把握住罢了，意商在其中起着很重要的作用。

(二) 有利于儿童情商的发展

情商是一个人重要的生存能力，是一种发掘情感潜能、运用情感能力影响生活各个层面和人生未来的关键性的品质要素；是一种能洞察人生价值、揭示人生目标的悟性；是一种克服内心矛盾冲突和协调人际关系的技巧。情商较高的人能够敏锐地感知社会现象和个人言行的某些细微变化，并迅速、准确、全面、深刻地认识和掌握个人、集体及社会各种利益关系的内在本质和规律性，能够从他人细微的形体动作、面部表情、眼神等的变化中，观察并摸索出对方的主观意图、愿望、动机、感情、欲望、情绪等，能够从他人面部表情的细微变化中感受到自己的言行举止对于他人的情绪所产生的影响，从而推断出对于他人利益关系所产生的影响。这种人对于各种利益关系及其变化规律性有敏锐的观察能力、全面的分析能力、深刻的理解能力和强大的记忆能力，有很高的情绪控制能力和情绪感染能力,对周围人有强大的号召力和鼓动力,有较高的领导与管理才能,有灵活的处世方法和人际交往能力。

意商较高的人能够准确地、严格地控制自己各种活动的强度、稳定性、灵活性、发生频率或概率、牵涉范围、作用对象等,并准确地估算、全面地掌握、深刻地了解自己的活动可能产生的积极作用和消极作用,从而正确而果断地做出相应的行为决策,并有效地实施它。他既能顽强奋斗又能急流勇退,既有原则性又有灵活性,既有创造性又有继承性;他善于总结经验教训,不犯重复性错误;他善于中庸之道,既不犯"左倾"冒进的错误,也不犯"右倾"保守的错误;他能够保持其行为规范与道德准则的连续性和稳定性,在为人处世上做到不亢不卑、以身作则、言行一致、信守诺言;他办事利索、决策果断,有顽强的毅力和坚韧不拔的意志;他心胸宽阔、严于律己,有强烈的社会责任感和牺牲精神。

人在其一生中,不论愿意与否,都必然处于各种社会关系之中,同他人进行着这样那样的交往,人们的生产和生活都必须在群体和社会中进行。在这一过程中,人们之间不可避免要交换彼此的信息,进行沟通,协调行动,调整利益和目标。若脱离开同他人和群体的来往,不用说正常的社会活动难以完成,即便是最基本的生存和心理状态都难以维持和平衡。如果一个人的情商合乎规律,人际关系处理得比较好的话,会在一定程度上使他能够成功地从事意志行为,对他的意商起很大的调节作用。同样,在儿童的学习、生活和发展过程中,只有具有合乎规律的意商,才能正确地认识自己的情绪、管理自己的情绪、克制自己的情绪、消除不良情绪。因此,意商对情商具有重要的调控作用,良好的意商也有利于儿童情商的培养与提升,进而促进人的学习和事业的成功。

拓展阅读

19世纪初,匈牙利著名数学家诺什在创立非欧几何学时,曾经遇到各方面的挫折。父亲对他的大胆探索表示坚决反对,自己多年用心血凝成的手稿也被他的老师丢失,当时的数学权威高斯对他采取拒绝态度,自己又染上了疟疾和霍乱,后来又因车祸得了脑震荡。正当他的身体处于半残废状态时,他的父亲又无情地把他赶出了家门。可想而知,这对他的情绪是何等重大的打击。然而,他没有灰心,没有放弃自己的理想和目标,而是以顽强的毅力,成功地创立了非欧几何学,对整个人类社会做出了重大贡献。天体运动三定律的首创者德国天文学家开普勒,出生不足月,体质十分虚弱,3岁母亲出走,4岁因天花险些丧命,视力被破坏,以后他又家贫如洗,一边忍饥抗寒,一边做工,一边求学,度过了学生时代,之后又经过了25年的艰苦奋斗,终于提出了著名的天体运动三定律,从而成为天文学史上一颗永不熄灭的明星。

诺什和开普勒如果不是凭借顽强的意志力、良好的意商,就不可能把自己的情绪调整到最佳状态,取得令世人瞩目的成就。

（三）有利于儿童创造实践的开展

思维是创造的关键，创造活动需要人们发挥创造性思维。意商是创造性思维的一个重要激发因素，它表现为人为了达到一定的目标，自觉地运用自己的智力和体力进行活动，自觉地同困难做斗争，以及自觉地节制自己的行为。任何人在进行活动时，都会遇到困难和阻力以及受到行为目标的强烈激励，尤其是在创造性思维活动中，目的和方向性表现得异常强烈、鲜明，存在着巨大的障碍和风险需要去克服，人的精神处于高度紧张状态，没有坚强的意志力及意志对行动的调节，创造性活动就难以维持下去或者其活动进程就会变得紊乱、无序。在创造性思维活动中，良好的意商之所以是一个重要的激发因素，这同它所具有的特征是分不开的。

创造性思维能力很强的人在进行研究、探索新的领域、新的事业的时候，往往具有很强的自觉性，能够自觉地探询相关领域的最新进展、发展方向与发展目标，并积极主动地投入这些领域的创造与研究中去，具有很强的目的性和自觉性，这些是创造性实践活动能够成功的基础性条件。很难想象一个没有很强自觉性和目的性的人，能够具有很强的开拓精神，能够有意识、自觉地开展探索与创造。

凡是有所建树，进行创造性思维的人几乎都有百折不回的精神。要想进行开创性的事业，做出有独特意义的成就，总会碰到许多阻碍和难关，这些阻碍和难关有些是人为的，有些是客观存在的。经过一番努力之后，所取得的成果有可能是独创性的，但它还会遇到传统势力的抵抗和压制；有可能是错误的，失败了，就需要重整旗鼓，从头再来。如果没有坚韧的毅力、顽强的意志，是不可能越过千难万险获得最终的创造性成果的。

在创造性思维活动中，遇到问题或处于十字路口时，如果优柔寡断，犹豫彷徨，机会就会从自己身边溜走。当断不断，当决不决，优柔寡断式的意商绝不是创造活动所需要的意商，而是无为、无用的忍耐，是庸人和常人的无可奈何、逆来顺受。

在创造性活动中，经常会遇到挫折和困难，此时，就需控制自己的情绪，不要悲观叹气，不要被困难吓倒；否则，创造性活动就会半途而废，意志就会被削弱。总之，意商是激发创造性思维的重要因素，是维持创造性行为的"精神能源"，是任何有志于创造的人尤其是科学工作者所必须具备的心理素质。

拓展阅读

欧立希是德国医学家、细菌学家、免疫学家，近代化学疗法的奠基人之一，他发明的治疗昏睡病和梅毒的砷制剂"六０六"，荣获诺贝尔生物奖、医学奖。

"六０六"的发明就是欧立希经过605次失败，到606次才试验成功的。1907年，欧立希想用燃料来灭锥虫。当时锥虫造成一种可怕的昏睡病，锥虫进入人的血液就大量繁殖，使人长时间昏睡而死。在欧立希之前，已有科学家用药物阿托什尔去杀死锥虫，虽可救活病人，但会使病人双目失明。欧立希和他的同事们夜以继日地试验，以多种方法尝试性地改变阿托什尔的化学结构，经过605次失败后，最后终于发明了砷凡钠明，因为它是第六百零六次才成功的，故名为"六０六"。该项发明成功地挽救了无数昏睡病人和梅毒病人的生命。

在科学技术史上，一项成功常常需要累积许多人的许多次的失败，只有那些在失败中不断吸取经验、意志坚强的人才能取得最终胜利。科学史就是一部由失败和成功交织而成的多彩画面，许多重大的科学发现都是以已有的失败作为突破口，从已有的失败中得到启示而取得成功的。所有这一切都需要人们的不懈努力，只有意商极高的人才能够做到这一点。

人们从事任何实践活动，目的都是为了取得成功，创造实践也不例外。任何创造活动，都是一种新的探索、新的尝试，要走前人没有走过的路，想前人之未想，做前人之未做。因此，任何创造都不可能是一帆风顺、一蹴而就的，而必定要经历艰难曲折，经历一次又一次的失败，才能最终完成，没有失败作为铺垫和代价，就不可能有成功的创造。只有那些意商高的人，才会在经历一次次失败之后，最终达到自己的创造目的，意商是人们的创造实践能否成功的重要力量。

(四) 有利于儿童个人学业的成功

意商对个人的成功起着不可低估的作用。华罗庚曾说过："科学上没有平坦的大道，真理长河中有无数礁石险滩。只有不畏攀登的采药者，只有不怕巨浪的弄潮儿，才能登上高峰采到仙药，深入水底觅得丽珠。"古今中外许多杰出人物，都曾深有感触地谈到坚强意志是他们成功的巨大动力。我国宋代大文学家苏轼说："古之立大事者，不惟有超世之才，亦必有坚韧不拔之志。"美国发明大王爱迪生曾这样说："伟大人物最明显的标志，就是他坚强的意志，不管环境变换到何种地步，他的初衷与希望仍不会有任何改变，而终于克服障碍，以达到期望的目的。"有些人错误地认为，一个人能够取得多大的成功，完全取决于他有多么聪明，脑瓜灵不灵，这些又主要通过"智商"得以衡量。心理学家的研究结果表明，在一定程度上，坚强的意志对于成功起着更为重要的作用，美国斯坦福大学著名心理学家特尔曼在《天才的发生学研究》一书中这样写道："在最成功和最不成功的人之间，差别最大的四种品质是取得最后成功的坚持力，为实现目标不断积累成果的能力，自信心和克服自卑感的能力。"国内外许多关于超常儿童的调查一致表明，超常儿童除了"智商"较高，即智力发展优异，如感知觉敏锐、记忆力强、思维敏捷，有独创性之外，都比较自信、好强，尤其突出的是有偏劲，想要学什么就非学好不可。只有具备了较高的意商水平，即坚强、良好的意志品质，才能当机立断，选择正确的意志目标，才能大胆探索、审时度势、不畏困难、坚持到底，取得最后的胜利。

意商对个人成功的影响主要通过以下两条途径来实现：

一是提高时间利用率。在当下"互联网+"的时代，新的知识与技术呈现出爆炸式态势，一个人要想取得成功，必须比别人更多更快地掌握相关知识才行。要想在有限的生命里，掌握比别人多得多的知识，并不是一件轻而易举的事情，只有那些具有高意商的人，才能有效地把握时间，提高时间利用率，为自己的成功打下牢固的知识基础。具有高意商的人，往往能克服内外不利因素的干扰，更积极有效地利用时间，坚决执行先前制定的计划，克服诸如懒惰等坏习惯和消极情绪，充分利用时间进行学习和工作。意志力不高的人，则往往今天推明天，明天推后天，得过且过，放任自己，使大好时光白白浪费。虽然足够的时间并不能保证创造活动一定能够成功，但有一点可以肯定，没有一定的时间做基础,任何创造活动都不会取得成功。也许有的人会说,对那些突发灵感的人来说,他们的创造活动所需要的时间很短。事实并非如此,在灵感"突然到来"之前,他们一直在花费很长的时间思考这些问题,正是因为他们持续不断的思考,灵感才会"不期而至"。

二是保证一贯性。一个人无论在工作中还是在学习中,要取得成功,往往不是一朝一夕就能办到的,在很多情况下,只有经过几年甚至几十年的奋斗才能实现。意商不高的人往往朝秦暮楚,易于动摇,没有坚持性,结果只能是无果而终。只有意商高的人才能坚持不懈、循序渐进地从事自己的活动,才能取得个人的巨大成功。

拓展阅读

当著名探险家约翰·戈达德还是洛杉矶郊区一个没有见过大世面的少年时,就列表写下了气势不凡的《一生的志愿》,他立下志向,为生命之舟找到了"罗盘":"到尼罗河、亚马逊河和刚果河探险;登上埃佛勒斯峰(即珠穆朗玛峰)、乞力马扎罗山和麦特荷恩山;驾驭大象、骆驼、鸵鸟和野马;探访马可·波罗和亚历山大一世走过的道路;主演一部《人猿泰山》那样的电影;驾驭飞行器起飞降落;读完莎士比亚、柏拉图和亚里士多德的著作;谱一部乐曲;写一本书;游览全世界的每一个国家;结婚生孩子;参观全球……"他共列了127个项目。在一般人看来,在有限的一生中,要完成这么多"壮举"简直就是天方夜谭。但约翰·戈达德并不这样认为,在立下这么多目标之后,他就自觉地寻找实现上述目标的"机会",自觉地为实现这些目标而一直不懈地努力。多少年来,他经历了18次死里逃生和无数次的艰难困苦,终于实现了其中的106个。他自觉地、全力以赴地以整个生命迎接着每一个"契机"的光临并牢牢地把握住,因而使他的生命之舟马力十足,驶向了一个又一个目标,因此他的一生才充满了惊险的刺激和成功的快意。为此,他满怀信心地说:"为了目标,为了完成我的志愿,一有机会来临时,我总是'准备完毕'。"他的"准备完毕",当然包括在机会降临时,他所显示的决心和意志力以及他能自动地抓住机会这种强烈的自觉性。

这样的事例不胜枚举。可见,任何创造活动都不会是一帆风顺的,有的需要付出毕生的精力,没有高的意商作为基础,根本不会取得成功。

三、儿童意商的提升策略

古往今来,许多成就大业的人,都是意志坚强的人,培养儿童具备良好的意志品质,提升儿童的意商,可为儿童一生的成长奠定坚实的基础。

(一)激励儿童树立远大的理想,提高意志行动的自觉性

人的行为是由他的行为动机所指引的,意志是遵循着自己的目的而对行为进行调节的过程,并且不同的行为动机和目的对人的推动是不同的,因此,为了培养良好的意志品质,提升儿童的意商水平,高尚的动机的形成和发展是不可或缺的。儿童正处于人

生观和世界观初步形成的关键时期,为了培养和发展高尚的行为动机,就须从大处着眼,树立远大理想和积极的人生观。因为,只有当一个人把自己的一生同祖国和人民的命运密切联系起来,立志为祖国和社会而献身时,他服从于这一目的的一切具体行动,才会由此获得丰富的社会意义,他就有可能以巨大的动力去克服个人遭遇的种种困难和干扰,自觉地投入意志行动中。大凡胸怀大志者,都有一种置个人得失安危于不顾的浩然正气。南宋的政治家文天祥为敌人所俘、威胁利诱都不足以使他屈服,于性命难保之际概然写出"人生自古谁无死,留取丹心照汗青"的名句,表现了宁折不弯的民族气节。

某些利己主义者也能在一定程度上发展意志力,但他们的意志品质绝不可能达到完美的高度。这是因为,在他们可能遭遇的各种困难中,有一些困难是他们注定无法超越的。比如,以个人的荣华富贵、吃喝玩乐为人生目标的人,以享乐为人生第一要义,就势必难以通过物质生活困苦的考验。即使有的人不崇尚物质利益,仅以个人的扬名为人生唯一要求,当他一旦意识到由于某些原因而成名无望时,也很快会沮丧颓废,失去斗志。某些怀着个人野心投机革命队伍的人,某一天身陷敌人囚牢,在敌人酷刑和死亡面前难免不叛变失节。因此,远大理想和正确的人生观,是培养坚强意志品质的首要前提,是提高意志行动自觉性的重要基础,是培养儿童良好意志品质、提升意商水平的重要策略。

为了把远大理想和人生观付诸实践,必须要引导儿童正确对待他每天所从事的活动,包括学习和工作以及各种社会交际。这时他对理想的执着,具体化为他对具体活动所抱有的责任感,他应遵守社会公德,认真履行社会义务,包括对他所从事的学习尽责,如认真听课学习,高质量完成每日的作业,为他所在的班级奉献,积极参加班级和学校的各项活动,为班级增光添彩,为他所在的社区尽力,主动参与社区各种公益服务活动,贡献自己的应有之力。

(二) 开展设难砺志的挫折教育,锻炼意志行动的坚韧性

一个人要想成就一番事业,要想实现远大的目标,必须先经受挫折的磨难和砥砺,培养坚韧的毅力和坚强的意志品质,增强承受挫折的能力。当今社会,竞争日益激烈,儿童的健康成长、学习与发展,不仅需要儿童具备渊博的知识、高尚的道德修养和健壮的体魄,还必须要有自强不息的进取精神、坚韧的毅力和挫折承受能力。许多到达光辉顶点的人往往不是最聪明的人,而是那些在生活中遭受挫折的人,这是因为,那些自认为自己聪明的人往往会选择走一些所谓的"捷径",这些所谓的"捷径"往往会丧失一些非常有意义的锻炼机会;而那些生活在逆境中饱经风霜的人,更能深刻理解什么叫"成功"。

当代儿童遇到挫折时往往表现出"伤不起"的"蛋壳心态",作为人生里程的一个特殊阶段,儿童时期往往是最容易产生受挫感的时期。为了提高儿童的意商,必须加强挫折教育,通过各种形式的教育、磨炼,提高他们面对逆境和挫折时的承受力和调节力,逐渐形成对挫折的适应机制和对挫折可能带来的负面影响的抗拒能力,使他们在遭遇挫折打击时能及时摆脱困境而重新振作。其实,挫折教育在我国由来已久,如"天行健,君子以自强不息"即告诫君子要效法天体运行规律,做到坚韧不拔,自信自强,勇往直前。

因此，无论是家庭教育，还是学校教育，都应该开展适度的挫折教育，来锻炼儿童不折不挠的、坚韧不拔的意志品质，提高儿童意志行动的坚韧性，促进儿童意商的提升与发展。

所谓挫折是指个体有目的的行为受到阻碍而产生的必然的情绪反应，会给人带来实质性伤害，表现为失望、痛苦、沮丧不安等。挫折包括三个方面的含义：

其一，挫折情境，即指对人们的有动机、目的的活动造成的内外障碍或干扰的情境状态或条件，构成刺激情境的可能是人或物，也可能是各种自然、社会环境。

其二，挫折认知，即指对挫折情境的知觉、认识和评价。

其三，挫折反应，即指个体在挫折情境下所产生的烦恼、困惑、焦虑、愤怒等负面情绪交织而成的心理感受，即挫折感。其中，挫折认知是核心因素，挫折反应的性质及程度，主要取决于挫折认知。

一般来说，挫折情境越严重，挫折反应就越强烈；反之，挫折反应越轻微。但是，只有当挫折情境被主体所感知时，才会在个体心理上产生挫折反应。如果出现了挫折情境，而个体没有意识到，或者虽然意识到了但并不认为很严重，那么，也不会产生挫折反应，或者只产生轻微的挫折反应。因此，挫折反应的性质、程度主要取决于个体对挫折情境的认知。

挫折反应和感受是形成挫折的重要方面，个体受挫与否，是由当事人对自己的动机、目标与结果之间关系的认识、评价和感受来判断的。对某人构成挫折的情境和事件，对另一人不一定构成挫折，这就是个体感受的差异。正如巴尔扎克所说："世上的事情，永远不是绝对的，结果完全因人而异。苦难对于天才来说是一块垫脚石，对于能干的人是一笔财富，而对于弱者是一个万丈深渊。"挫折教育是指让受教育者在受教育的过程中遭受挫折，从而激发受教育者的潜能，以达到使受教育者切实掌握知识并增强抗挫折能力的目的。

挫折教育的方法：

其一，教育儿童做好承受挫折的思想准备。在现实生活中，不遭受挫折是不可能的，没有知识的人在现实生活中是会处处碰壁的。因此，教师和家长要让儿童有充分的心理准备，不至于遭到挫折便束手无策。教育儿童在任何情况下都要有敢于面对现实的勇气，在逆境中也能够顺利走出来，满怀激情地拥抱生活。比如，给儿童讲述一些应该接受挫折与磨砺的故事。

拓展阅读

两块石头的命运

一座山上并排立着两块石头，一天，第一块石头对第二块石头说："与其在这里养尊处优、默默无闻，还不如去经历一番外界的艰险和坎坷，做一些实事，经历一些磕磕碰碰。这样可以见识一下旅途的风光，也不枉白活一世了。""你这是何苦呢，"第二块石头嗤之以鼻，"安坐高处可以一览无余，身边花团锦簇，为什么要愚蠢地在享乐和磨难之间选择后者，再说那路途的艰险磨难会让你我粉身碎骨的！"

第七章 儿童意志发展与意商提升

> 第一块石头不以为然,于是,它随山溪滚涌而下,虽然受尽了风风雨雨和世间的种种磨难,但它依然义无反顾,执着地在自己选择的路途上奔波。第二块石头见它如此辛劳和困苦,讥讽地笑了,它在山顶坐享着安逸和幸福,享受着周围花草簇拥的畅意抒怀,享受着大自然的美好景致。许多年以后,饱经风霜、历尽沧桑、千锤百炼的第一块石头,被有心人发现了,并收藏在博物馆中,已经成了世间的珍品、石中的奇宝,被千万人赞美称颂,享尽了成功的喜悦。第二块石头知道后,有些后悔当初的决定,它也想投入世间风尘的洗礼中,然后得到像第一块石头拥有的成功和高贵,可是一想到要经历那么多的坎坷和磨难,甚至疮痍满目、伤痕累累,还有粉身碎骨的危险,便又放弃了。
>
> 一天,人们为了更好地珍藏第一块石头,准备特意为它重新修建一座更加精美别致、气势雄伟的博物馆。为了找石头作为建造材料,他们来到高山上,把第二块石头砸成碎块,为第一块石头盖起了房子。

这个故事告诉儿童一个道理:人生中经常要面临这样的选择,即安逸和苦难。选择了安逸,也许一生就注定要碌碌无为,像第二块石头;而选择了苦难,则会像第一块石头那样,成为美石,被人珍藏。历经苦难的磨砺,人生就会熠熠生辉。

当然,也需要给儿童讲解那些身处逆境仍然自强不息、奋力拼搏的人的经历,如:在一个漆黑的山洞中,在没有任何亮光可以凭借的情况下,意志顽强的人是如何走出这个山洞的;在地震过后的废墟中,没有水,缺乏氧气,无助且坚强的人是怎样坚持直到获救的……这对于培养儿童顽强的意志是有帮助的,并且让儿童终身受益。只有这样,才能够培养儿童百折不挠的精神,从而提高其适应社会的能力。

其二,人为地制造挫折情境训练忍受能力。有些儿童比较聪明,再加上家庭、经历等诸多因素的影响,在生活中遭到挫折的机会可能很少。这种儿童在顺境中应对自如,但一旦遭到挫折,便一蹶不振,对生活失去信心。对于这样的儿童,家长和教师可以人为地设置障碍制造挫折,以训练其对逆境的忍受能力,以求更好地适应生活。如可以在考试中出一些比较难的题目让学生去做,学生即使非常努力也无法得出正确的答案,让其人为地遭受挫折,学生在遭受挫折的同时也加深了对知识的理解,这对于培养学生忍受挫折的能力是很有帮助的。

拓展阅读

日本挫折教育:让孩子从小吃"苦"

有资料表明,日本教育界高度重视学生意志品质的培养。在日本政策委员会的一份《今后的日本》报告中,明确指出"教育的第一步是从教授自己控制自己开始的,与其他动物不同,人必须锻炼得能用自己的意志控制自己,这就是教育"。在日本,一些家庭利用"挫折教育"手段,从小就培养孩子的吃苦能力。每到冬天,他们就让

183

> 幼儿赤身裸体地在风雪中摸爬滚打。天寒地冻,北风怒吼,不少幼儿嘴唇冻得发紫,浑身发抖,父母们则站在一旁,置之不理。日本还提倡"穷留学之风",让富裕的大城市学生,到偏远的山区、村寨接受艰苦的生活训练,其目的就是要培养孩子吃苦耐劳的精神和坚韧不拔的毅力。

在挫折教育中要注意:一要把握时机,一般说,最好在学生的意志水平达到一定程度,对具体学习活动的意义、目的有一定认识,并有相应的情感激励的条件下实施,这样才能取得好的效果,否则易产生"拔苗助长"的负面影响;二要注意个别差异,应根据学生的个性特点,尤其是心理承受能力的不同而区别对待。如对心理承受能力较强而又骄傲自满的学生,可较多使用这类方法以锻炼其意志,而对自卑感强,心理承受能力较弱的学生,则应慎用这类方法。

(三) 设置决断决策的教育情境,培养意志行动的果断性

决策是意志行动中一个不可缺少的环节,而果断性是决策过程中的一种优良的意志品质。意志行动分两个阶段:第一阶段是采取决策阶段,即确定行动目的、选择行动方法的阶段。在第一阶段中,一个人对行动目的的认识程度,以及能否根据自己的认识与信念,独立地采取决定、执行决定的品质,就是意志的自觉性;而一个人能否迅速而合理地采取决定并付诸执行的能力则是意志的果断性。意志行动的第二阶段是执行决策阶段。在此阶段,意志的强弱体现在两个方面:一方面,按原先的决策积极行动,坚持不懈,直到达到行动目的的能力,它体现的是意志的坚韧性;另一方面,在执行决策时能够制止各种妨碍达到行动目的的干扰的能力,它体现的是意志的自制性。在意志行动中,意志"四性"贯彻始终、缺一不可。如果没有自觉性、果断性,意志行动就没有正确的方向,就可能走向歧途;而没有意志的坚韧性、自制性,意志行动就有花无果,有始无终。所以意志"四性"的培养在良好的意志品质的培养中都具有举足轻重的地位。

相对而言,在重要的决策过程中,意志的果断性品质具有非常重要的作用和影响力。特别是在当今社会,生活节奏加快,经济发展迅速,能否迅速而合理地决策将决定着个体竞争的成败,很多时候,当个体面临着一些选择需要进行决策的时候,有的人就能够当机立断做出最佳的决定,抓住了事业发展的契机,成就了个人的发展;也有的人往往是优柔寡断、患得患失,不敢做出决断,因而错过很多成功的机会,甚至造成终生的痛苦或缺憾。因此,果断性训练具有重要的社会意义和现实意义。常见的果断性训练的方法有:

1. 故事情境训练法

教师或家长给儿童提供故事范例,帮助儿童理解什么是果断性,然后,在故事中需要做决策时暂停,让儿童自己来考虑,遇到这种情况怎么办,并把儿童提出的做法记在黑板上或本子上,然后把故事中的处理方法揭示给儿童,并且帮助儿童分析哪种做法更好。故事情境训练法,简便易行,每次训练只需要10~15分钟。

2. 智能技巧训练法

果断性不仅跟性格、经验等因素有关,还跟智力因素有关。对儿童进行智能技巧训

练,目的是提高儿童的思维效率,帮助儿童遇到问题时会思考,掌握一些提高思维效率的技巧、规律。智能技巧训练可以采用讲座和练习相结合的方法:讲座是通过一些训练题帮助儿童归纳出思维方法,练习则是给儿童提供运用新方法的机会。

3. 启发归纳法

教师或家长可以通过一些名人故事告诉儿童,要具有果断性,就必须具有丰富的知识、经验;要具有果断性,还必须有魄力、能顾全大局等。当儿童遇到问题需要进行决策时,教师或家长要及时找孩子谈心,启发儿童做出决断,正确对待现实生活。

(四)培养训练良好的行为习惯,发展意志行动的自制性

自制力是指一个人在意志行动中善于控制自己的情绪,约束自己的言行。自制力主要表现在两个方面:一方面,使自己在实际工作、学习中努力克服不利于自己的恐惧、犹豫、懒惰等消极情绪;另一方面,应善于在实际行动中抑制冲动行为。自制力对人走向成功起着十分重要的作用,亚里士多德曾经指出:"美好的人生建立在自我控制的基础上。"

如何增强儿童的自制力呢?"磨炼法则"对于培养克己自制的品质至关重要。第一位成功征服珠穆朗玛峰的新西兰人埃德蒙·希拉里在被问起是如何征服这世界最高峰时,回答道:"我真正征服的不是一座山,而是我自己。""磨炼法则"就是从每天去做一些并不喜欢的或原本认为做不到的事情开始,通过实践锻炼,依靠惯性和反复的自我控制训练,开发出自己更强的意志力、自制力。从反复努力和反复训练意志的角度而言,自制力的培养在很大程度上就是一种习惯的形成。

比如,我们可以训练儿童参加体育活动,如跑步、健美、游泳、骑车、散步、武术等,也可以选择练习乐器、阅读或是写作等,选择怎样的活动本身并不重要,坚持才是问题的关键,通过每日的训练与坚持,最终会让儿童获得自律、毅力,以及信守承诺,增强自制力。

拓展阅读

意志教育的实验

北京石景山区教科所曾进行过一项系统的意志教育实验,该实验的意志教育目标按幼儿园、小学、中学三阶段划分,意志教育内容按幼儿、小学低年级、小学中年级、小学高年级、初中等五个层次制订。如小学低年级主要是培养学生"做事有耐心、有始有终","学会控制自己的情绪,勇敢,不怕困难";小学中年级则着重培养学生"做事情有恒心,不半途而废","遇事学会有主见,能约束自己";小学高年级则重点培养学生做事的毅力,明确目的及有计划地达到目的,能经受失败和胜利的考验,控制自己的情绪等。

该实验根据心理学意志理论,研制出了实施意志教育的 11 种方法:① 主题教育法;② 课堂渗透法;③ 日常行为训练法;④ 创设情景法;⑤ 榜样激励法;⑥ 自我调控法;⑦ 名人名言激励法;⑧ 自我暗示法;⑨ 故事情境训练法;⑩ 智能技巧训练法;

⑪ 启发归纳法。在意志教育的途径方面,该研究强调全方位、多渠道、综合化的思路。虽然在该研究中,未见实验效果的总结报告,但研究者把意志教育从幼儿安排到初中阶段,并按各年龄阶段儿童的心理发展特点设计教育目标和教育内容,培养教育方法多种多样,培养教育途径立体化等,都是值得肯定的,是同类研究应予以借鉴的。

研究动态

关于意志的研究,心理学领域的研究多集中于意志的社会认知理论以及学生学习方面有关的意志品质和控制力研究方面,1999年崔自铎教授第一次提出"意商"概念,开启了我国学者对意志教育进行研究的先河,对意商的概念、研究意商的意义进行了论述,并将人的意商分为三个等级:"强意志商、一般水平意志商和弱意志商"。当然,围绕意志与意商这个主题,仍需着力探究以下内容:

1. 意商究竟是否存在?有哪些实验或证据能够证明意商的存在?
2. 如果意商确实存在,那么,意商如何量化?
3. 意商究竟该如何培养与提高?有哪些途径或手段,可以提高意商的哪些内容或哪些方面?

1. 结合自身发展经历,讨论意志与个体发展的关系。
2. 查阅资料,讨论意商与智商、情商的关系。
3. 分组讨论,如何有效提升儿童的意商水平,促进儿童发展。

1. 黄希庭等.心理学导论(第3版)[M].北京:人民教育出版社,2015.
2. 彭聃龄.普通心理学(第4版)[M].北京:北京师范大学出版社,2012.
3. 卢家楣.心理学[M].上海:上海人民出版社,1998.
4. 郭黎岩等.心理学[M].南京:南京大学出版社,2002.
5. 邓宏宝.心理学基础——青少年发展与学习[M].北京:科学出版社,2012.
6. 夏凌翔.国家资源共享课程,爱课程:普通心理学. http://www.icourses.cn/coursestatic/course_6583.html.
7. 梁宁建.国家资源共享课程,爱课程:心理学导论. http://www.icourses.cn/coursestatic/course_7331.html.

第八章
儿童动力系统发展与学习动机激发

学习目标：
1. 识记需要、动机和兴趣的分类及特点。
2. 了解动机的相关理论。
3. 理解儿童动力系统的特点。
4. 理解马斯洛需要层次理论、耶克斯—多德森定律。
5. 掌握学习动机激发的策略。

人的外在行为都是在一定内在动力的推动下进行的。学习动机是直接推动学生学习的动力，直接影响到学生的学业水平，并关系到教育的成败和社会的发展。因此，儿童学习动机问题一直受到国内外广大教育工作者和研究者的关注。

本章主要论述动力系统的概念及其相关理论、儿童动力系统的特点、儿童学习动机的激发等问题。

第一节 动力系统概述

人的一切活动，从饮食、学习、劳动到创造发明，都是在一定的内在动力的推动下进行的。需要、动机、兴趣、理想、信念、世界观等是人们进行活动的基本动力，它们被认为是个体活动的动力系统。学习动力系统的基本概念及相关理论，有助于我们系统了解儿童动力系统的相关心理学原理，为儿童的学习提供指导。

一、需要及需要层次理论

需要是个体活动的基本动力，是个体行为动力的重要源泉。人的各种活动和行为都是在需要的推动下进行的。

(一) 什么是需要

需要是有机体内部生理上或心理上的某种缺乏或不平衡状态,是个体活动的积极性源泉。例如,血液中血糖成分的下降会产生饥饿求食的需要;水分的缺乏则会产生口渴想喝水的需要;生命财产得不到保障会产生安全的需要;孤独会产生交往的需要;等等。一旦机体内部的某种缺乏或不平衡状态消除了,需要也就得到了满足。这时,有机体内部又会产生新的某种缺乏或不平衡状态,产生新的需要。

(二) 需要的种类

人的需要是多种多样的,可以按照不同的标准对它们进行分类。根据需要的起源,把人的需要分为生理性需要和社会性需要;根据需要的对象,把人的需要分为物质需要和精神需要。

1. 生理性需要和社会性需要

(1) 生理性需要

生理性需要是个体维持生命和延续后代而产生的需要,例如对饮食、运动、休息、睡眠、觉醒、排泄、避痛、性等的需要。

生理性需要是人类最原始、最基本的需要,是人和动物所共有的。但是两者具有本质的区别。动物只能等待大自然的恩赐,只能依靠周围环境中的自然物体作为满足需要的对象。而人类不仅以周围环境中的自然物体作为满足需要的对象,并且能随着生产的发展不断提高自己的生理性需要。马克思指出:"饥饿总是饥饿,但是用刀叉吃熟食来解除的饥饿不同于用手、指甲和牙齿啃生肉来解除的饥饿"[①]。

(2) 社会性需要

社会性需要是人类在社会生活中形成,为维护社会的存在和发展而产生的需要。如对劳动、交往、友谊、求知、成就、奉献等的需要,它是在生理性需要的基础上,在社会实践和教育的影响下发展起来的。如果这类需要得不到满足,就会使个体产生焦虑、痛苦、恐惧等情绪。

> **拓展阅读**
>
> 心理学家沙赫特(S. Schachter,1959)曾做过这样的一个实验:他以每小时15美元的酬金聘人到一间没有窗户但有空调的房间去住。房间内有一桌、一椅、一床、一灯,此外别无他物。三餐由人送至门底下的小洞口,住在里面的人伸手就可以拿到食物,一个人住进这间房后即与外界完全隔绝。有5名大学生应征参加实验。其中一人只待了20分钟就要出来,放弃了实验;三人待了2天;最长的待了8天。此项研究说明,人是很难忍受长时间与外界社会隔绝的,一旦人们的交往等社会性需要得不到满足,就会产生许多不利于身心发展的负面情绪[②]。

---

① 马克思,恩格斯. 马克思恩格斯全集(第12卷)[M].北京:人民出版社,1962:742.
② 人们害怕孤独[EB/OL]. http://eamaling1218.yo2.cn/. 2009-03-28/2017-06-21.

2. 物质需要和精神需要

(1) 物质需要

物质需要是以物的使用价值来满足人的需要。这里所说的物,不仅指解决人们衣食住行的各种物品,也包括大自然赋予人类的以维持生命的物质,如空气、阳光等。在物质需要中,既包括生理性需要又包括社会性需要,随着社会的进步和生产力的发展,人的物质需要将不断地发展起来。

(2) 精神需要

精神需要是通过人与物、人与人之间的联系,以及人的各种活动而形成的情感、友谊或某种心理状态来满足的需要,主要指认知需要、审美需要、交往需要、道德需要和创造需要等。它是人类特有的需要。

物质需要和精神需要密不可分地联系在一起,是相互影响、相互促进的。首先,物质需要是精神需要的基础。例如,为了满足求知的精神需要就离不开对书本、笔等学习工具的物质需要,只有在基本的物质需要得到一定程度的满足之后才会产生一定的精神需要。其次,精神需要的满足和发展也刺激物质需要的发展,如人们欣赏音乐、陶冶情操是精神需要,这就产生了对歌舞剧院、彩电、录音机等的物质需求。最后,物质需要和精神需要往往是相互结合和渗透的,如审美需要渗透在物质需要的各个领域,人们向往时尚的衣着、舒适的住房和外观美丽的家具等。

(三) 需要层次理论

需要层次理论是美国人本主义心理学家马斯洛(Abraham Harold Maslow)提出来的。他把人类的需要分为两大类:一类是基本需要。这类需要和人的本能相联系,与一个人的健康状况有关,缺少它会引起疾病,包括生理需要、安全需要、归属与爱的需要以及尊重需要。另一类是成长性需要。这类需要不受本能所支配,不受人的直接欲望所左右,以发挥自我潜能为动力,这类需要的满足会使人产生最大程度的快乐。这两类需要根据对人的直接生存意义及生活意义的大小,按梯状排列(如图8-1)。

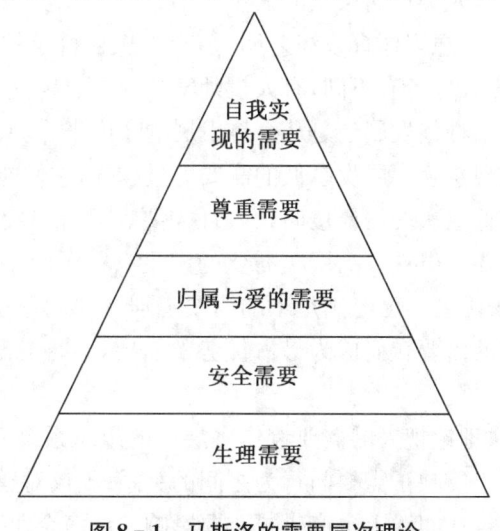

图8-1 马斯洛的需要层次理论

1. 生理需要

这是人类维持自身生存的最基本要求,包括对食物、水、空气、睡眠、性等的需要,在人的一切需要之中,生理需要是最优先的。对于一个极端饥饿的人来说,除了食物,没有别的兴趣,在这种极端情况下,娱乐的愿望、获得一栋别墅的愿望、对历史的兴趣、对一双新鞋的需要,则统统退居第二位。但是当一个人有了充足的食物,而且长期以来都能填饱肚子,这时就会出现另外的、更高级的需要。

2. 安全需要

这是人类要求保障自身安全、稳定、受到保护、能免除恐惧和焦虑等方面的需要,它是在生理需要满足的基础上产生的。这种需要得不到满足,人就会感到威胁和恐惧。它表现为人都希望自己有一个稳定的工作;希望生活在安全、有秩序、可以预测和熟悉的环境中;希望做自己熟悉的工作;等等。

3. 归属与爱的需要

这一层次的需要包括两个方面的内容:一是归属的需要,即人人都有一种归属于群体的愿望,希望成为群体的一员,并且相互关心和照顾;二是爱的需要,即一方面人人都需要伙伴之间、同事之间的关系融洽,保持友谊和忠诚,另一方面人人都希望得到爱情,渴望别人爱自己,也希望爱别人。

4. 尊重需要

人人都希望有稳定的社会地位,希望自己的能力和成就得到社会的认可。这种需要可分为两类:一是自尊,在所处的环境中,希望有实力、有成就、有信心,以及要求独立和自由等;二是受到别人的尊重,要求有名誉或威望、受到赏识、得到关心、重视或高度评价等。马斯洛认为,尊重需要得到满足,能使人对自己充满信心,对社会满腔热情,体验到自己的价值。

5. 自我实现的需要

自我实现的需要是指人希望最大限度发挥自己的潜能,不断完善自己,完成与自己能力相称的一切事情,是人类最高层次的需要。但个人自我实现需要的内容有明显的差异,有人想当作家,有人想当体育或演艺明星,有人想在科学的征程上有所建树。达到自我实现的途径和方式也各有不同,有人投师学徒,有人自学成才。

马斯洛认为,无论从种族发展还是从个体发展的角度来看,层次越低的需要出现越早,层次越高的需要出现越晚。层次越低的需要力量越强,它们能否得到满足直接关系到个体的生存,因而较低层次的需要也叫缺失性需要。只有当较低层次的需要得到满足之后,较高层次的需要才出现。高层次需要的满足有益于健康、长寿和精力的旺盛,所以这些需要又称生长需要。已经满足了的需要退居次要的地位,不再是行为活动的主要推动力量,新出现的需要转而成为最占优势的需要,它将支配一个人的意识,并自行组织有机体的各种能量。

马斯洛的需要层次理论把人的需要看作多层次的组织系统,反映了人的需要由低级向高级发展的趋向,也反映了需要与行为之间的关系;不仅对建立科学的需要理论具有一定的积极意义,而且在实践上也产生了重要影响。许多企业家就是依据这个理论,制订满足职工需要的措施,以调动工作积极性。但是,马斯洛认为人的需要是自然禀赋的,是与生俱来的,这严重低估了环境和教育对需要发展的影响。同时,该理论还不能解释那些英雄、殉道者等的行为,他们往往低层次需要没有得到满足,但仍然在追求高层次需要。而且,马斯洛强调个体优先满足低级需要,忽视了高级需要对低级需要的调节作用。

二、动机及动机理论

任何意志行动都是由一定的动机所引发的,动机和需要是紧密相连的。如果说需要是人活动的基本动力源泉,那么动机就是推动这种活动的直接力量。

(一) 什么是动机

动机是引起并维持人们从事某项活动,以达到一定目标的内部动力。

引起动机必须有内在条件和外在条件。

引起动机的内在条件是需要,动机是在需要的基础上产生的。如果说,人的各种需要是个体行为积极性的源泉和实质,那么人的各种动机就是这种源泉和实质的具体表现,比如说学生的学习动机就是他们学习需要的具体表现。动机和需要密切联系在一起,离开需要的动机是不存在的,当需要在强度上达到一定水平,并且有满足需要的对象存在时,就引起动机。

驱使个体产生一定行为的外部条件称为诱因,它是引起动机的另一个重要因素。诱因可以是物质的,也可以是精神的。例如教师对学生的表扬,就是一种激发学生学习的精神诱因。

个体在某一时刻有最强烈的需要,并在有诱因的条件下,才能产生最强烈的动机。例如,有考大学需要的人,只有在高校招生的条件下,才能引起升学的动机。可见,需要和诱因是形成动机的必要条件。

(二) 动机的功能

动机的功能具体表现为激活功能、指向功能、维持和调整功能。

一是激活功能。动机的激活功能是指动机有发动有机体活动的作用,能使有机体产生行为和活动。比如爱集邮的人,看到一张精美的邮票就会产生想拥有它的动机,个体一旦产生这种动机,就会想方设法买到这张邮票。

二是指向功能。动机的指向功能就是指动机使人们的活动指向特定的对象。例如,在学习动机的支配下,人们就会到书店买书或到图书馆借书。

三是维持和调整功能。动机能维持个体的行为和活动。当活动产生以后,如果该活动指向了个体追求的目标,其动机就会加强,这种活动就能继续下去;如果该活动偏离了追求的目标,其动机就得不到强化,这种活动就会减弱或停止。这就是动机的维持和调整功能。

(三) 动机的类型

人类动机十分复杂,可以从不同角度,根据不同标准进行分类。

1. 生理性动机和社会性动机

根据动机的起源,可以把动机分为生理性动机和社会性动机。生理性动机是以个体生理需要为基础的动机。社会性动机是以人的社会性需要为基础的动机,如劳动动机、交往动机、成就动机等都是社会性动机。

2. 高尚的动机和卑劣的动机

根据动机内容的性质,可把动机分为高尚和卑劣的动机。前者是符合社会道德规范的,后者是违背社会道德规范的,从人民的、国家的利益出发的动机是高尚的,而损人利己、损公肥私的动机是卑劣的。

3. 近景性动机和远景性动机

根据动机作用的时间和它与活动目的的关系,可分为近景性动机和远景性动机。近景性动机是与近期目标相联系的动机,远景性动机是与较长远的目标相联系的动机。例如,同样是学习英语,有的人只是为了在英语四级或六级考试中取得一个好分数,而有的人则是为了将来能很好地使用英语这门语言。

4. 内部动机和外部动机

根据引起动机的原因,可以将动机分为内部动机和外部动机。

内部动机是指动机出自于活动者本人并且活动本身就能使活动者的需要得到满足。例如,有的儿童刻苦学习是因为他们有强烈的好奇心和求知欲等,这种学习动机就是内部动机。外部动机是指那种不是由活动本身引起而是由与活动没有内在联系的外部刺激或原因诱发出来的动机,动机的满足不在活动之内,而在活动之外。例如,有的儿童的学习只是为了得到老师或父母的表扬和奖励,避免受到批评和惩罚,这种学习动机就是外部动机。相对而言,内部动机是比较稳定的,会随着目标的实现而增强,而外部动机是不稳定的,会因目标的实现而减弱。

5. 认知内驱力、附属内驱力和自我提高内驱力

美国心理学家奥苏伯尔(D. P. AuSubel)认为学习动机主要由三方面的内驱力所组成。

认知内驱力即试图获取知识、阐明问题和解决问题的倾向。它直接指向学习本身,并以获得知识、解决问题为满足。认知内驱力是最稳定的一种学习动机,好奇心是该类动机的一种典型的表现。

附属内驱力即为了赢得他人(如教师、父母、同辈等)的赞许、认可或接纳而努力学习的倾向。这种内驱力并不直接指向学习本身,而是把学习作为赢得某种赞许、认可的手段,是一种间接的学习动机。虽然这种动机的初衷不是为了学习,但其结果恰恰达到了学习的目的,因此,附属内驱力也是可以利用的一种动机。

自我提高内驱力是通过取得好的学习成绩而获得相应地位、威望以及提升自我价值的倾向。该种内驱力与附属内驱力类似,也不是直接指向学习本身的,而是通过学习来取得好成绩,最终使自己能超过别人,证明自己的能力。这种内驱力也是一种间接的学习动机。

(四) 动机强度和学习效率的关系

动机强度和学习效率之间是一种倒 U 型曲线关系,中等强度的动机最有利于任务的完成,也就是动机强度处于中等水平时完成任务的效率最高。一旦动机超过了这个水平,即动机过强时有机体处于高度的紧张状态,干扰了记忆和思维活动的顺利进行,其注意和知觉的范围变得狭窄,反而限制了正常活动,从而使效率降低。例如,在考试复习中有的学生一心想考出好成绩,往往在考试中不能充分发挥实力,就是因为动机过强反而降低了学习效率。

早在 20 世纪初,心理学家耶克斯和多德森(R. M. Yerkes & J. D. Dodson, 1908)研究发现,各种活动都存在一个最佳的动机水平,动机不足或者过强,都会使效率下降。动机的最佳水平还随着任务性质的不同而不同。在比较容易的任务中,学习效率随动机水平的提高而上升,随着任务难度的增加,动机的最佳水平有逐渐下降的趋势。如图 8-2,这就是著名的耶克斯—多德森定律。

教师在运用耶克斯—多德森定律调动学生的学习积极性时应注意如下几点:第一,对于高焦虑的学生应尽量少给他们学习上的压力,而对于低焦虑的学生应适当施加压力,从而调动其学习积极性。第二,对于简单任务,如背外语单词,做算术口算题等,可以通过竞赛等方式提高学生的动机水平,从而提高学习积极性与学习效果。第三,对于带有创造性的新学习或问题解决任务,不宜用开展竞赛等活动来施加压力,而应放宽时限,让学生在轻松的环境下学习,效果更好[①]。

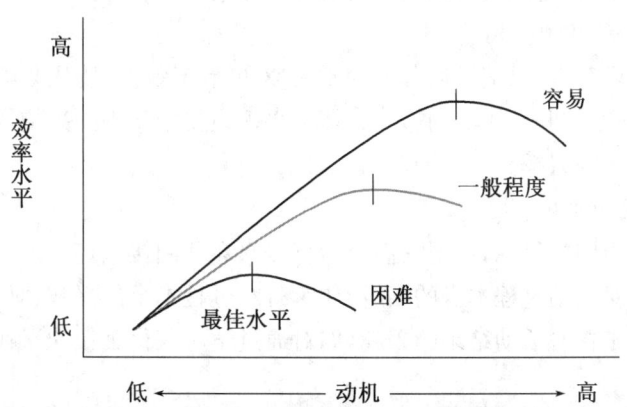

图 8-2 任务难度、动机强度与学习效率之间的关系

此外,动机的最佳水平还会因人而异,体现出个体差异。如进行同样难度的学习任务时,有的学生的动机最佳水平比较高,而有的学生的动机最佳水平比较低。

➤微信扫描目录页二维码可阅读"动机理论"。

---

① 皮连生.教育心理学[M].上海:上海教育出版社,2004:223.

三、兴趣及兴趣品质

"读书之乐乐何如,绿满窗前草不除;读书之乐乐无穷,瑶琴一曲来熏风;读书之乐乐陶陶,起弄明月霜天高;读书之乐何处寻?数点梅花天地心。"这是我国古代翁森的名作《四时读书乐》,字里行间流露出他对读书的浓厚兴趣,正是这种兴趣支持着他一年四季、一如既往地坚持读书。兴趣是推动人们去寻求知识和从事活动的心理因素,在人的学习、工作和一切活动中起动力作用。

(一) 什么是兴趣

兴趣是个体力求认识某种或从事某项活动的心理倾向。它表现为个体对某种事物或从事某种活动的选择性态度和积极的情绪反应。例如,对体育感兴趣的人总是注意有关体育的报道和活动,他的认识活动优先指向与体育有关的事物,并且表现出积极的情绪反应。

人的兴趣是在需要的基础上,在活动中发生、发展起来的,需要的对象也就是兴趣的对象。正是由于人们对某些事物产生了需要,才会对这些事物发生兴趣。兴趣又和认识、情感密切联系着。如果个体对某些事物没有认识,也就不会对它产生感情,因而不会对它发生兴趣。相反,认识越深刻,情感越丰富,兴趣也就越浓厚。

(二) 兴趣的分类

人的兴趣是多种多样的,可以用不同的标准对它们进行分类。

1. 物质兴趣和精神兴趣

根据兴趣的内容,可以把它们分为物质兴趣和精神兴趣。物质兴趣表现在对食物、衣服、舒适的生活条件和环境等的追求。精神兴趣主要指认识的兴趣,如对学习和研究哲学、文学、数学等的兴趣。

2. 直接兴趣和间接兴趣

根据兴趣所指向的目标,可把它们分为直接兴趣和间接兴趣。

直接兴趣是对活动过程本身的兴趣,如对游戏过程本身的兴趣、对开汽车过程的兴趣等。间接兴趣是指对活动结果的兴趣,如对通过学习获得工作的兴趣,对跑步后减肥的兴趣等。

研究表明,年龄较小的儿童大多数是对活动过程本身感兴趣,年龄稍大的儿童才会对活动结果感兴趣。在实践活动中,直接兴趣和间接兴趣都是不可缺少的。如果没有直接兴趣的支持,活动将变得枯燥无味;如果没有间接兴趣的支持,活动也不可能长久持续下去,只有直接兴趣和间接兴趣正确地结合,才能充分发挥一个人的积极性。直接兴趣和间接兴趣在一定条件下可以相互转化。例如,开始学习外语,对学习本身不一定感兴趣,只是认识到学习外语的重要性(间接兴趣),随着学习的深入,对学习本身也渐渐感兴趣(直接兴趣)。

（三）兴趣的品质

1. 兴趣的倾向性

兴趣的倾向性是指个体对什么发生兴趣。人与人之间在兴趣的倾向性方面差异很大。有人爱好数学，有人喜欢文学，有人热衷于体育，有人喜爱文艺，等等。

2. 兴趣的广泛性

兴趣的广泛性是指个体兴趣的范围。有人兴趣范围广泛，对许多事物和活动都兴致勃勃，乐于探求；有人则兴趣范围狭窄，常常对周围的一些活动和事物漠然置之。兴趣的广泛程度和个人的知识面的宽窄密切相关。人兴趣愈广泛，知识愈丰富，愈容易在事业上取得成就。历史上许多卓越的人物都有广泛的兴趣和渊博的知识。例如，达·芬奇不仅是大画家，而且也是大数学家、力学家和工程师。广泛的兴趣应该在正确的倾向指导下与中心兴趣结合起来，如果兴趣博而不专，一无所长，必然难有建树。只有在广泛兴趣的基础上有一个中心兴趣，使兴趣既博又专，才可能取得成就。

3. 兴趣的持久性

兴趣的持久性又叫兴趣的稳定性，指个体兴趣稳定的程度。在人的一生中兴趣必然会发生变化，但在一定时期内保持基本兴趣的稳定性，则是个体的一种良好的心理品质。人有了稳定的兴趣，才能把工作持续进行下去，从而把工作做好，取得创造性的成就。没有稳定的兴趣，朝三暮四，将会一事无成。儿童早期兴趣比较不稳定，一般在15岁以后才能趋向稳定。兴趣的稳定性是可以培养的，它和一个人的理想、信念和意志品质密切联系着。

4. 兴趣的效能

兴趣的效能指个体兴趣推动活动的力量。根据个体兴趣的效能水平，一般把兴趣分为有效的兴趣和无效的兴趣。有效的兴趣能够成为推动工作和学习的动力，把工作和学习引向深入，促使个体能力和性格的发展。无效的兴趣仅停留在期待和向往的状态中，不能促使个体积极主动地去努力满足兴趣。

第二节　儿童动力系统的特点

由于儿童年龄阶段所特有的生理、社会关系特点，他们的内在动力系统也表现出相应的特点。

一、儿童需要的特点

12～18岁的儿童逐渐进入青春期，其生理上的变化和社会关系上的变化使得他们发展出有别于成人的典型需要。

1. 独立自主的需要

随着成人感的产生，儿童心理发展上呈现出强烈的独立自主需要。他们希望与成人之间建立一种平等的关系，不愿意被成人约束太多；他们的自主意识增强，要求自己的事情自己处理，不愿被成人当成小孩。这一时期家长的过多干预、说教和指责会引起他们的反感甚至反抗。

2. 对同伴友谊的渴望

同伴友谊在儿童的发展和社会适应中具有成人无法取代的重要作用，是影响个体心理健康成长的重要社会因素之一。良好的同伴友谊有利于青少年社会价值的获得、社会能力的培养、学业的顺利完成，以及认知和人格的健康发展。而不良的同伴关系有可能导致学校适应困难，甚至会影响成年以后的社会适应。儿童群体年龄相仿，志趣相投，在相互平等的宽松氛围中，他们可以充分表现自我和发现自我，这种人际关系的成熟发展成为其社会性发展过程中的一个重要因素。

3. 成就的需要

随着年龄的增长，儿童的成就需要日趋强烈，他们在学习过程中不断对自己提出目标和要求，并为目标做出准备。成就需要的满足会使他们产生强烈的学习动机，促使他们努力学习，在学习的过程中发现并发掘自身的潜力。

4. 尊重的需要

随着生理和心理的日趋成熟，儿童的自我意识逐渐增强，他们对于理解和尊重的需要非常迫切，强烈地希望自己能作为一个独立自主的人得到父母、老师、他人的认可、尊重和信任。如果这种需要得到满足，他们就能发展出对他人的信任感，缓解青春期的烦恼与不安的情绪，减少焦躁、敌对的青春期心理。

二、儿童学习动机的特点

随着儿童生理的发育成熟，社会交往领域的扩大，他们不断产生新的需要，由这些需要所产生的新的动机也具有多样性，并呈现出冲突性、隐蔽性、发展性等特点。这里我们着重介绍儿童的学习动机。

学习动机是指向学习活动的动机类型，是直接推动儿童学习的一种内部动力。学习动机和学习的关系主要表现为一种间接的促进或促退关系，它是学习活动顺利进行的重要支持性条件。要有效地进行长期的有意义学习，动机是必不可少的。我们可以设想，要一个人去做一件自己毫无兴趣的事情，或对于一个毫无求知需要的学生来说，他们是很难持久努力学习的。所以，对于漫长的学习过程来讲，首先要激发他们求知的动机。而一个有很高学习成就动机的孩子，必然热爱学习，并且自愿去从事他认为重要且有价值的学习，并力求达到完美的地步。

（一）儿童学习动机形成和发展的基本特点

许多研究表明，我国青少年学习动机发展的基本特点如下：

一是学习动机结构中的社会性因素不断丰富和增强。比如低年级小学生好学习，可能仅仅是为了得到教师和家长的赞赏，得到同伴的尊重和认可。然而，随着年级的升

高,知识经验的积累,其学习动机的结构因素也发生了变化,其社会性意义越来越强。好好学习不仅仅是为了得到赞赏,而且是为班级争光,为学校争光,学好本领为社会做贡献。

二是学习动机结构中的主导方面发生了新的变化,由外部学习动机为主导向以内部学习动机为主导转化。低年级学生学习动机主要来源于外部,即家长和教师的要求、考试的压力及批评、表扬、期待和激励。随着年级的升高,知识经验的增多,自我意识和自我调控能力也不断增强,对学习的需要、求知欲等内在因素在学习动机结构中所占比例也越来越大,并逐步占有支配地位,成为学习动机结构的主导方面。

三是学习动机结构中动力强度的持续性发生了新的变化,即由直接的近景性动机向着间接的远景性动机转化。低年级学生的学习动机多受直接因素的影响,比如,某一门课生动、有趣、好玩就喜欢学,反之就不喜欢学;考试成绩好、常受表扬的课就喜欢听,否则就不喜欢听。然而随着年级的升高,社会化程度的不断提高,理想和信念在其学习动机结构因素中逐渐占有重要位置,间接的远景性学习动机逐渐成为支配性的稳定而持久的学习动力。

拓展阅读

不同的学习动机,不同的学习状态

小玉是一名初二年级学生,平时学习很努力,而且成绩在班里一直名列前茅。一次期末考试她的成绩排名没进入全班前5名,她很失望。一方面她觉得在老师和同学面前抬不起头,更为重要的是,如果期末考试三门主要功课都在班级前5名的话,父母答应奖励她一个她一直期盼的高级游戏机,现在这个奖励泡汤了。

小刚从小就喜欢看各种各样的书,上学后依然很爱读书,在学习上保持强烈的好奇心,只要一有空就拿出书专心致志地阅读,常常是别人喊他的名字也没有反应。在奥林匹克数学课堂上,他喜欢具有挑战性的题目,喜欢钻研那些有难度的题目,当他经过努力思考完成一道难题时,就会感到很开心。在学习中他常能感到一种乐趣。

小强每天写作业却写得很晚,常常是一边写一边玩,因为早完成了妈妈可能还会让他做别的作业。在学校里他的成绩一般,他完成作业主要是怕老师和父母的惩罚,因为老师常批评他,父母也会指责他。他每天上学好像都是在应付差事。

小磊上课时爱发呆,老师布置的作业有时候会忘记做,上课不爱回答问题,因为担心说错了会被老师批评,被同学笑话。他的考试成绩时好时坏。

思考:上述案例中几个学生的学习状态不同,他们的学习动机也有很大差别,分别是哪种学习动机?有无好坏之分?在学校教育中应该培养儿童哪种类型的学习动机?

(二) 儿童学习动机产生的原因分析

一般而言,儿童的学习动机出于以下四种:

一是为生存。这是指孩子可以通过努力学习改善自己的生存状况,是一种自我提高的内驱力,属于生存需求。生存需求是人类最基本的也是驱动力最强大的需求。当今父母最常用的教育理念的依据就在于此,他们往往会告诫孩子小时候不用功读书,长大后就没有好工作,要去扫马路、捡垃圾或当乞丐。可是,这种生活距离孩子今天的现实环境太遥远了,他们根本没有受冻挨饿的体验。所以,这种教育在今天就成了最没有力量、最没有效果的教育,而很多父母仍在唠唠叨叨地坚持使用,还百思不得其解,过去一代一代一直有效的教育怎么到了这一代就失效了呢?

古人云:"自古雄才多磨难,从来纨绔少伟男"。孟子也说过:"生于忧患,死于安乐"。我们还是要想办法充分利用"为生存"这一原本驱动力最强大的需求,来激发孩子学习的动力。

拓展阅读

少年顾瑞荣的故事

有这样一个真实的故事。在一个偏僻的农村,有一户人家。家里有9个孩子,前8个都是女孩,最小的是个男孩。虽然日子过得很艰辛,全家却十分娇惯这个男孩。上学的时候,男孩就觉得学习很苦,后来读到高二,他觉得学习实在无聊,心想,上学还不如当农民,他们不用整天坐在教室里枯燥地学习,多么快乐自由啊。于是,男孩不顾全家人和老师的劝阻,回家开始种田。春风和煦、春暖花开的时候,他觉得一切都那么新鲜那么美好,种田真是太幸福了。可是,当酷热的夏天到来的时候,骄阳似火,烈日炎炎,他还不得不到田里去干活。手背上伤痕累累,手心上老茧层层,皮肤晒得脱皮生疼,喉咙冒火却连口水也喝不上。男孩一边干活,一边思考,不甘心了,难道我这一辈子就要这样度过吗?于是,他跑回学校,想尽千方百计甚至不惜下跪央求学校重新给他一个上学的机会。回到学校,他成了全校最爱学习的人,后来考取了同济大学,读了博士,还成了名人。

他就是风靡全球的《学习的革命》一书的译作者顾瑞荣博士,我国著名的青少年赏识教育专家。

生活的艰辛有助于激发孩子的斗志和改变现状及命运的强烈愿望,但随着生活水平的提升,孩子体验生活艰辛的机会越来越少了,那些溺爱孩子并且习惯于过度保护和包办代替的家长更是剥夺了孩子体验的机会,非常不利于孩子的学习和成长①。

---

① 王士民.青少年学习动机探讨[EB/OL]. http://blog.sina.com.cn/s/blog_54e7221f010007b9.html. 2007 - 03 - 09/2017 - 08 - 17.

二是为理想。这也是一种自我提高的内驱力，属于自我实现的需求，是一种非常强大的学习驱动力。古往今来，凡成大事者，无不具有远大的志向和崇高的理想。著名的知心姐姐卢勤老师在很小的时候就非常喜欢《中国少年报》的"知心姐姐"栏目，模仿知心姐姐留起一样的发型，后来还写了一封信给报社，并且得到了回信。从那时起，她就树立了要做知心姐姐的理想，立志要考取人大的新闻系或北大的中文系，毕业后为知心姐姐栏目做记者。但随着上山下乡运动的开始，她没有机会考大学了，《中国少年报》也停刊了。但是崇高的理想始终推动着她牢记自己的梦想，从来不曾放弃努力，后来，她下乡到东北做了知青的知心姐姐。等到《中国少年报》复刊以后，她再次写信，坚决要求到报社工作。再后来，她就真的成了知心姐姐，成为现代著名的青少年教育专家并帮助了无数的孩子和家庭。

孩子小时候都是拥有很多梦想的，年龄稍大一点也会开始树立理想，老师和家长需要用心呵护，多加鼓励，因为追求理想的兴趣会慢慢迁移到学习兴趣上来。

三是为快乐。这属于认知内驱力，是一种掌握知识、技能和阐明、解决学业问题的需要，是一种求知的本能欲望。实验证明，这种内驱力主要是从好奇的倾向，如探究、操作、理解外界事物奥秘的欲求等心理因素中派生出来的。例如，儿童很早就开始探索他们周围的世界，对新异世界特别感兴趣，不断地摆弄和装拆玩具，总爱问成人很多各种各样的问题。

也就是说，孩子具有学习、求知和探索的本能，这种本能会带给孩子快乐，正常的孩子会为了这种快乐而不断地学习。但现实生活却让孩子感到学习是一种无尽的苦难。父母过高的期望、过多的学习要求和约束、不正当的对比、排名甚至打骂指责以及应试教育下巨大的课业负担，让学习本身的快乐感离孩子越来越远。再加上中国的教育习惯于将玩和学完全对立起来，经常灌输学习苦、学习累的理念，一提学习就是一本正经、正襟危坐的感觉，让很多孩子想到学习就唯恐避之不及。

拓展阅读

小建是一个高二的学生，从小品学兼优，但在读高二的时候却被第二次退学了。第一次是因为成绩差，不做作业，第二次是因为和同学发生矛盾伤害了同学。我见到他的时候，他每天唯一做的事情就是上网打游戏，有时一天只吃一顿饭。他从小学一直到初三以前，都是班上的第一名，但是从小到大一直非常优秀的父亲对他要求也格外严格，只要小建考试不是第一名或一百分，就要挨打。小建从小被作业和练习压着，不能抬头，一本接一本。有一次，他从早晨一直做到晚上六点，刚刚玩了一会儿，就被回到家的父亲暴打一顿。小建说他每次在父亲旁边做作业特别紧张，特别害怕，既要做作业，又要时刻准备着父亲的巴掌不知何时会打过来，因为他并不知做得对还是错，而父亲知道，只要是错了，巴掌就要过来了。小建曾把每次挨打的经历记录下来，留待长大以后报仇，说这话的时候，眼神中充满无奈和怨恨。处在这种境地的孩子，学习对他们来说，还有什么快乐可言①？

---

① 王士民. 青少年学习动机探讨[EB/OL]. http://blog.sina.com.cn/s/blog_54e7221f010007b9.html. 2007-03-09/2017-08-17.

四是为赏识。这是一种附属内驱力,属于尊重和被爱的需求。附属内驱力是指一个人想获得自己所附属的长者(如家长、教师)的赞许和认可,取得应有的赏识的欲望。也就是说,孩子努力求得学业成就,并不一定是把这种成就看作赢得地位的手段,而可能是为了得到称许和认可,对他们而言,赏识无异于精神生命的阳光、空气和水,不可或缺。

拓展阅读

周弘的赏识教育

古人云:数子十过,不如扬子一长。著名的赏识教育倡导者周弘老师把他又聋又哑的女儿周婷婷培养成了中国第一位聋人少年大学生和留美博士,堪称教育界的奇迹。有一次,周弘为婷婷出了十道算术题,结果婷婷只做对了一道。同一般家长不同的是,周弘没有理会做错的九道,而是在做对的那一道题目上打一大大的勾,还鼓励婷婷说她太了不起了,这么难的题目竟然做对了一道,而自己像女儿这么大时,这么难的题目碰都不敢碰。那一刻,婷婷的自信和学习的热情被极大地唤醒[①]。

(三) 儿童学习动机缺乏的表现

学习动机是引起和维持学习活动的一种动力,这种动力可以通过学生在学习中的状态表现出来。学习积极性是在学习活动中表现出来的认真、主动、顽强和投入的状态,是学习动机的一种直接的外在表现。有无学习动机和动机的强弱程度都可以通过学习的积极性水平反映出来。动机水平高的学生,往往主动选择具有挑战性的任务,学习更为努力,面临学习困难时,也能够表现出较高的坚持性;而动机水平低的学生可能只满足于完成基本的学习任务,学习不太努力,面临困难时难以坚持。

儿童缺乏学习动机一般有如下表现:

(1) 容易分心。注意力差,不能专心看书,不能集中思考,兴趣容易转移。学习肤浅,满足于一知半解。行动忽冷忽热,情绪忽高忽低。

(2) 厌倦情绪。对学习冷漠、畏缩、常感厌倦,对学习生活感到无聊,在学习中无精打采,很少享受到学习成功带来的快乐。

(3) 缺乏方法。不注意摸索学习规律,缺乏正确的学习策略和方法,学习能力弱、效率低、效果差。

(4) 低焦虑,缺乏自尊心、自信心。感觉自己搞不好学习,自己对所学内容唤不起兴趣,经常拿"我这方面天生就不行"的话来安慰自己,因而学习成绩搞不好也不觉得丢面子,成绩不及格也不在乎。这些学生缺乏必要的压力、必要的唤起水平和认知反应,因而懒于学习。

---

① 赏识教育倡导者:周弘[EB/OL]. http://baike.baidu.com/view/1060928.htm

此外,学习动机缺乏在儿童中还常常表现为:懒散、惰性大;不遵守纪律,经常旷课和睡懒觉;对吃喝玩乐情有独钟,整天沉溺于上网、游戏等;乱花父母的血汗钱而心安理得,无端浪费大好时光而无动于衷。

➤微信扫描目录页二维码,阅读"教师应该经常对学生进行观察的诸多方面"。

三、儿童学习兴趣的特点

达尔文在自传中写道:"就我在学校时期的性格来说,其中对我后来发生影响的,就是我有强烈而多样的兴趣。沉溺于自己感兴趣的东西,深入了解任何复杂的问题。"可见,兴趣是学习成功的关键因素之一。如果把学习当作一种精细的生命智慧的运动,那么,学习兴趣就如同奇妙的内在动机。浓厚而稳定的兴趣能够使我们对学习保持积极、持久的热情和创造性,使学习的潜能最大限度地发挥出来,从而也体验到学习和成长的愉悦与情趣。

拓展阅读

青少年时代培养的兴趣,往往会为自己的一生奠定基础。我国音乐家聂耳,他对音乐产生强烈兴趣的第一个起因是:邻居的一个木匠师傅常在空余之暇吹笛子,笛声悠扬悦耳,时而像高山流水,时而像百鸟争春,时而高亢激昂,时而委婉低沉。兴趣使他酷爱音乐,从十岁起他就学拉二胡、弹三弦和月琴,十三岁就登台演出,后来在抗日战争的烽火中,创作了代表中华民族心声的不朽乐章《义勇军进行曲》①。

(一) 儿童兴趣发展的阶段

儿童兴趣的发展,一般要经过有趣—乐趣—志趣三个阶段。

有趣是兴趣发展的低级水平,往往是由某些外在的新异现象所吸引而产生的直接兴趣。其特点是时间短暂,带有直观性、盲目性和广泛性。

乐趣是兴趣发展的中级水平,是在有趣的基础上定向形成的。在这个阶段或水平上,学生的兴趣会向专一的、深入的方向发展,即对某一客体产生了某种特殊爱好。乐趣已具有专一性、自发性和坚持性的特点。一般来讲,学生进入初中以后,其兴趣开始向乐趣阶段方向发展。

志趣是兴趣发展的高级水平,它与崇高的理想和远大的奋斗目标相结合,是在乐趣的基础上发展起来的。其特点是具有社会性、自觉性、方向性和更强的坚持性,甚至终身不变。事实证明,学生的志趣是在中学的高年级形成的,志趣形成后对学生日后学业、事业的发展会产生不可忽视的影响。

---

① 浅议学生学习兴趣的培养[EB/OL]. http://www.fyzxxx.com/News_Article.asp?Class_ID=274&Article_ID=3701. 2008-07-23/2017-08-21.

(二) 儿童学习兴趣发展的基本特点

儿童的学习兴趣一般随年龄的增长呈现出以下基本特点：

1. 学习兴趣趋于广泛

随着年龄的增大，儿童的知识范围扩大了，求知欲大大增强了，他们不仅喜爱文艺读物，而且喜爱科学、技术读物。教师要善于帮助学生扩大他们的学习兴趣，同时要注意到不要使学生的兴趣过于广泛，以至漫无中心。

2. 学习兴趣带有选择性

12~18岁的青少年学生相比小学生而言，他们的学习兴趣具有更大的倾向性和选择性。例如，特别喜爱某些学科，或者不喜爱某些学科。特别喜爱某一学科常常首先和教师的教学水平有关。对同一门功课，一个教学水平不高的教师，学生的学习兴趣就会显著降低。其次和学科成绩有关。成绩或分数不好，会影响学习的积极性，一旦连续获得较好的成绩或分数，就会对这门学科感兴趣。学生学习兴趣的选择性有积极的意义，但教师必须注意防止学生兴趣的片面性。

3. 学习兴趣趋于稳定

12~18岁儿童的学习兴趣逐渐趋向稳定，具有更大的持久性。他们一旦形成对某个学科或者某项活动的兴趣，在较长时间内这种兴趣是趋于稳定的。这种学习兴趣的稳定性能推动儿童持续地开展学习活动，从而取得较好的学业成绩。

4. 学习兴趣的深刻性更强

小学儿童对具体的材料、小说和故事比较有兴趣，而对抽象性的理论性的材料兴趣不大。然而中学生在恰当的教育影响下，逐渐对理论性的问题，对需要开动脑筋积极思考的材料感兴趣。他们在阅读文艺作品的时候，不但对故事的叙述有兴趣，而且开始对人物的内心变化有兴趣。但是，在缺乏正确教育影响的情况下，在初中学生学习兴趣上，实用性和肤浅性仍然可能占有很重要的地位。例如，有些学生参加科学技术活动的时候，往往只热心于如何制作或装置，而对有关机器构造或机器装置的原理不大感兴趣。又如，也有一些学生在阅读文艺作品的时候，往往单纯注意故事情节的热闹有趣，而对作品中人物的刻画及作品的社会意义等毫不在意。教师或父母应该针对这种情况，给予适当的指导，引导他们的兴趣向实际和理论相结合的更深刻的水平发展。

第三节 儿童学习动机的激发

"知之者不如好之者，好之者不如乐之者。"培养儿童对学习的积极态度，全面激发其学习动机，使之好学、乐学，不仅影响儿童的学习状态，关系其学业成绩，而且影响他们的身心健康乃至全面发展。

儿童学习动机的激发是指把学习需要由潜伏状态转化为活跃的状态，使其成为学习活动的直接动力。为了有效地激发学生的学习动机,我们可以采取如下措施。

一、激发与维持内部动机

内部动机是源于兴趣、好奇心、成就的需要或自信心等个人特征的动机,所以激发与维持学生动机的根本策略是教师长期坚持培养学生求知、求成的需要,通过成功的学习经验增强他们学习自信心和自我效能感。

(一)加强学习目的性教育

学习目的性教育的核心工作就是帮助学生深刻领会学习的意义和价值,并在此基础上确立适合于自己的学习目标。目标可区分为长远目标和近期目标,长远目标是个体所追求的较高的最终行为结果,一般说来,它对个体具有比较重大的意义和价值,如远大的人生理想和抱负。近期目标是个体为完成长远目标所制定的一步步的行动计划和方案,由于近期目标的确定充分考虑到行为者实现这一目标的可行性,成功的可能性较大,因此比长远目标具有更显著的激励作用。在对儿童进行学习目的性教育的过程中,应注意以下几点:

1. 结合儿童的特点进行教育

进行学习目的性教育,应从实际出发,采取生动、有说服力且适合学生心理发展特点的形式和内容,避免空洞说教。可召开一些诸如"为什么要努力学习"、"知识就是力量"等为主题的班会;平时多给学生讲一些古今中外杰出人物勤奋学习、努力成才的故事,使他们充分认识到学好功课的目的性和重要性,从而树立远大理想,并脚踏实地地学好各门功课。学习目的性教育也可贯穿在各科教学过程中。每学习一门新课,教师应生动具体地阐明这门学科的重要意义,在日常教学中要注意阐明学习课题的目的和意义,并明确提出具体任务与要求。

2. 帮助学生制定适合自己的学习目标

心理学家布朗(M. Brown)等人的研究发现,凡是设立学习目标的学生,其学习成绩都比较优异,而且富有积极进取的精神;相反,未设立学习目标者,其成绩比较差,而且常有行动迟缓、裹足不前、缺乏学习兴趣的表现。实践证明,学习目标定得过高或过低都不利于提高学生的学习积极性,一般来讲,学习的目标以一个学生在其原有学习成就的基础上增加20%为最佳,实现该目标的时间以一学期为宜①。

拓展阅读

哈佛大学的目标实验

哈佛大学有一个非常著名的关于目标对人生影响的跟踪调查。调查的对象是一群智力、学历、环境等条件差不多的年轻人。调查结果发现:27%的人没有目标;60%的人目标模糊;10%的人有清晰但比较短期的目标;3%的人有清晰且长期的目标。

---

① 沈德立.小学儿童发展与教育心理学[M].上海:华东师范大学出版社,2003:168-169.

25年的跟踪研究结果显示,他们的状况及分布现象十分有意思。那些3%有清晰且长期目标的人,25年来几乎都不曾更改过自己的人生目标。25年来他们都朝着同一方向不懈地努力,25年后,他们几乎都成了社会各界的顶尖成功人士。他们中不乏白手创业者、行业领袖、社会精英。那些10%有清晰短期目标者,大都在社会的中上层。他们的共同特点是,短期目标不断被达成,状态稳步上升,成为各行各业的不可或缺的专业人士,如医生、律师、工程师、高级主管等。而那些占60%的模糊目标者,几乎都在社会的中下层,他们能安稳地工作,但都没有什么特别的成绩。剩下的27%是那些25年来都没有目标的人群,他们几乎都在社会的最底层。他们都过得不如意,常常失业,靠社会救济,并且常常都在抱怨他人,抱怨社会,抱怨世界。[①]

3. 定期考查

定期对学生的学习情况进行考查,可以帮助学生了解学习目标的实现情况。史蒂文斯(J. M. Stephens)和伊文斯(E. D. Evans)研究发现,在大学阶段,一学期进行一次或两次考试所产生的学习动机的水平,与经常考试所产生的学习动机水平差不多;在中学阶段,大约每隔两周进行一次考试,似乎更有效;对于小学儿童,尤其是低年级学生,考试似乎应该更频繁一些。

(二) 激发学生的求知欲

1. 创设问题情境

创设问题情境就是在讲授内容和学生求知心理之间制造一种"不协调",将学生引入一种与问题有关的情境中。创设问题情境时应注意问题要小而具体、新颖有趣、有适当的难度;有启发性;善于将要解决的课题寓于学生实际掌握的知识基础之中,造成心理上的悬念。

2. 丰富材料呈现方法

通过采用图片、视频、报告会、实验演示、野外考察等多种方式来培养学生对学习材料的浓厚兴趣。教师也可以通过使学生参与学习活动过程来激发学生的求知欲。

3. 利用学习动机的迁移

在学生没有明确的学习目的,缺乏学习动力的时候,教师可利用学习动机的迁移,因势利导地把学生已有的对其他活动的兴趣转移到学习上来。利用动机迁移原理时,教师必须要让学生感受到,充分理解原有活动必须学习好即将要学习的知识,从而激发学生学习新知识的动机。

---

① 制定人生目标的重要性[EB/OL]. http://hi.baidu.com/lclbbb13/blog/item/4b458e439ec762169313c6df.html, 2009-02-23/2017-06-21.

拓展阅读

一名初一年级的英语教师发现自己所教的班里有一名男生不爱学英语,成绩最差。但这名男生对航模很感兴趣,上课时不时地在摆弄各种飞机模型。教师便跟他一起设计、制作航模,并鼓励他参加航模比赛,找一些有关的书籍给他看。其中有一本印有精美图片的英文版航模书令他爱不释手,却看不懂。这个学生从中悟出了学好英语的价值。此后他对英语学习非常认真,成绩也不断提高①。

(三) 对学业成败进行正确归因

教师应鼓励并帮助学生建立正确的有关成败因果关系的认知,要让学生树立这样一种信念:只有努力才可能成功,不努力注定要失败。要引导学生把成功归因于自身内部因素,这样可以使他们体验到成就感和效能感,并进一步增强其今后承担和完成学习任务的自信心;同时,应防止学生将失败归于稳定且不可控的因素(如能力),因为这种归因方式会严重挫伤学生的学习积极性和自信心。具体来说,要注意以下几个方面:

1. 强调努力对学业成败的作用

努力是获得成功的必要条件,因此,要引导学生重视努力对学习的作用,使学生意识到自己的努力是决定学业成败的重要因素。

在对努力和能力关系的看法上,一些学生存在错误的认识。如有的学生将成功完全归功于自身的能力强,认为自己头脑聪明,不需要用功学习,也不需要教师和父母的支持。这样的学生往往高傲自负,唯我独尊。对于他们,教师应肯定他们的能力,但同时也要引导他们确立关于学习的合理信念,使他们充分认识到即使能力再强,如果不努力,取得的成功也只是暂时的。有的学生不愿意承认自己的学业成绩是努力的结果,因为努力意味着能力差,"笨鸟"才会勤奋。还有的学生将失败归因于自己的脑子笨、能力差,这样的学生容易对自己失去信心,甚至自暴自弃。对于这类学生,教师要帮助他们正确地看待自己,让他们意识到能力虽然是成功的重要因素,但努力同样重要,"勤能补拙"、"一分耕耘一分收获"。也有的学生在努力之后仍然失败,这时就需要综合分析失败的原因,看努力的方向和方法是否正确有效。

2. 强调行为结果的可控性

强调行为结果的可控性也就是要引导学生将行为的结果归因为自身可以控制的因素,突出个体在行为成败中的主导作用。如果学生认为自己对学业的成败无法控制,那么就会将责任推卸到自身之外。可控性归因意味着个体对成功和失败有着自己的主动权,在很大程度上成败是由自己来决定的。尤其是当学生在学业等方面遭遇失败时,如果归因为不可控的因素,如家庭环境不好、教师的教学水平低、运气差、头脑不聪明等因素,就会让学生丧失学习的积极性,造成恶性循环。因此,在学生取得较差的成绩时,要鼓励、引导学生进行可控因素的归因,如个人的努力不够、学习方法不当、准备不充分

---

① 路海东.学校教育心理学[M].长春:东北师范大学出版社,2000:158.

等。当学生成功时,引导学生归因为"我很努力"、"我复习得不错"、"我准备得很充分"或"我掌握了有效的方法"等个人可以控制、有所作为的因素,而不是"我运气好"、"题目简单"等个人不可控的因素。

3. 对成功和失败的归因要有所区别

能力是影响学生学业成败的重要因素,学生也会经常将自己的成败归因为能力。但是,在成功和失败时,归因为能力的作用效果却大不一样。当学生取得好的成绩时,可以引导学生归因为自己的能力,如"我的学习能力强"、"我还算聪明"、"我的记忆能力强"等,在这种情形下学生会对自己的未来成就充满期待,保持较高的自信心。而失败时则不能将结果归因为自己的能力差,如"我的脑子不好使"、"我不是学物理的料"、"我天生就不擅长英语"等。失败时归因为能力差会在很大程度上打击学生的学习积极性,挫伤学生的自信心。

在教育教学中,我们提倡对学生的学业失败做策略性归因,即引导学生把学业失败归结为在学习方法上存在问题,这样既可以维护学生的自尊心,同时又为学生指出了今后努力的方向。教师把学生的学业失败归因于缺乏努力,并对此表示不满,可以使学生感到内疚,而内疚通常会变成一种学习的激励力量。但是,如果教师把学生的学习失败归结为能力水平低,并对之表示同情,常常会使学生感到自卑,这种自卑会导致其退缩,以至丧失学习的信心。

拓展阅读

一位老师的班上有位学生英语成绩相当差,因为他在小学时根本没有学过英语,和班上大部分学过英语的同学相比,他的考试成绩让人感到很失望。第一次和他谈话时他就放声大哭起来,因为他觉得自己没有学过英语,而且感觉自己已经努力过,但经过几次考试他还是以失败告终。在这种情况下,教师首先肯定他有能力学好英语,只是一方面可能还没有找到好的学习方法,另一方面在英语学习上的投入还不是很到位,此外,教师给这位学生提出一些学习英语的建议,鼓励他给自己定个学习计划,每天严格按照计划执行,同时,经常向老师汇报自己在学习过程中得到的快乐。经过一段时间的努力,他的成绩一路直线上升。现在,他的英语成绩是班上最优秀的。同时,教师进一步强化他的其他能力(因为他的语文阅读能力较差),相信他一定能够把语文学好。果然,在经过一段时间的努力后,他的语文成绩也在一步步上升,不仅如此,他还在班级活动中尽显才华。这位教师告诉他:不要怕自己不行,只要去试验,你就一定行! 在一次次的进步过程中,我始终不断地分析你成功的原因,肯定你的能力,最后,你是越战越勇[①]。

---

① 一个归因案例[EB/OL]. http://eblog.cersp.com/userlog15/28128/archives/2006/71337.shtml. 2006-08-13/2017-08-09.

(四) 培养学生对成就的需要和成就感

马斯洛需要层次理论表明,实现自我价值和力求成功是每一个人都具有的高级需要,但必须以爱和自尊等较低级需要满足为前提。培养学生求成需要和成就感主要是针对那些学习成绩不好、被人看不起、有些自暴自弃的学生,所以激励成就感较差、有些自暴自弃的学生的动机的前提是教师(包括家人和同伴)应改变对他们的不良态度,给予他们更多的关爱和尊重。相信在成绩最差的学生身上也可以找到闪光点,如文化知识学得不好的学生可能有很强的动手能力,或者在体育上有超人的表现。教师可以先找出这些闪光点并加以发扬,给予他们充分的信任和鼓励,从而激发他们的成就感,教师的信任和鼓励往往会转化为学生有效的学习动力。

➤微信扫描目录页二维码,可阅读"神奇的'大学村'"和"皮格马利翁效应"。

二、激发与维持外部动机

(一) 及时提供反馈信息

了解自己活动的进展情况本身就是一种巨大的推动力量,会激发学生进一步学习的愿望。教师及时提供反馈信息能帮助学生及时发现、纠正错误,调整学习的进度,使用合适的学习策略来完成学业任务。如果学生在学习很长时间之后,仍不能知道其进展情况和取得的成就水平,则会很难继续保持巨大的学习热情。

心理学家罗斯(D. Ross)等做过一个很有说服力的实验①。他们把一个班级的学生分成三组,每组给予不同的反馈。对第一组,学习后每天告诉其学习结果;对第二组,每周告诉其学习结果;对第三组,则不告诉学习结果,如此进行 8 周后,改换条件。三个组 16 周的学习成绩如图 8-3 所示。

实验结果表明:在第 8 周后,除第二组显示出稳步的前进以外,第一组与第三组情况则变化很大,即第一组成绩逐步下

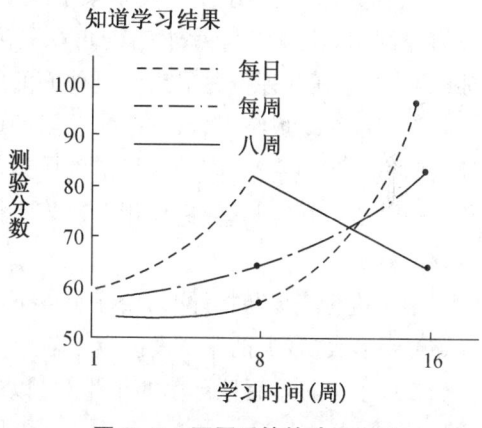

图 8-3 不同反馈的动机作用

降,而第三组成绩则迅速上升。由此可见,反馈在学习上的效果是很明显的,尤其是每天及时反馈,较之每周反馈效果更佳。如果没有反馈,不知道自己的学习结果,则缺乏学习的激励,很少进步。

在教育教学中,教师应尽可能让学生及时准确具体地了解自己学业的进展情况及取得的成就,对学生完成的作业(练习、试卷等)的批改切忌拖延,也不能过于笼统,只给"对错",尤其是对错误的批改分析,越具体,越有针对性,效果越好。

---

① 皮连生.教育心理学[M].上海:上海教育出版社,2004:247-249.

在对学生的学习结果进行反馈的时候要注意以下几点：

(1) 反馈应及时,对低年级学生更应如此。

(2) 反馈的内容应包括学生对教师课堂提问的回答、课内作业和各种考试的结果。

(3) 应使学生知道什么是正确的反应,这比知道什么是错误反应更重要。

(4) 应随时让学生了解距离自己制定的学习目标还有多远。

(5) 对学习成绩不理想的学生,不能单纯看其分数的高低,还应从其他方面发现其闪光点,并给予适当的表扬与鼓励,以增强其学习的自信心和上进心。

(二) 适当使用表扬和批评

尽管在一定的情形中适度的批评和惩罚对促进学习是有效的。但一般来说表扬、鼓励、奖励要比批评、指责、惩罚更能有效地激发学习动机。

赫洛克(E. B. Hunlock,1925)曾把100名四、五年级的学生分成四个等组,在四种不同诱因的情况下进行加法练习,每天15分钟,共进行5天。第一组为受表扬组,每次练习后给予表扬和鼓励;第二组为受训斥组,每次练习后,严加训斥;第三组为观察组,每次练习后,既不给予表扬,也不给予批评,完全不注意他们,只让其静听其他两组受表扬和受批评;第四组为控制组,让他们与另外三组儿童隔离,单独练习,不予任何评价。最后测量他们的成绩,结果如图8-4所示①。

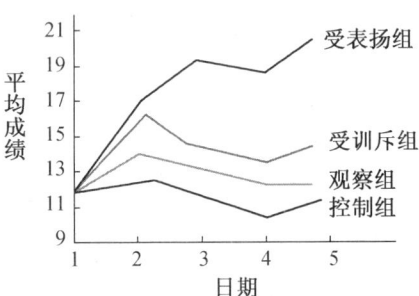

图8-4 奖励与惩罚对学习结果的影响

就学习的平均成绩来看,三个实验组的成绩均优于控制组,受表扬组和受训斥组的成绩又明显优于观察组,而受表扬组的成绩不断上升。这表明对学习结果进行评价,能强化学习动机,对学习起促进作用。适当表扬的效果明显优于批评,而批评的效果比没有批评的好。

对学生进行表扬与批评时,要注意以下几点:

(1) 要多表扬,少批评。表扬应该与严格要求相结合,批评中应带有鼓励。

(2) 对于学习差而且自卑的学生,可以通过表扬他某一方面的特长来带动其学习的积极性。

(3) 要考虑学生受表扬与批评的历史。对于经常受表扬的学生,要适当地指出其不足;而对于缺点较多的学生,当他们有了一点进步时,要给予及时表扬和鼓励。

(4) 表扬和批评要有针对性。任何的批评和表扬都应让学生感到是有理有据的,过火与不及都有损动机作用。试想,当一个学生按任务要求做出难度较大的数学题时,教师却对作业的整洁大加赞扬会产生什么效果？而学生认为自己不费吹灰之力就完成一件作业,或作业做得很不怎么样的时候,教师却把他大大表扬一通,这时学生很可能

---

① 皮连生.教育心理学[M].上海:上海教育出版社,2004:249.

做出这样的归因:这么糟的东西,他竟然表扬我,一定以为我是个笨蛋。

(5) 应注意青少年的个别差异。从性别角度,对女生而言表扬比批评更有效,而对男生而言,批评似乎比表扬的作用更大些;从学习水平角度,表扬对学习困难的学生作用最大,对中等学生次之,对优生最小,而批评对优生作用最大,对中等生次之,对学习困难学生最小;从性格角度,对内向的儿童,表扬的效果要优于批评的效果,而对于外向的学生,批评似乎更有效。

(三) 科学使用奖赏与惩罚

1. 正确使用奖赏

当学生进行某种活动的内部动机的稳定性较差时,需要用物质强化来维持,而且学生年龄越小这种倾向性就越明显。利用奖赏激发学习动机时要注意:① 给学生发一些他们喜欢的学习用品、书刊作为奖品,最好不要发奖金。② 对同一学生而言,奖赏不可用之过久,一旦学生的学习动机日趋增强,就应逐渐撤销奖赏。③ 应向学生讲明,奖赏的价值在于肯定他们在学习上所取得的进步,而不是他们学习的报酬。④ 外部奖励不可滥用。外部奖励使用不当比表扬的滥用危害更大,不仅会使学生产生消极归因,更有可能损害原来已有的宝贵的内部动机。莱珀(M. R. Lepper, 1989)称之为外部奖励的隐蔽性代价,即对原来有内在兴趣的活动因不适当的外在奖励而损害对活动本身的兴趣。所以,奖励并非越多越好,尤其是外部的物质性奖励应当慎用。教师应首先了解学生原有的学习兴趣,然后再考虑外部奖励是否必要。

拓展阅读

解谜语实验

通常,解谜语是人们感兴趣的活动,被认为是由内在动机激发的。在一次实验中,心理学家将大学生被试分成三组去解谜语。甲组被试事先被告知,他们解开谜语能得到钱;乙组被试在解完谜语之后被告知,他们因为这样做而得到钱;丙组被试得不到任何提示,也不给钱。解完一些谜语后,实验者让三组被试分别单独待一会,在这段时间里,他们可以自由地做他们想做的任何事情。结果发现,甲组被试很少会自动返回到解谜语上去,他们似乎对解谜本身已不再感兴趣,相反,丙组被试对解谜仍然很感兴趣,愿意继续解谜的人更多。有趣的是,乙组被试在解谜之后才被告知金钱奖赏,因此,他们实际上并没有为钱而解谜,所以内在动机并没有因此减弱,他们仍然继续解谜①。

2. 慎重使用惩罚

从心理健康的角度来讲应注重奖赏而不是惩罚,因为这样可以减弱失败带来的挫

---

① 奖励,应该慎重[EB/OL]. http://blog.sina.com.cn/s/blog_4c1b56d10100b8zj.html. 2008 – 10 – 25/2017 – 08 – 21.

败感,然而,惩罚在激发学生学习动机中也是必要和有效的。惩罚的效果取决于适当的惩罚策略:

(1) 惩罚应及时。延迟几个小时的惩罚基本上不能防止同类错误的再发生,原因在于儿童在做完错事后从错误行为中获得了乐趣,这种乐趣可能会部分抵消后来的惩罚所带给他们的不快。

(2) 惩罚的强度应适当。在阻止青少年的错误行为方面,较轻的惩罚不如较重的惩罚更有效,但某些过重的惩罚往往会带来一些不良后果。

(3) 把惩罚与正强化结合。无论任何时候,只要学生去做那些他们应该做而不愿做的事时,就给予表扬,否则不予理睬。这种方法的实质是使惩罚与正强化相结合,因为每次出现期望的良好行为时都给予表扬,偶尔出现不良行为时则取消表扬,这对学生来讲无异于惩罚,其实这种惩罚比其他任何形式的惩罚效果都好。

(4) 正确运用"自然后果惩罚"。儿童犯了错误以后,最好让其在错误所造成的直接后果中去体验不快或痛苦,从而迫使其改正错误。

(四) 合理开展竞赛活动

适当地开展竞赛活动,学生的学习动机会更加强烈。利用竞赛激发学习动机时应注意以下事项:

(1) 竞赛内容应多样化。除了学科学习竞赛外,还应开展书法、歌舞、绘画、演讲等课余文化活动竞赛,以培养学生的广泛兴趣,使每个人都有展现自己才能的机会。

(2) 在多种竞赛形式中,应以团体竞赛为主。个体间竞赛的效果虽然最佳,但是这种方式容易使胜者骄、败者馁。对于在学习中屡遭失败的学生,应鼓励他们展开自我竞赛。

(3) 进行个体间竞赛时,必须按能力的高、中、低分组进行,这样可使每个学生都有同等获胜的机会。

(4) 竞赛本身在一定程度上会增加学生的情绪紧张度,产生一定的心理压力,因此竞赛不应过于频繁。

儿童的学习需要,是儿童追求学业成就的心理倾向,是学习动机产生的基础,是推动儿童进行学习活动的原始动力。12～18岁的儿童,逐步进入初中阶段的学习,求知的欲望非常旺盛,他们对新鲜事物充满了好奇心,学习需要不断增强。在满足儿童学习需要的过程中,教育者要注意引导儿童选择合理的学习需要,并选择得当的满足需要的方式和方法。

浓厚的学习兴趣、强烈的求知欲,是学生获得学习成功的关键因素之一。因此,在调动学生的学习动机时,培养学生学习兴趣也显得尤为重要。儿童学习兴趣的培养,我们可以从建立积极的学习态度、提升教师自身素质、采用直观教学手段、鼓励学生多尝试多练习、第一课堂和第二课堂相结合等方面进行。

第八章 儿童动力系统发展与学习动机激发

关于学习动机缺失的研究

学习动机缺失是指在学校教育情境中,学生由于对学习任务和自己的消极认知与消极体验从而表现出在学习上的消极意向和低投入行为。学习动机缺失的心理结构包含认知、体验、意向、行为四种成分,每种成分又包含不同的几个方面,具体来说,认知成分包括对自己的认知(消极理想观、消极能力观、消极努力观)与对学习的认知(对学习意义价值的消极观点、对学习任务特征的消极观点);体验成分包括对自己的体验(低自信心、低自主感、低归属感、低自尊)与对学习的体验(厌倦无趣的体验);意向成分包括意向的方向与意向的强度,表现成分包括低投入与逃避行为。因此它是四个维度、十四个方面的结构。

学生学习动机缺失的影响因素可能有以下几个方面:地区经济发展水平;父母文化程度;父母职业;家庭收入水平;学生的社会支持系统,如教师、父母、同伴这些"重要他人"对学生的自主、胜任、归属需要的支持程度;等等。对于学习动机缺失的学生,教师、家长可从给予学生更加科学理性的自主、胜任、归属支持;帮助学生建立合理的认知信念;引导学生进行情绪调节;指导学生进行注意、意志的训练等方面进行干预。

一、单项选择题

1. 马斯洛认为,在人的一切需要中,(　　)需要是最基本的。
   A. 生理　　　　B. 安全　　　　C. 尊重　　　　D. 自我实现

2. 按照需要的起源,可以把需要分为生理需要和(　　)。
   A. 安全需要　　B. 社会需要　　C. 求知需要　　D. 自我实现

3. 具有发动行为的作用,能使个体产生某种活动,这是指动机的(　　)。
   A. 指向功能　　B. 维持功能　　C. 激活功能　　D. 调整功能

4. 引起动机的外在条件是(　　)。
   A. 诱因　　　　B. 需要　　　　C. 兴趣　　　　D. 信念

5. 个体执行任务时追求成功的内在驱动力称为(　　)。
   A. 认识动机　　B. 赞许动机　　C. 成就动机　　D. 交往动机

6. 把个人学习与社会主义事业相联系,为未来参加祖国建设做出贡献而学习的动机属于(　　)。
   A. 间接的远景性动机　　　　　B. 直接的近景性动机
   C. 间接的近景性动机　　　　　D. 直接的远景性动机

7. 研究发现,(　　)强度的动机最有利于发挥最佳工作效率。
   A. 低等　　　　B. 中等　　　　C. 高等　　　　D. 不确定

211

8. 在韦纳的三维度归因模式中,任务难度属于(   )。
   A. 内部的、稳定的、不可控制的   B. 外部的、稳定的、不可控制的
   C. 内部的、不稳定的、可控制的   D. 外部的、不稳定的、可控制的
9. 最重要和最良性的学习动力是(   )。
   A. 学习兴趣和教师的期待   B. 学习兴趣和远大的理想
   C. 教师的期待和远大的理想   D. 教师的期待和家长的期待
10. 有人爱好数学,有人喜欢文学,有人热衷于体育,这体现了兴趣的(   )。
    A. 倾向性   B. 广泛性   C. 选择性   D. 稳定性

二、简答题

1. 简述马斯洛的需要层次理论。
2. 简述动机强度和学习效率之间的关系。
3. 儿童的学习兴趣有哪些特点?
4. 儿童学习动机的激发可以采取哪些有效的策略?

三、案例分析题

1. 小浩是一个初二年级的学生,智力正常,小学时学习还可以,一直处于班级中等水平,初一时学习成绩开始下滑。他上课不认真听讲,每天的作业也是应付老师和父母,每次批阅的试卷发下来看都不看就塞进书包。老师批评他也无所谓。小浩爱看电视,爱玩电脑游戏,每天匆匆忙忙做完作业就想看电视和打游戏。小浩的父母均为企业工人,文化程度不高,把全部期望寄托于孩子身上,他们对小浩的学习成绩一直不满意。

你认为小浩目前的学习状态最大的问题在于哪里?请你利用相关心理学知识加以分析。如果你是小浩的老师,你将如何帮助他?

2. 小路学习上一直很勤奋踏实,平时成绩也不错,但是一遇到关键的考试就考不好,成绩很不理想,原因是他一听说有重要的考试心里就开始紧张,考试之前几天都睡不好吃不下,就怕自己考砸了。

请你利用耶克斯—多德森定律解释小路重要考试总是考砸的原因。如果你是老师,你该怎么帮助小路?

1. 中国心理网:http://www.psy.com.cn/.
2. 网易公开课,学习动机:http://open.163.com/movie/2011/10/4/8/M7GH051TD_M7J1LV848.html.
3. 网易公开课,如何激发学习动机:http://open.163.com/movie/2015/3/T/C/MAKNEBF4G_MALU1KATC.html.
4. 爱课程视频公开课,教育心理学:http://www.icourses.cn/coursestatic/course_3135.html.

第九章
儿童智力发展与能力培养

> 学习目标：
> 1. 了解能力的概念与分类，能力与知识、技能的关系。
> 2. 理解加德纳多元智力理论及其教育启示。
> 3. 理解儿童智力发展的影响因素及其年龄特征。
> 4. 掌握儿童能力培养的主要途径与方法。

为什么有的学生接受知识快，而有人理解知识慢？为什么有的学生技能水平高，有的学生技能水平一般？为什么同样的学习态度，有人语文学习成绩好，而数学学习成绩差？这些都与个体的能力有关。本章将在介绍能力的概念与分类、能力与知识的关系、能力的相关理论的基础上，阐述影响个体能力发展的主要因素及儿童能力发展的基本特征，提出儿童能力培养的主要路径及方法。

第一节 能力概述

一、能力的相关概念

（一）能力的内涵

能力是直接影响活动效率、使活动得以顺利完成的个性心理特征。个体的能力是在活动中形成、发展和表现出来的，个体完成活动的速度、质量和水平是能力强弱的重要标志。苏联心理学家克鲁捷茨基指出：如果一个人能迅速和成功地掌握某种活动，比其他人较易于得到相应的技能和达到熟练程度，并且能取得比中等水平优越得多的成果,那么这个人就被认为是有能力的①。成功完成某项活动需要多方面条件,能力是其中的必要条件,但非充分条件。

能力包括已有能力和潜在能力。比如一名学生能讲几门外语,能在舞台上表演文艺节目,这些都是指其已经发展出来的能力,是已有能力。而个体将来可能达到的能力,则是其潜在能力。

(二) 能力与知识的区别与联系

能力和知识有所不同,其一,两者属于不同的范畴。能力是人的个性心理特征,而知识是人类社会历史经验的总结和概括。人类掌握知识并能够运用这些知识指导自身的活动与实践,知识是活动的自我调节机制中一个不可缺少的构成因素,也是能力结构中一个不可或缺的组成部分。其二,知识的掌握和能力的发展两者并非同步,能力的发展要远慢于知识的获得,且能力不可能永远成比例地与知识的积累相应发展。

能力和知识也有着密切的关系。首先,能力是在掌握知识的过程中形成与发展的,离开了学习和训练,任何能力都不可能发展。其次,能力的高低又是掌握知识的重要前提,是掌握知识的内在条件和可能性,制约掌握知识的快慢、深浅、难易和巩固程度。

拓展阅读

1984年5月2日,美籍华人物理学家李政道教授访问了中国科技大学。李教授在和少年班的同学们座谈的时候说:"考试,只是考一个人的记忆力,考的是运算技巧。这并不是学习的重点,学习的重点是培养能力。"

"学习的重点是培养能力。"座谈会活跃起来。

李教授问:"你们谁是上海来的学生?"

"我是。"一个少年大学生答。

"你对上海的马路熟悉吧?"

"差不多都熟悉。"

"那好。我再找一个从来没去过上海的同学。"李教授一边说,一边指着另外一个少年大学生:"好,比如你,没去过上海。现在我给你一张上海地图,告诉你,明天考试的内容是画上海地图,要求标出全部主要街道的名称。"然后,李教授又回头对那位上海同学说:"不过,并不告诉你。第二天,请你们俩来画地图。你们大家说,他们俩,哪一个地图画得好一些?"

同学们不约而同地指着那位没去过上海的同学,齐声说:"当然是他画得好一些。"

---

① 克鲁捷茨基.心理学[M].赵璧如,译.北京:人民教育出版社,1984:280.

> "大家说得对!"李教授很兴奋,接着说:"他虽然没去过上海,但是他可以连街道名称都标得准确无误。不过,再过一天,如果把他们俩都带到上海市中心,并且假定上海市所有的路牌都拿掉了,你们说,他们俩哪一个能从上海市中心走出来?"
>
> 同学们都笑了,答案是显然的。①
>
> 此则案例中,非上海的那位同学虽然考试可能得到了高分,但是在解决实际问题的时候能力未必强,这种高分低能的现象在我们的现实中也是屡见不鲜。

正确理解能力与知识的关系,对教学工作具有极强的指导意义。我们不能仅根据学生知识的多少去简单地断定其能力的高低,对于所掌握的知识学生只有能做到举一反三、广泛迁移,方可促进能力的提升;我们不仅要关心学生知识的掌握,而且要关心其能力的培养,要克服形式教育论与实质教育论的片面性,努力追求教学中传授知识与培养能力的统一。

(三)能力、才能与天才

为了成功地完成某种活动,人们往往需要具备多种能力,比如,教师要能顺利地开展教学活动,就需要具有敏锐的观察能力、流畅的语言表达能力、高超的教材驾驭能力以及娴熟的组织管理能力,这多种能力的组合即称之为教师的才能。

才能的高度发展就是天才,它是多种能力最完备的结合,它能使个体高水平、开创性地完成多种活动任务,或完成某一领域中人们通常难以完成的特殊活动任务。天才并非天生之才,它是在良好素质基础之上,借助后天环境、教育的影响,加上个体自身的主观努力和勤奋而达成的。

二、能力的分类

依照不同的标准,可以对能力进行不同的分类:

1. 一般能力与特殊能力

以能力所表现的活动领域不同,可将能力分为一般能力和特殊能力。

一般能力又称普通能力,是指完成各种活动所共同需要的能力。如注意力、观察力、记忆力、想象力、思维力等,这些能力的有机组合即智力,其中思维力是智力的核心。

特殊能力又称专门能力,是指从事某项专业活动所必备的能力。如:音乐家的音乐鉴赏能力、美术家的绘画能力、数学家的数学运算能力,等等。

个体要成功地完成一项活动,既需要特殊能力,也需要一般能力,在活动中,一般能力和特殊能力共同起作用。如美术家要完成绘画,既要借助美术专业能力,也要依托观察力、记忆力、想象力等一般能力。

2. 模仿能力与创造能力

依照参与其中的活动的性质,可将能力分为模仿能力与创造能力。

---

① 从画地图说起. http://www.doc88.com/p-0149353381685.html,2017-09-30.

模仿能力是指通过观察别人的行为、活动,然后以相同的方式做出反应的能力。如儿童模仿父母的表情、学生模仿老师的动作与解题思路的能力等,模仿是动物和人类具有的一种重要的学习能力。

创造能力是按照预先设定的目标,利用一切已知的信息,创造出新颖、独特、具有个人或社会价值的产品的能力。如建筑设计人员依据客户要求在头脑中构思出富有独特风格的建筑蓝图、科学家提出新的理论模型与科学设想的能力等。

模仿能力和创造能力的划分是相对的,模仿能力中包含创造能力的因素,创造能力中亦不乏模仿的成分。一般而言,人们总是先模仿,后才能创造,模仿是创造的前提与基础。

3. 液态能力与晶态能力

按能力与先天禀赋和社会文化因素的关系,可将能力分为液态能力与晶态能力。

液态能力又称液体智力,是指在信息加工和问题解决的过程中所表现出来的能力,其受神经系统成熟影响较大,受后天文化和知识影响较小。

晶态能力又称晶体智力,是指获得语言、数学等知识的能力,它取决于后天的学习,并与社会文化有密切的关系。

液态能力和晶态能力有不同的发展规律。个体成长早期,液态能力有比较明显的发展,20岁左右达到顶峰,30岁后随年龄的增长而逐步降低。晶态能力则不然,它伴随个体终生发展,到25岁以后发展速度才逐渐趋于平缓。

4. 认知能力、操作能力与社交能力

根据功能的不同,可将能力分为认知能力、操作能力与社交能力。

认知能力是指人脑加工、储存和提取信息的能力。它是人们完成活动的最基本、最主要的条件。感知、记忆、注意、思维和想象的能力都被认为是认知能力。

操作能力是指人们支配自己的肢体以完成各种活动的能力。如体育运动、艺术表演、手工操作的能力等。

社交能力是指人们在社会交往活动中所表现出来的能力。如人际关系敏感性、人际关系调整能力和自我协调能力等,这种能力对组织团体、促进人际交往和信息沟通有重要作用。

三、能力的团体与个别差异

(一) 能力的团体差异

能力发展既存在团体差异,也存在个别差异。在团体差异上,主要表现为不同职业人群、不同性别人群的智力差异,在此简要介绍智力的性别差异。

智力的性别差异问题,是智力差异中的一个较敏感的问题,许多研究尽管结论不同,但在以下两个方面是持一致意见的。

一方面,大量的研究表明,在智力上,男女的智力即使存在差异也不明显,男女智力的总体水平大致相等,但在智力分布上有显著的差异。男性比女性的离散程度大,也就是说,智力优秀的男性和智力落后的男性都要比女性多。

另一方面,男女的智力结构存在差异,各自具有自己的优势领域。在许多特殊能力上男女有别。男性在算术理解、空间关系、抽象推理等方面较占优势,女性在语言流畅、记忆、知觉速度等方面较占优势。具体来说,在感知觉方面,男性的视知觉能力一般较强,尤其是空间知觉能力,男性明显优于女性。女性的听觉能力较强,特别是对声音的辨别和定位,女性明显优于男性。在注意力方面,一般男性的注意定向更多指向于物,喜欢摆弄事物并探索物体的奥秘,对物的注意具有稳定性。女性的注意则较多指向于人,喜欢注意人的外貌、举止、内心世界和人际关系,对人的注意的稳定性较好。在思维方面,男性偏于抽象思维,女性偏于形象思维。男性一般喜欢数学、物理、化学等学科,女性一般喜欢语言、外语、历史等学科。在言语方面,男女也各有优势。女孩言语获得比男孩早,在言语流畅性和读、写、拼等方面占优势,但男孩在言语理解、言语推理以及词汇丰富方面比女孩强。

以上对男女智力差异的分析,不能说男性智力优于女性,虽然,历史上有成就的男性多于女性,但这主要是文化发展的产物,因为社会为男性提供了更多的机会。随着社会的发展,男女社会地位日趋平等,女性对社会的贡献也将日益增大。

(二) 能力的个别差异

能力除有团体差异外,还存在个体差异,主要表现在以下三方面:

1. 能力发展水平的差异

个体能力水平往往存在高低差异。就一般能力,即个体的智力而言,在全人口或大样本中,通常呈现出常态或正态分布。即智力水平极低或极高的人很少,绝大多数的人属于中等智力。

斯坦福大学心理学家推孟和梅里尔对 2 904 位 2～18 岁的儿童进行测验,根据测得的智商分布,列出了表 9-1。

表 9-1 智力分布表

智商	级别	所占比例(%)
139 以上	非常优秀	1
120～139	优秀	11
110～119	中上	18
90～109	中智	46
80～89	中下	15
70～79	临界	6
70 以下	智力迟钝	3

也有学者,以图9-1说明智力水平的正态分布。

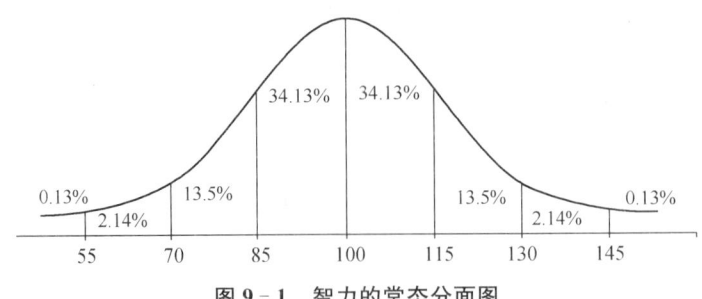

图9-1 智力的常态分面图

拓展阅读

世界上最著名的智力量表是斯坦福—比纳量表(简称S-B量表)。该量表最初由法国人比纳(A. Binet)和西蒙(T. Simon)于1905年编制,后被引入美国,由斯坦福大学的推孟(L. M. Terman)做了多次修订而闻名于世。另一个有名的智力量表是韦克斯勒智力量表,由韦克斯勒(D. Weeksler)编制。我国有这两种量表的修订版。智力测验中的一个重要概念是智商,简称IQ。

其中,斯坦福—比纳量表是用比率计算智商,其公式为:

$$IQ = \frac{智力年龄(MA)}{实际年龄(CA)} \times 100$$

而韦克斯勒量表则用离差智商代替比率智商,其计算公式为:

$$IQ = 100 + 15Z = 100 + 15(X-M)/S$$

X为某人实得分数,M为某人所在年龄组的平均分数,S为该年龄组分数的标准差。

Z是标准分数,其值等于被测人实得分数减去同龄人平均分数,除以该年龄组的标准差。

心理学家根据智力发展水平把儿童分成三个等级,即超常儿童、常态儿童、低常儿童。

超常儿童是指智力发展或某种才能显著超过同龄儿童平均水平的儿童。智力超常儿童的智力一般在130分以上,其共同的心理特征表现为:浓厚的认识兴趣,旺盛的求知欲;思维敏捷,理解力强,有独创性;敏锐的感知觉,良好的观察力;注意力集中并易转移,记忆速度快而准;进取心强,勤奋,有坚持性。

低常儿童是指智力发展明显低于同龄儿童平均水平并有适应性行为障碍的儿童,又称智力落后儿童。推孟认为,智商70以下的都可以称为智力低常。按程度的不同,可将低常儿童分为三级:迟钝(智商在50～69),愚笨(智商在25～49),白痴(智商在25以下)。低常儿童的主要特征为:知觉速度缓慢,范围狭窄,记忆能力差,语言发展迟缓,词汇贫乏,思维概括能力差,生活自理能力差。总之,低常儿童整个心理活动的各个方面的发展水平都低下。

拓展阅读

　　1961年美国智力落后协会将智力落后定义为"在个体发展中出现的整体智力机能的低下,并伴之以适应性行为障碍"。

　　1992年该协会将智力落后的定义修订为"智力功能的显著落后,在如下适应性机能领域中至少表现出两方面的限制:交流、自理、家居生活、社会技能、社区设施利用、自我定位、健康和安全、功能性学业、休闲和工作。智力落后应发生于18岁之前"。

　　2002年该协会又推出最新版智力落后定义,即"智力功能和适应性行为的严重限制,表现为概念、社会和实践性适应技能方面的落后,且发生在18岁以前"。[①]

2. 能力发展类型的差异

个体能力类型的差异主要表现在一般能力类型差异、认知方式差异等方面。

(1) 一般能力类型差异

一般能力类型差异是指构成能力的各种因素存在质的差异,主要表现在知觉、记忆、想象、思维的类型和品质方面。

知觉方面的差异有三种类型:综合型,即知觉具有概括性和整体性,但分析能力较弱;分析型,即知觉具有强的分析能力,对细节感知清晰,但整体性较差;分析综合型,具有上述两种类型的特点,即同时具有较强的分析能力和概括能力。

记忆类型的差异,根据人们怎样记忆材料可分为:视觉型,运用视觉记忆效果好;听觉型,运用听觉识记效果好;运动型,有运动参加时记忆效果较好;混合型记忆,运用多种记忆效果较好。

言语和思维方面,有的人言语特点富于形象性,情绪因素占优势,属于生动的言语类型或形象思维类型;有的人言语特点富于概括性,逻辑因素占优势,属于逻辑联系的言语类型或抽象思维类型;还有居二者之间的混合型。在思维能力方面,每个人在思维的深刻性、灵活性和批判性等品质上又都有自己的特点。

(2) 认知方式的差异

认知方式又称认知风格,是个体在感知、思维、记忆和理解问题等认知活动中加工和组织信息时所显示出来的独特而稳定的风格。认知方式表现为一个人习惯于采取什么方式对外界事物进行认知,它并没有好坏的区分。认知方式有很多表现形式,如沉思性和冲动性、拉平和尖锐化等。其中最主要的是 H. A. 威特金提出的场依存性和场独立性特征。具有场依存性特征的人,倾向于以整体的方式看待事物,在知觉中表现为容易受环境因素的影响;具有场独立性特征的人,倾向于以分析的态度接受外界刺激,在

---

① 钱文.智力落后的成因——当代智力理论新解[J].心理科学,2004(6):1438-1441.

知觉中较少受环境因素的影响。

拓展阅读

场独立性—场依存性认知方式得到很多的研究。这两个概念来源于美国心理学家 H. A. 维特金(H. A. Witkin)对知觉的研究。在第二次世界大战期间,维特金为了研究飞行员怎样利用来自身体内部的线索和视觉见到外部仪表的线索,来调整身体的位置,专门设计了一种可以摆动的座舱。舱内置一座椅,当座椅倾斜时,被试可以调整座椅使身体保持与水平垂直。研究发现,有些被试主要利用来自仪表的线索,他们不能使自己的身体恢复垂直;另一些人则主要利用来自身体内部的线索,尽管座舱倾斜,他们能使自己身体保持与水平垂直。维特金称前一种人的知觉方式为场依存性,后一种人的知觉方式为场独立性。

场依存者是人际定向,往往更多地利用外在的社会参照来确定自己的态度和行为,特别是在模棱两可的情况下,他们比较注意别人提供的社会线索,优先注意他所参与的人际关系的情况,对其他人有较大兴趣,表现出善于与人交往的能力;在解决熟悉的问题时,不会发生困难,但让他们解决新问题则缺乏灵活性;一般较少独立性,易于接受外来的暗示。

场独立者是非人际定向,在社会活动中不善于人际交往,对社会线索不敏感,社交能力差;在解决新问题时,善于抓住问题的关键,灵活地运用已有的知识来解决问题;更有主见,处事有自主精神。

研究结果还表明,场独立性随年龄递增而增长,女性比男性更依存于场。但是,整体来说,场依存性和场独立性没有好坏之分,而且可以通过训练得到改变。维特金的研究结果说明,对儿童进行艺术、音乐和体育训练,能有效地提高儿童的场独立性水平。①

(3) 加德纳的多元智能理论

其一,多元智能理论的内容。美国心理学家、哈佛大学教授加德纳(H. Gardner)认为,每个人都或多或少地拥有以下八种智能——语言智能、音乐智能、数学和逻辑智能、空间智能、身体运动智能、自我认识智能、人际关系智能、自然观察智能(其具体内涵可见表9-2),不同个体其优势智能有所不同。

---

① 郑雪.人格心理学[M].广州:广东高等教育出版社,2004:280.

表 9-2　加德纳的多元智能及其内涵

智力种类	含义
语言智能	个体身上表现出来的对语言文字的掌握能力
数学和逻辑智能	数学和逻辑推理的能力,科学分析的能力
空间智能	在人脑中形成一个外部空间世界的模式并能够运用和操作该模式的能力
音乐智能	能够敏锐地感受音乐和创造音乐的能力
身体运动智能	运用整个身体(或身体的一部分)解决问题或表现创造的能力
人际关系智能	理解他人的能力,即善于理解和认识他人的动机,与他人交往合作的能力
自我认识智能	这是一种深入自己内心世界的自我认识智能,即建立准确而真实的自我模式,并在实际生活中有效地运用这一模式的能力
自然观察智能	认识和欣赏大自然并善于把握自然中各种物体和物体之间关系的能力

其二,多元智能理论对于教育工作的启示。多元智能理论有助于我们形成正确的智力观。我们不能仅仅从言语与数理逻辑等方面评价学生智力的高低,学生的智力表现在多个方面、多个领域,要善于借助多种平台、多种途径了解研究和判断学生的智力,要树立多元化的人才观;在教学中,要铭记教育的起点不在于一个人有多么聪明,而在于怎样使人变得聪明,在哪些方面变得聪明。要注重开发学生的多种智能并帮助其发现自身的优势智能,依托多样化的评价指标与评价标准,促进每位学生得以个性化、特色化发展,真正达成素质教育所追求的理想境界。

3. 能力发展早晚的差异

个体能力不仅在质或量的方面表现出明显的差异,而且在其表现的时间上也存在着明显的差异,既有少年早慧的,中年成才的,亦有大器晚成的。

(1) 少年早慧

所谓"自古英雄出少年",我国许多名人在幼年时期就显露其才华。李白"五岁诵六甲,十岁观百家";杜甫"七龄思即壮,开口咏凤凰";明末爱国诗人夏完淳五岁知五经,九岁擅辞赋古文,十七岁壮烈牺牲。近年来,全国各地更是涌现出一些早慧儿童,成为小画家、小音乐家、小文学家等。在中国科技大学,自 1978 年以来已招收多期少年班大学生,他们都是十四五岁就上了大学。

能力早期显露的事例,国外也不乏其例。莫扎特三岁时已在钢琴上弹奏简单的和弦,五岁开始作曲,八岁试作交响乐,十二岁创编歌剧;控制论的创始人维纳,四岁自由地阅读书籍,七岁能阅读但丁和达尔文的著作,九岁破格升入高中,十一岁写出论文,十四岁大学毕业,十八岁就获哈佛大学哲学博士学位。

据研究表明,能力早期表现在音乐与绘画领域中最为常见。哈克(Haecker)、齐汉(Ziehen)的统计显示,儿童在三岁左右开始显露音乐能力的情况最多。

(2) 中年成才

中年是成才和创造发明的最佳年龄,是人生的黄金时期。中年人年富力强、见多识广、经验丰富、思想深邃,是个人成就最多、对社会做出贡献最多的时期,一般认为,30~

45岁是个体智力最佳的年龄阶段,其峰值在37岁左右。

美国心理学家李曼(H. C. Lehman)从20世纪30年代起致力于个体的创造发明研究。在分析了大量科学家、艺术家和文学家的年龄与成就的相关性之后,李曼指出,25～40岁是个体成才的最佳年龄,并且不同学科的人其最佳创造年龄有所不同(见表9-3)。

表9-3 不同学科的最佳创造平均年龄①

学科	最佳创造的平均年龄(岁)
化学	26～36
数学	30～34
物理	30～34
实用发明	30～34
医学	30～39
植物学	30～34
心理学	30～39
生理学	35～39
声乐	30～34
歌剧	35～39
诗歌	25～29
小说	30～34
哲学	35～39
绘画	32～36
雕刻	35～39

(3) 大器晚成

缺乏早期成就的人,并不代表将来就不可能有所作为。事实上,大器晚成的人在古今中外不乏其例:姜子牙辅佐周武王,72岁才任宰相;著名画家齐白石40岁以后才表现出绘画才能;人类学家摩尔根发表基因遗传理论时已60岁了;苏联学者伊·古谢娃40岁才学文化,后跟儿子一起毕业于农业大学,很快获哲学副博士学位,73岁完成博士论文。

四、智力与非智力因素

非智力因素(non-intellective factors)也称非智能因素,是指智力因素以外的但对智力的发挥或发展有影响的那些心理因素。

---

① 叶奕乾等. 普通心理学[M]. 上海:华东师范大学出版社,2010:390-391.

根据非智力因素对心理活动的调节范围以及对学习活动直接作用的程度，可将非智力因素划分为三个不同层次。

第一层次，指学生的理想、信念、世界观。它属于高层次水平，对学习具有广泛的制约作用，对学习活动具有持久的影响。

第二层次，主要是指个性心理品质，如需要、兴趣、动机、意志、情绪情感、性格与气质等，这些属于中间层次，它们对学习活动起着直接的影响。

第三层次，指学生的自制力、顽强性、荣誉感、学习热情、求知欲望和成就动机等，它们是与学习活动有直接联系的非智力因素，对学习产生具体的影响。这些因素充满活力，对学习的作用十分明显。

智力因素和非智力因素相互作用。一方面，通过智力与认识活动，个体可以认识世界，掌握其发展规律。因此，只有在它的指导下，非智力因素和意向活动才会有明确的方向与对象。另一方面，非智力因素与意向活动又会支配、主宰智力与认识活动，也就是说，只有在它的主导下，智力与认识活动才会积极主动、克服困难、坚持到底。从外在的方面看，在开展智力活动的过程中，必然会对非智力因素提出一定的要求，因而会促进非智力因素的锻炼与提高；从内在的影响和作用看，在实际活动中形成的智力的各个因素的某些稳定特征，可以直接转化为性格的理智特征，所以一定意义上，发展智力的过程也即发展非智力因素的过程。

五、智力与创造力

一个人的智力水平影响到其创造力的发展，但智力与创造力并非简单的线性关系。高智商是高创造力的必要条件，但不是充分条件。智商低的人，其创造力肯定不高，一般而言，智商高于 120 的人，才可能有高创造力，但是，智商高于 120 的人，不一定都有高创造力。对于高智商者，是否具有高创造力，还要取决于前文所介绍的非认知心理因素，只有那些好奇心强、求知欲旺盛、意志坚定、兴趣广泛、勤奋努力的人，才会有高创造力。

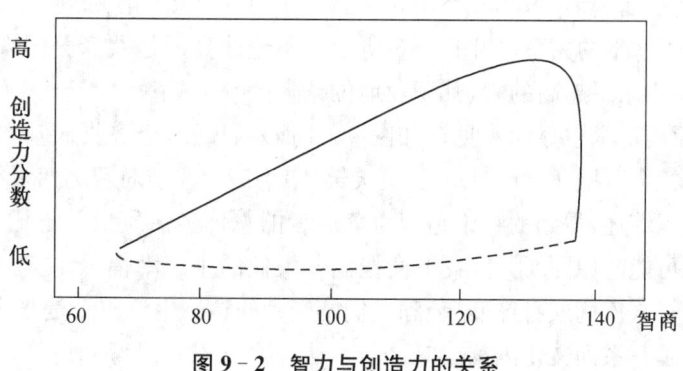

图 9－2　智力与创造力的关系

六、智力的发展对其他因素的预测性

既然个体存在智力差异,那么这种差异是否也可以解释其他方面的个体差异?智力差异对学业成就、事业成功、健康长寿是否具有预测性?其作用机制又是什么?对此,学者们进行了初步的探究。

(一)智力对学业成就的预测

学业成绩受到学生原有的文化基础、学习方法、智力及兴趣、动机、性格等诸多因素的影响,其中智力是影响学业成绩的主要因素之一,智力与学业成绩呈中等程度相关。不同课程的学业成绩与智力的相关程度有差异,一般而言,语文、数学、物理等课程的学业成绩与智力相关程度较高,而音乐、美术、综合实践等课程的学业成绩与智力的相关程度较低。

英国一个追踪5年的研究(Deary,2007)也发现智力与学业成绩之间存在显著正相关。该研究对英国70 000多名11岁儿童的智力测验分数和25个科目的学习成绩进行测查,并追踪到儿童16岁。结果发现,一般智力g因素的潜变量与学业成绩的潜变量之间相关系数高达0.81。

(二)智力对事业成功的预测

如果说智力与儿童学业成绩的相关还算得到多数研究者认可的话,那么智力与成年人社会生活的成功,或者说与幸福感的关系就比较复杂了,其结论也是扑朔迷离。

支持二者之间呈正向关系的典型证据当属推孟的天才儿童研究。1921年,推孟选择了1 528名高智商(IQ介于135~196)儿童作为研究对象,探讨IQ的预测力。他的研究及结论受到很多人的追捧,例如"被筛选的这组被试(高智商者)在随后生活中取得的成就不论以何种标准来评定都是卓越非凡的。1959年,有70位被列入《美国男性科学家名录》,3位进入享有最高荣誉的'国家科学院'。此外,有31位入选《美国名人录》,10位出现在《美国学者名录》中。他们中间有无数极其成功的商人以及各行各业的佼佼者"。还有研究者(Nyborg&Jensen,2001)基于1985年、1986年的数据描绘了职业地位与智力水平的关系(如图9-3所示),不论非裔还是欧裔美国人,尤其对非裔美国人而言,智力水平越高的人,其职业地位越高。

不过,相反的证据也显而易见。如图9-4所示:IQ与经济收入基本无关,重要的是个体所处的社会阶层(Ceci,2009)。莫笑笑、韦小满(2009)对智力落后成年人的生活质量进行了文献综述,得到的结论是智力落后者的总体生活质量并不比普通人低。作者列举了两点可能的原因:① 自我平衡控制着人们的主观幸福感,主观幸福感是相当稳定的,任何压力(疾病或身体残疾)和人们感受到的整体生活质量是非线性的关系;② 生活质量蕴涵了一系列文化因素,如价值观、法律观念以及思考和解决问题的方式等,即生活质量更多地取决于个体的心态,而不是钱或健康等外在因素。

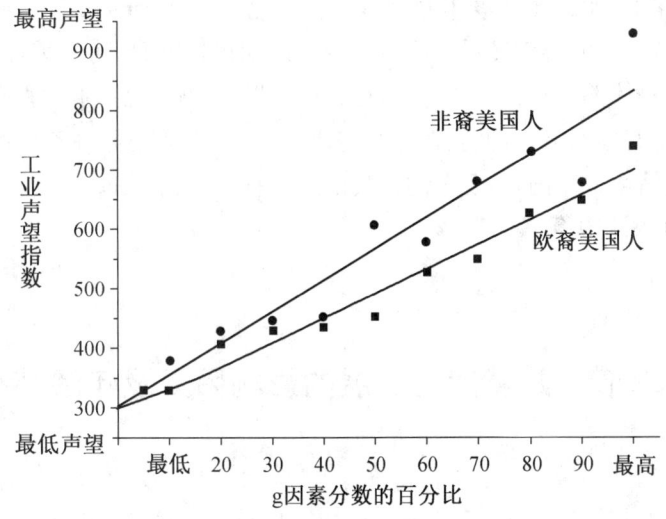

图 9-3　非裔美国人和欧裔美国人的职业地位与智力测验成绩的相关

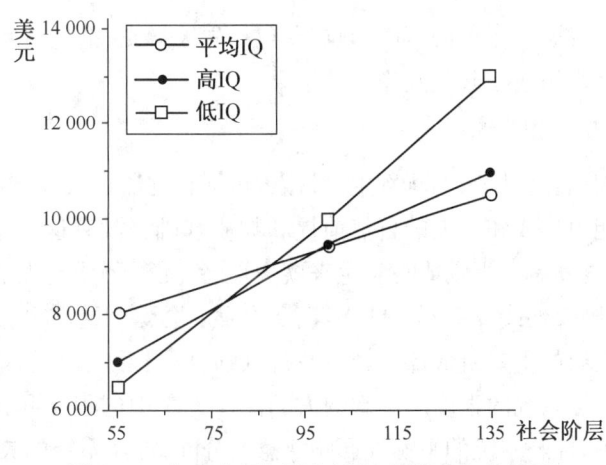

图 9-4　智力水平与职业地位、经济收入的关系

（三）智力对健康长寿的预测

最近的研究证据表明,智力测验分数对个人生活情况的预测力超乎了想象,它甚至可以预测个体生理上的健康与长寿。有研究者指出从积极角度来看,高智商者身体更健康、更倾向于摄入低糖低脂肪的食物以及会更长寿;从消极角度来看,低智商者更有可能酗酒、吸烟、肥胖以及有更高的婴儿死亡率。在一项澳大利亚老兵的健康研究中,研究者用 IQ 以及 56 项其他的心理、行为、健康和人口学变量去预测 2 309 名老兵在 40 岁时的死亡率(这个死亡率排除了由于战争原因所造成的死亡)。结果发现,在控制了其他变量之后,个体 IQ 每增加 1 分,他们的死亡风险将减少 1%。另外,在机动车事故中(造成死亡的最主要原因),IQ 是最强的预测指标——智商在 85～100 的人群中死亡率是 100～115 的人群的 2 倍,而智商在 80～85 的人群的死亡率是 100～115 的人群的 3 倍。

为什么童年 IQ 可以预测老年的健康与长寿呢？Gottfredson Deary(2004)认为主要原因在于高智商的人善于接受一些科学的保健知识，从而更可能采取健康的生活方式，进而促进了身体健康和长寿。另外，智力可以提供增强健康的心理资源。智力在日常生活中是一个有用的工具，尤其在那些需要创新、复杂的任务中和模棱两可、不断变化、不可预测的情境中。例如，复杂的自我治疗过程中所需要的自我监控和调整，面对新的治疗方案时做的决策等。①

第二节 儿童能力发展的影响因素及年龄特征

一、影响儿童能力发展的因素

能力的形成与发展受多种因素的影响，既包括先天素质，也包括后天因素，实际上，能力就是这些因素交织在一起相互作用的结果。

(一) 先天素质

先天素质是人们与生俱来的解剖生理特点，包括感觉器官、运动器官以及神经系统等的特点。它是能力形成和发展的自然前提和物质基础。没有这个基础，任何能力都无从产生，也不可能发展。听觉或视觉生来就失灵者，无法形成与发展音乐才能，也不能成为画家；早期脑损伤或发育不全的人，其智力发展会受严重影响。

神经系统是素质的重要组成部分，它的特性(强度、灵活性、平衡性)对能力的形成是有影响的。如神经系统的强度水平影响人的注意力集中的程度和持续时间，并与学生的学习能力有关；神经系统的平衡性影响注意的分配；神经系统的灵活性影响知觉的广度。

拓展阅读

在智力的形成和发展中，遗传因素起着重要的作用。有研究表明，同卵双生子之间的智商相关最高，无血缘关系者之间的智商相关最低。具体见表 9-4。

表 9-4 不同血缘关系者的智力相关

关系	相关系数
无血缘关系又生活在不同环境者	0.00

---

① 张向葵,桑标.发展心理学[M].北京:教育科学出版社,2012:215-218.

关系	相关系数
无血缘关系在同一环境长大者	0.20
养父母与养子女	0.30
亲生父母与亲生子女（生活在一起）	0.50
同胞兄弟姐妹在不同环境长大者	0.35
同胞兄弟姐妹在同一环境长大者	0.50
不同性别的异卵双生子在同一环境长大者	0.50
同性别的异卵双生子在同一环境长大者	0.60
同卵双生子在不同环境长大者	0.75
同卵双生子在同一环境长大者	0.88

我们承认先天素质在能力形成中的作用，并承认先天素质具有遗传性，但并不能由此而得出能力（主要指智力）由遗传决定的结论。

第一，先天素质本身就不完全是通过遗传获得的，有些是胎儿期由于母体环境的各种变异的影响，如孕妇怀孕期间的营养、疾病、药物和受到辐射等，这些都会给儿童的智力形成和发展带来危害，这些危害是先天因素造成的而非遗传因素。

第二，先天素质只能为能力提供形成与发展的可能性，并不能预定或决定能力的发展方向。例如，人的手指长短是由遗传决定的，手指长为学弹钢琴提供了良好的自然条件，但这不能决定将来就一定能成为钢琴家，因为成为钢琴家还需要许多主客观条件。又如，个子矮的人不利于排球场上拦网，但如有较好的弹跳力，又灵活，就能补偿个子矮这一无法改变的先天素质条件而成为出色的拦网手。所以说，先天素质并不等于能力本身。

第三，同样的先天素质可能发展为多种不同的能力，而良好的先天素质如果没有受到良好的培养和训练，能力也不可能得到应有的发展。

（二）环境、教育对能力形成与发展的影响

1. 产前环境及营养状况的影响

胎儿生活在母体的环境中，这种环境对胎儿的生长发育及出生后智力的发展都有重要的影响。许多研究表明，母亲怀孕期间服药、患病、大量吸烟、遭受过多的辐射、营养不良等，能造成染色体受损或影响胎儿细胞数量，使胎儿发育受到影响，甚至直接影响出生后婴儿的智力发展。

2. 早期环境的作用

在儿童成长的整个过程中，智力的发展速度是不均衡的，往往是先快后慢。美国著名的心理学家布卢姆（B. S. Bloom）对近千人进行追踪研究后，提出这样的假说，即五岁前是儿童智力发展最为迅速的时期。日本学者木村久一提出了智慧发展的递减规律，他认为，生下来就具有100分能力的人，如果一出生就得到最恰当的教育，那么就可以成为有100分能力的人;如从五岁开始才得到最恰当的教育,那么就只能具有80分能力;若从十岁才开始教育,就只能成为有60分能力的人。可见,发展能力要重视早期环境的作用。

3. 社会环境的影响

心理学家弗林(J Flynn)研究发现:从1949年开始,每过10年各国公民的智商平均增长3~5分,这便是著名的"弗林效应"。该效应不仅普遍存在于以美国为代表的发达国家,也存在于欠发达国家和地区,如对苏丹4~10岁儿童在1964—2006年间智商的研究发现,在这42年里,孩子们的智商平均每10年增长2.9分。① 弗林效应的产生有多方面的原因,其中之一即归因于时代进步与社会变迁,如电视、媒体、电脑游戏等环境中的认知刺激的不断普及。

4. 教育条件的影响

一个人能朝什么方向发展,发展水平的高低、速度的快慢,主要取决于后天的教育条件。家庭环境、生活方式、家庭成员的职业、文化修养、兴趣、爱好以及家长对孩子的教育方法与态度,对儿童能力的形成与发展有极大的影响。如歌德的父亲从小就对他进行有计划、多方面的教育,经常带他参观城市建筑物,并讲解城市的历史,以培养他对美的欣赏和历史的爱好;他的母亲也常给他讲故事,每讲到关键之处便停下来,留给歌德去想象,待歌德说出自己的想法后,母亲再继续讲。歌德从小就受到良好的家庭教育,这为他能成为世界著名的大诗人打下了基础。

在教育条件中,学校教育在学生能力发展中则起主导作用。学校教育是有计划、有组织、有目的地对学生施加影响,因此,不但可以使学生掌握知识和技能,而且在学习和训练的同时促进了其能力的发展。在教育教学中发展学生的能力并不是无条件的、绝对的、自发的,而是依赖教育教学内容的正确选择、教学过程的合理安排、教学方法的恰当使用等。

(三)实践活动的影响

实践活动是人与客观现实相互作用的过程,是人所特有的积极主动的运动形式。前文提到的素质、环境和教育是能力形成的重要因素,但这些因素只有在实践活动中才能影响能力的形成与发展,因此可以说,实践活动是能力形成与发展的必要条件。我国汉代唯物主义哲学家王充就曾提出过"施用累能"和"科用累能"的思想。前者是说能力是在使用中积累的,后者指从事不同职业活动可以积累不同的能力。许多关于劳动、体育、科研等实践活动影响能力形成的研究充分证明了这一点。油漆工在长期的工作中,辨别漆色的能力得到充分的发展,他们可以分辨的颜色达四五百种;陶器和瓷器工人听觉很灵敏,他们可以根据轻敲制品时发出的声音的性质确定器皿质量的优劣。同样的道理,人的自学能力是在学习活动中形成与发展的;人的组织能力也是在长期的社会实践中逐渐形成和发展的。人的各种能力,脱离了具体的实践活动便无从提高和发展。

---

① 张向葵,桑标.发展心理学[M].北京:教育科学出版社,2012:209-210.

(四) 其他个性因素的影响

环境和教育是能力形成与发展的外部条件,外因必须通过内因起作用。一个人要想发展能力,除必须积极地投入实践中去之外,还要充分发挥自身的主观能动性——积极的个性心理品质,即理想、兴趣、勤奋和不怕困难的意志力。

许多学者和有成就的人指出,人的智慧同坚强的信念、崇高的理想联系在一起。没有理想和信念,发展能力就缺乏强大的动力;兴趣和爱好是促使人们去探索实践,进而发展各种能力的重要条件。高尔基说过:才能不是别的什么东西,而是对事业的热爱。当人们迷恋于自己感兴趣的工作时,就会给能力的发展提供巨大的内部力量;勤奋与坚强的毅力也是能力得以发展所不可缺少的性格因素。歌德说过:天才就是勤奋。著名的物理学家爱因斯坦在向别人介绍自己的成功经验时写下了一个公式:$A=X+Y+Z$,A 代表成功,X 代表艰苦的劳动,Y 代表正确的方法,Z 代表少说空话。从这个公式可以看出,爱因斯坦把自己的成功归于多种因素的结合,但勤奋是最重要的因素,因此把它放在首位。

综上所述,优秀的个性心理品质能促进能力的发展,因此,教师在注重发展学生能力的同时,还必须重视学生优良个性品质的培养。

二、儿童能力发展的年龄特征

中学生的能力正处于发展时期,对他们任何过早的判断都可能对之产生不利影响。

首先,人的智力是随着年龄的增长而不断变化的。根据美国心理学家贝利的研究,智力整体发展趋势呈一种负加速状态:从出生到 10 岁左右是智力发展较快的时期,之后逐渐缓慢,20 岁后进入高峰,并一直延续到 30 岁左右,40 岁开始下降,60 岁之后下降更快(见图 9-5)。一般说来,青少年的智力随着年龄的增长而发展着。初中二年级是智力发展的一个关键时段,智力水平加速上升(图 9-5 表现为斜线上升,且斜率较大),高中二年级是智力发展的成熟期,之后智力发展趋于负加速上升。从智力发展的内容上看,青少年主动的、有意的逻辑思维不断发展,抽象逻辑思维逐渐占有优势,智力的深刻性越来越明显,中学时期既是长身体的时候,也是智力发展的关键时期。

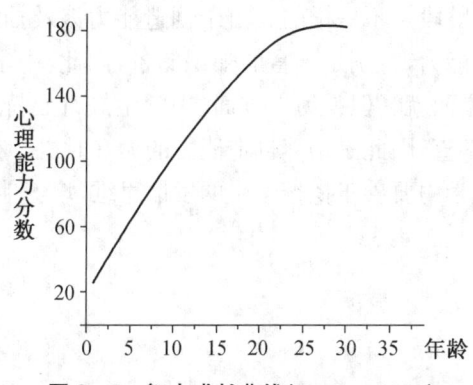

图 9-5 智力成长曲线(Bayley,1970)

其次,智力中的各种成分发展趋势不一致。若按瑟斯顿的智力群因素论进行考察,可发现人的知觉速度发展最快,词的流畅性发展最慢(图9-6)。12岁时知觉速度已发展到成人水平的80%,而推理、词的意义和词的流畅性等到14岁、18岁和20岁以后才能分别达到同一水平。有人对流体智力和晶体智力做过纵向研究,发现流体智力在中年以后开始下降,而晶体智力则在人的一生中几乎一直都处于不断上升的状态,甚至60岁后,晶体智力还处于较高状态。中学时期是推理能力、理解能力迅速发展的时期,可以运用抽象思维进行复杂的思考,并能有计划地安排问题解决的过程,为此,这一阶段的学生应该得到充分的锻炼机会,发展各方面能力;同时教师也应给予他们更多的自主性,任其发挥特长,获取各种必要的知识。这样,才能保证两种智力协调发展。

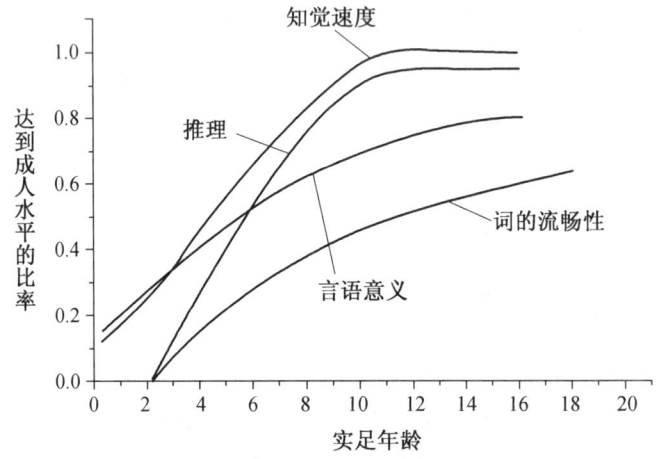

图9-6 智力中不同因素发展曲线(Thurstone,1955)

此外,中学生各方面特殊能力的发展处于不稳定状态。除了某些早慧者,大多数人都是在此时表现出特殊才能,但这种表现有时可能是昙花一现式的,因此这就尤其需要教师给予充分而及时的注意。

中学生的创造力的表现与智力不同,创造力的发展相对滞后于智力的发展。研究发现,30~40岁是创造力发挥的最佳年龄,55岁是另一个创造力的高峰期。而且,不同职业的创造力发挥的年龄段是不一样的。由于创造能力涉及抽象思维能力、良好的记忆能力以及广阔的想象能力,特别是丰富的知识储备,因此,中学生的创造力还处在起步阶段,灵感并不能一蹴而就。但是另一方面,中学生好奇心特别强,较少受到日常生活中定势的影响,天真率直,因此是培养创造能力的大好时机。在此时培养能起到事半功倍的效果。教师在教学中要善于挖掘学生的发散思维,培养他们的创造意识。[①]

---

① 卢家楣.心理学[M].上海:上海人民出版社,1998:177-180.

第三节　儿童能力的培养

依据影响能力发展的因素，可从如下方面努力培养学生的能力。

一、重视家庭环境

家庭是儿童成长的重要环境，家庭教育开展得当、家庭环境温馨宜人，有利于开发儿童智力，为其更好地掌握知识奠定基础，从某种意义上讲，人的命运几乎取决于家庭环境和教育。作为教师，要主动联系、积极动员家长，实现家校合作，共同为儿童智力培养做出努力。

（一）关注早期教育

早期教育的重要性已逐渐被社会、家长们所认识，但对于如何实施早期教育问题，则还存在着知识误区。如认为早期教育就是要及早对儿童进行正规的、系统的学科知识教育，其实早期教育对学前儿童来说，教育的目的是发展他们的注意力、观察力，提高他们认识各种事物的兴趣；培养乐观、自信、活泼开朗的情绪特征和行为特征，以便为日后接受正规、系统的教育教学打下良好的心理基础。因此，早期教育的方法应以游戏为主，包括音乐、美工、讲故事、参加简单的力所能及的劳动等，寓教于乐，到了接近学龄期时也可以进行一些初步的读、写、算教学。这样，既不会剥夺儿童的玩乐时间，泯灭儿童活泼好动的天性，又能提高他们的学习兴趣和学习的自觉性与积极性。

（二）营造温馨氛围

培养儿童智力离不开合适的家庭氛围，为此：① 家长要更新教育理念，不仅关注儿童的知识学习，更要注重儿童的能力培养；② 家长要对各种规定和限制做出解释，并教给儿童规范操作、合理使用相关工具及设备的方法；③ 适时地表达对儿童的期望，并恰当地运用奖惩手段；④ 在家庭中为儿童提供足够的空间、丰富的学习材料、富有启发性的玩具，鼓励儿童探索与尝试；⑤ 家长和儿童一起从事学业方面的活动。

（三）保证合理营养

食品专家指出，在日常饮食中，最重要的是保持一个良好习惯，每餐不能吃得太饱。饱满的午餐会降低大脑的活动能力，出现所谓的"食困"现象，但紧张的工作与低能量的饮食也是不相容的。因此，最合理的方法是多吃一些蔬菜、豆制品和液体，但不是啤酒和浓茶。科学研究还发现，其实对大脑最好的营养成分是葡萄糖，大脑细胞需要大量的葡萄糖。葡萄糖通常存在于谷物、土豆和豆角中，桃子、香蕉和梨中也含有丰富的葡萄糖。

研究人员指出，食品本身并不能提高智力。含有维生素 B 的食品，比如肉、鱼、花生等,可以帮助促进大脑思维的过程,消除疲劳。早晨吃上一个橙子可以一整天精神饱满。如果我们不能利用这些食品恢复体质,还可以用合成维生素补充。但是要想开发智力,最好的方法是不断学习、读好书,与有文化、有知识的人交流。

二、加强知识和技能学习

(一) 教学应成为智力发展的先导

苏联心理学家维果斯基(Lev Semenovich Vygotsky)提出了"最近发展区"理论。他认为在进行教学时,必须注意儿童智力有两种发展水平:一是儿童的现有发展水平,二是即将达到的发展水平,此两种水平之间的区域即"最近发展区"。"最近发展区"的提出,说明了儿童智力发展的可能性,说明儿童的智力发展不是自然地实现的,而是在教学过程中,即在与成人的交往中实现的。

根据上述思想,维果斯基主张教学应当走在儿童发展的前面,要研究儿童"学习的最佳期限",要从最近发展区入手开展教学,通过教学引导,促进儿童智力的发展。这种引导作用既表现在智力发展的内容、水平和智力活动的特点上,也表现在智力发展的速度上。

鉴于走在儿童发展前面的教学,对儿童而言有一定的难度,有一定的挑战性,为顺利开展教学,就要及时为儿童提供作为学习辅助物的"脚手架",以使儿童凭借这种辅助物可能完成其无法独立完成的任务。"脚手架"的形式可以多种多样,例如,教师的示范和模拟、提示或暗示、出声思考以显露自己的思维方法、对学生的问题进行反问、教会学生利用元认知问题提示语以鼓励学生反思、改变原有教材以适应自己的学生等。

(二) 通过知识、技能的学习促进能力的发展

能力是在掌握和运用知识、技能的过程中得到发展的。如在语文课的学习中,主要通过听、说、读、写培养语文学习的各种能力。通过数学知识的学习,可以使我们的概括力、空间想象力、计算能力、判断和推理的能力等得到发展。可以说,天文、地理、哲学、美学、建筑、机械、物理、化学等任何一门学科,都是训练人的智能的一套形式不同的体操。教师应在讲授自己本学科知识技能的同时,注意挖掘知识的智力价值,尽力启发学生思考,充分理解概念的内涵与本质,加强新旧知识之间的联系,实现有意义的学习,达到举一反三、触类旁通的境界。教学过程中要坚持理论联系实际,重视实践环节教学,培养学生的动手能力,使得学生不仅"心灵"而且"手巧"。

三、强化元认知能力培养

自弗拉维尔(Flevell)于1976年在其《认知发展》一书中明确提出元认知(metacognition)的概念以来,人们对元认知进行了广泛而深入的研究。元认知的实质是对认知的认知,是个体对自己的认知加工过程的自我觉察、自我反省、自我评价与自我调节,它包括元认知知识、元认知体验和元认知监控三个成分。元认知的发展水平直接制约着个体智力的发展,对学生的学习有着重要影响,因此,教学中对学生进行元认

知开发、提高学生的元认知发展水平,对于教会学生学会学习、促进学生智力发展无疑具有重要作用。

学生元认知能力培养可主要通过以下途径:

(一) 提高元认知学习的意识性

要致力于提高学生五方面的意识性:① 清晰了解任务的意识性。要求学生准确、全面把握学习任务,明确任务的性质、特点,任务的要求以及要达到的程度。② 掌握学习材料特点的意识性。每种学习材料有自己的特点,应培养学生认真分析每种学习材料的性质、结构、难度、主次,以便能合理分配学习的时间和注意力。③ 使用策略的意识性。不同学习材料、不同学习要求需要采用不同的学习策略,在解决任务之前,要求学生考虑有哪些策略可供使用,哪种策略解决当前任务最佳,要有意识地选择并运用有效学习策略。④ 把握自己学习特点的意识性。引导学生充分认识自己的认知特点,例如,自己是善于视觉学习,还是听觉学习;是记得快、忘得快,还是记得慢、忘得慢。⑤ 对学习过程进行自我调节的意识性。培养学生在学习过程中,能敏锐判断出现的困难、障碍,准确分析出现的原因,并能适时地进行调整。

(二) 丰富元认知知识和体验

已有研究表明,学生元认知水平与其拥有的元认知知识有极大关系。因此教师在教学中要注意元认知知识的传授,并在学习活动中,不断强化这些知识的应用。同时还应通过创设问题情景等方式,诱发学生产生元认知体验,并不断提高这些体验的精确度,以提高元认知水平。

(三) 加强元认知操作的指导

根据学习过程特点,按阶段有针对性地进行元认知操作指导,会收到较好效果。在学习活动之前,着重指导学生对活动进行计划和安排,为学习活动做好各种具体准备。在学习活动中,注重指导学生明确学习的目标、对象和任务;讲究学习策略,善于根据学习材料的特点和自己的学习特点选择合适的学习方法,并能控制自己排除内外干扰,保证学习计划顺利执行。在学习活动后,注意要求学生对自己的学习状况及效果进行检查、反馈与评价,注重学习中出现的错误,并能认真分析加以及时补救。最后要督促学生深入反思和总结,一是积累以后类似场合能用的经验;二是吸取教训,避免再犯。

(四) 创设反馈的条件与机会

在教学过程中,教师应给学生提供一个和谐的、民主的反馈环境,每个人都可以自由地评价他人的学习方法与策略,也可以为他人畅所欲言地评价。在此基础上,教师应逐步地引导学生从以教师为主导的外部反馈转化为学生自己的内部反馈,并逐渐成为一种良好的学习习惯。可以说学习者只有将外在的矫正性指示转变为自己的矫正性机能,才真正地学会了元认知学习。

(五) 进行专门的元认知训练

大量的研究表明,对学生进行专门的元认知训练,可提高元认知的水平。训练的主要主法有：

1. 自我提问法

自我提问法就是在元认知训练中，通过提供一系列供学生自我观察、自我监控、自我评价的问题表单，不断地促进学生自我反省从而提高问题解决的能力。例如，美国数学家波利亚就解决数学问题的四个阶段，提出了以下系列供学生自我提问的问题：

理解问题阶段：未知条件是什么？已知条件是什么？已知条件足以确定未知量吗？多余还是不足？

拟定计划阶段：过去见过这种题吗？若见过，是否它以稍许不同的方式出现？我能应用一个具有相同或相似未知条件的熟悉问题解答此题吗？如果不能解答此题，应问：我能从已知条件中产生什么有用的东西？使用了所有的条件和数据了吗？

执行计划阶段：能清楚地认定每一步都是对的吗？能证明它是对的吗？

回顾阶段：我能检验结果的正确性吗？我能检验推理过程吗？我能运用这个结果或方法于其他问题吗？

2. 相互提问法

相互提问法，即将学生每两人分为一组，给每个学生一份类似于上述自我提问的表单，要求学生在尝试解决问题的同时根据提问表单相互提问并做出回答。研究表明，相互提问法能有效地促进学生的思考与竞争，发展元认知。

3. 知识传授法

知识传授法是不同于以上训练的另一种方法。它主要是通过传授学习理论的有关知识，特别是关于元认知的知识，使学生通过学习，认识到元认知在学习中的重要性，自觉地将元认知运用于学习中，生成适当的学习策略，提高学习效果。

四、开展多方面实践活动

（一）开展丰富多彩的课外实践活动

健康、丰富的科技和课外活动是促进学生探究兴趣的养成和观察、思维、想象能力发展的有效途径。根据学生的年龄特点，开展游戏、棋类、谜语、球类、航模、桥牌等多种形式的活动，既可以调剂学生的精神，增强体质，陶冶情操，又可增长知识，开阔眼界；既可以培养勇敢、团结、互助的道德品质，也可以增进思路敏捷、判断正确、反应灵活等智力品质。

（二）实施专门的智力训练活动

暴风骤雨法是一种常用的智力开发方法。所谓暴风骤雨法，就是指主体在思考问题时，以一种极其快速的联想方式进行思维，并从中引出新颖而具有某种价值的观念、信息或材料。在进行上述思维活动时，只要求主体思维飞快运转，将涌现出来的任何信息，不评价其好坏优劣，一律即刻记录下来，等联想结束之后，再来逐一评判其价值，寻找出最优答案。

暴风骤雨式联想这种思维技巧是由美国学者提出的，他们认为"智力的相乘作用和它的开放才是快速思考的最重要之点"。起初,只是为了比较一下集体工作和单独工作在思维效率上的差别。后来,美国几所大学将这种思维技巧用于培养和训练学生的创造性思维,并进行了一系列的实验研究。结果表明,这种技巧在训练人的思维方面具有一定的作用。

20世纪60年代马尔茨曼就用这种技巧来训练大学生。训练一段时间后,再用"多方应用测验"(即对某一种物体的用途除了普遍的习惯性用法外,还要讲出在其他方面的可能用途)来测量其对大学生思维发展的影响。结果表明,受过上述技巧训练的学生,比没有受过训练的学生,其创造性思维有长足的进步。

在平时的教育教学活动中,我们可依托主题班会、游戏、竞赛等方式,列出学生常见的若干词语,如"砖头"、"墨水"、"白纸"、"钢笔"、"铁锤"等。让每个词语出现好几遍,每次出现,均要求学生对同一词语做出不同的快速联想,并将联想结果快速记录下来,以评判其思维的敏捷性、灵活性、变通性。学生通过这种训练,思维能力可望得到明显的发展和提高。

五、讲究科学用脑

教师要指导学生科学地安排生活、学习和活动,保证足够的睡眠时间,以便消除疲劳,恢复活力。脑最易疲劳,脑疲劳了会引起思维迟钝、注意力不集中、记忆力下降,勤用脑不等于搞疲劳战。

除确保睡眠外,教师还要鼓励学生展开"文化式的休息",即参与丰富多彩的文娱活动。要引导学生交换脑力劳动的方式,例如计算、语言、音、体、美、娱、游戏交叉进行。

此外,教师也应引导学生了解自身脑的活动节律。美国科学家发现人类的行为受到三种周期的影响,个体从诞生开始,情绪、能力、体力分别存在28天、33天、23天的周期变化,每个周期都有高潮期,其间个体精力充沛、情绪良好、思维敏捷、记忆力增强;低潮期则体力疲劳、做事拖遝、情绪低落、判断力差,个体只有熟悉自身三种周期变化规律,并恰当利用规律展开学习,方能既提高学习效率,亦有效开发智力。

六、根据能力差异因材施教

学生能力的水平差异、类型差异以及年龄差异,均要求我们积极改进教学组织形式、教学内容、教学方式与手段,最大限度地为每一位学生的成长提供适合的教育,确保他们在原有基础上均有所进步,切实推进素质教育的有效实施。

(一) 改进教学组织形式

将学生按年龄和知识程度编成有固定人数的班级,由教师根据教学计划中统一规定的课程内容和教学时数,按照学校的课程表进行分科教学的班级授课制,是教学的基本组织形式,其注重集体化、同步化、标准化,长于向学生集体教学,而短于照顾学生的个别差异、对学生进行个别指导,因而,在班级授课制推行过程中,也有不少人士致力于其改革与完善,出现了诸多有益的探索,如个别教学、分组教学、现场教学、在家上学等。现简要就分组教学与在家上学做简要介绍。

1. 分组教学

传统的分组教学,主要提倡同质分组,即将知识或能力水平相当的组成一组,其优点是在同组内学生之间的认知差距较小,便于用统一的进度和方法进行教学,但此举一方面很难找到一种理想的分组标准,另一方面也会给学生贴上不同的标签,影响学生的健康发展。此后,有学者提出了异质分组,主张将不同知识或认知能力水平、不同能力类型的学生组成一个小组,经过实践,人们发现相较于同质分组,异质分组中榜样作用得到了发挥、同伴互教得到了落实、思维方式得到了丰富、学习成绩得到了提高、组织纪律得到了加强,显示出更多的优势,因此倾向于选择异质分组。

除上述两种分组外,还有一种不是根据心理能力但又是比较有效的分组方法——社会人际关系分组。阿勒兰德与多义耳(Abllrand & Doyle)在一项研究中以人际关系编组,在中年级,学生按照学业成就、领导能力以及名望等方面的优缺点来评定他们的同伴。他们认为,社会性发展与学业成长一样,也是学校教育的一个正当的目标。他们发现,根据社会性的观念来编组,比根据年龄或根据能力来编组,更能促进社会性的交互作用[①]。

2. 在家上学

在家上学是让子女在家庭而非学校接受教育,21世纪教育研究院发布了《中国在家上学研究报告(2013)》,课题研究人员通过对 QQ 群及相关网站搜索,调查得出目前活跃在中国大陆地区在家上学群体规模约为1.8万人(包括父母、孩子、教师)。而据在家上学联盟网粗略统计,广州、浙江、北京是在家上学最集中的地区,这些都是教育水平较高、思想较为开放的地区。其中广东省在家上学人数最多,精确统计有1 459人[②]。

之所以不将孩子送到学校接受教育,其原因主要有二:一是不想孩子被"工业化式批量生产",而"要培养孩子的独立人格和独立思维";二是要让孩子远离学校中可能的不当教育与暴力事件,事实证明,在家上学,可以更好地满足个体的学习需要,密切亲子关系。在此环境下成长的孩子,不少也很优秀。

当然,由于法律门槛以及家长教育水平、教育时间、教育条件等的限制,在家上学很难成为燎原之势,但是这种现象的出现,一定程度上也引起了教育界的反思,即如何摆脱"千人一面"的教学方式,真正重视人的综合素质培养。有学者指出,"在家上学"模式之所以受到关注,说明现行体制内的单一教育模式已不能满足公众的需求,更是在倒逼现行教育进行改革。为了保证每一个孩子都能健康快乐地成长,社会应该给孩子接受教育多几种选择。

(二) 改进教学内容

针对学生的认知差异,鼓励学生根据自身能力选学不同课程,确保每一位学生都能在原有基础上有所进步。斯托达德(Stoddard)曾提出一个双重进度方案,在这方案中,

---

[①] 陈琦,刘儒德. 当代教育心理学[M]. 北京:北京师范大学出版社,1997:291.
[②] 在家上学"非主流教育"的路能走多远?[EB/OL]. http://www.edu.cn/zjsx_12537/20130927/t20130927_1023083_1.shtml,2013-09-27/2013-10-10.

一部分课程(必修课)采用年级制,其余课程采用不分级制。每位学生有半天时间在固定班级中学习必修课,而在另外半天里,可以在不同的课堂、不同的教师处学习选修课程①。

同时,由于学习能力的不同,教师还可以根据学生的差异提出不同的学习要求,如下例中教师的教育理念及做法即值得借鉴。

拓展阅读

作业免做券

"记得以前当学生的时候,老师会让我们抄抄写写的,感觉很枯燥"。赵婷婷是镇江新区实验小学英语教研组组长,2010年10月,她在学校中首先使用"作业免做券"。对于这样做的初衷,她说:"像英语这样的科目,背诵是必需的,但是每个学生的能力、个性都不一样,抄写并不一定适合每个人。"

于是,她想到了用"作业免做券"来激励学生。凡是作业达到1次优秀,老师就在作业本上画一颗星,集齐5颗星就能兑换一张"作业免做券",获得"免做券"的学生就不用做抄写作业。

"对于得到'免做券'的孩子来说,已经掌握的单词何必再去抄写呢?而对于没有掌握的孩子,抄单词是不可避免的任务。"赵婷婷说,掌握知识是目的,抄只是一种方式。她希望此举可以刺激学生自觉记单词,让部分学生腾出时间,去做自己喜欢的事情②。

(三)改进教学方式与手段

传统的课堂教学往往很难兼顾不同学生的认知差异,对于认知能力强的学生,由于不能以更高的速度前进,求知欲得不到满足,因而"吃不饱";而对于认知能力相对较低的学生,由于跟不上正常的教学进度,达不到教学要求,因而"吃不下",为解决上述矛盾,美国教育学家布卢姆(Bloom)提出了掌握学习的概念。

掌握学习既是一种教育观,又是一种教学方式。作为一种教育观,掌握学习理论认为,除了处于智力分布两个极端的少数学生外,其余绝大多数学生的智力差异不过是学习速度的差异。布卢姆明确指出:"如果按规律有条不紊地进行教学,几乎所有学生都能达到教学目标水平,即达到完全掌握学习内容的程度。学习能力强的学生,可以在较短的时间内达到这种掌握程度。学习能力弱的学生,则要花较长的时间达到同样的掌握程度。"传统教学的弊端,就是不管学生能力高低,在学习进度上搞一刀切,结果使学生知识掌握程度的差距日益拉大。为了克服这些弊端,布卢姆设计了一种掌握学习的

---

① 李伯黍,燕国材.教育心理学[M].上海:华东师范大学出版社,1993:460.
② 王雅玲等.集齐5颗星,就能换张"作业免做券",攒得多,还能免掉期末考试[N].现代快报,2013-10-16(封8).

程序。这种学习程序,将精选的、结构化的教学目标分解成许多小目标,根据这些小目标设计成一系列相互联系的学习单元。学生在学完一个单元后,教师就进行诊断性测验,测验成绩合格方可进入下一单元的学习,否则继续本单元内容,并根据学生具体情况提供"矫正学习"或"深化学习"的程序。经矫正学习,通过相关测验后转入下一单元学习。如此循环往复,直至学完全部教材。布卢姆的掌握学习经多年的实践检验,证明是一种卓有成效的教学方式,产生了良好的国际影响[①]。

除了教学方式的改进外,为适应学生的认知差异,在教学手段上也有不少的尝试。如程序教学机器的面世、计算机辅助教学的开展等。当前,"慕课"的开发亦是一种新的探索。所谓"慕课"(MOOCs),顾名思义,"M"代表 Massive(大规模),与传统课程只有几十个或几百个学生不同,一门 MOOCs 课程动辄上万人,最多达 16 万人;第二个字母"O"代表 Open(开放),以兴趣为导向,凡是想学习的,都可以进来学,不分国籍,只需一个邮箱,就可注册参与;第三个字母"O"代表 Online(在线),学习在网上完成,不受时空限制。

MOOCs 是一种在线课程开发模式,它发端于过去的那种发布资源、学习管理系统以及将学习管理系统与更多的开放网络资源综合起来的旧的课程开发模式。通俗地说,慕课是大规模的网络开放课程,它是为了增强知识传播而由具有分享和协作精神的个人组织发布的、散布于互联网上的开放课程,反映了以学为本的教学价值取向,可以适应随时随地的学习需求,是学习手段的革命,有利于将学生从课堂解放,将知识传授从校园拓展开来,使得学校与社会的关系发生了根本性的改变,从实质上拆除了学校的围墙,使得优质教育资源能够在极大的范围内共享。[②]

研究动态

在长期的教育理论与实践中,形成了两种教育目的论:形式教育论与实质教育论,前者主张教育的目的在于发展学生的各种官能或能力,后者强调教育的目的是向学生传授与生活相关的广泛知识内容,现如今人们已超越于这两种目的论的争论,坚持在教学过程中实现传授知识与培养能力的统一。尽管如此,围绕着"能力培养"这一主题,仍需着力探究以下内容:

1. 能力究竟是否可以培养?有哪些实验或证据能够证明能力培养的成效?

2. 究竟如何培养能力?目前不少学者重在从注意力、观察力、记忆力、想象力、思维力训练入手,或从问题解决能力、创造力提升等方面阐述能力培养的思路与举措,除这些路径外,还可以有哪些途径或方法培养能力?是否存在能力培养的共性范式?

3. 在中学阶段究竟需要培养学生哪些能力?对此,需要在有针对性调研的基础上,结合学生身心发展的关键期,加以研究分析,提出切实方案,以增强能力培养的针对

---

① 李伯黍,燕国材. 教育心理学[M]. 上海:华东师范大学出版社,1993:461-462.
② 戴斌荣. 中学生认知与学习[M]. 南京:南京大学出版社,2014:264-266.

性与实效性。

 思考练习

1. 以班级同学为例,说明能力发展个别差异的主要表现。
2. 查阅资料,说明创新教育与创造教育的异同。
3. 分组讨论,当前在中学教育中哪些因素制约着学生能力的培养,又该如何进行突破。

 学习资源

1. 彭聃龄.普通心理学[M].北京:北京师范大学出版社,2004:404-440.
2. 吴庆麟.教育心理学——献给教师的书[M].上海:华东师范大学出版社,2003:81-104.
3. 张向葵,桑标.发展心理学[M].北京:教育科学出版社,2012:187-225.
4. 陈家麟.学校心理教育[M].北京:教育科学出版社,1995:110-177.
5. 唐红波等.中小学生学习心理辅导[M].广州:暨南大学出版社,1997:21-55.
6. 莫雷.20世纪心理学名家名著[M].广州:广东高等教育出版社,2002.
7. 卢家楣.情感教学心理学[M].上海:上海教育出版社,2001.
8. 施良方.学习论:学习心理学的理论与原理[M].北京:人民教育出版社,1994.
9. 皮连生.智育心理学[M].北京:人民教育出版社,1997.
10. 陈烜之.认知心理学[M].广州:广东高等教育出版社,2006.
11. [美]理查德·格里格,菲利普·津巴多[M].王垒等,译.北京:人民邮电出版社,2003.
12. 黄囉莉.心理学与现代生活:什么是智力? http://ocw.nthu.edu.tw/ocw/index.php? page=chapter&cid=19&chid=387
13. 陈宝国.普通心理学(下). http://jpkc.bnude.cn/ptxlxx/resource.html
14. 赵仪珊. General Psychology(普通心理学). http://ocw.aca.ntu.edu.tw/ntu-ocw/index.php/ocw/cou/100S214

第十章
儿童人格发展与因材施教

学习目标：
1. 识记人格、气质和性格等基本概念。
2. 了解人格的基本特征和人格结构。
3. 理解儿童人格的特性、结构以及认知风格。
4. 掌握根据儿童人格发展状况进行相关教育设计与因材施教的相关策略。

健全的人格是一个人心理健康的衡量标准。自20世纪末以来，全世界大多数国家都将个性化与多样化作为教育改革的重要目标，培养学生健全的人格已成为人们的共识。心理学认为，人和人之间存在着普遍的个别差异，它主要表现在稳定的心理特性方面，即人格方面的差异。人格的个别差异具有重要的教育意义，我们可根据个别差异对儿童进行因材施教，关注他们的人格发展，从而促进其全面发展。

第一节 人格概述

一、人格的定义

人格的英文单词是personality，最初源自于希腊语persona，是面具mask的意思，指的是希腊戏剧中演员在演出时所戴的面具，随扮演人物角色的不同而变换，主要用来体现所演出角色的特点与人物性格。就像是京剧的脸谱一样，不同的脸谱和颜色代表不同的个性。心理学沿用了面具的含义，并转意为人格的含义。在心理学里，人格是探讨完整个体与个体差异的领域，到目前为止，由于心理学各流派理论基础及研究的取向不同，对人格的看法不尽相同，这导致人格的定义有多种多样。综合各家理论，一般可以把人格做如下的定义:人格是构成一个人思想、情感、行为的特有模式,这个独特模式包含了一个人区别于他人的稳定而统一的心理品质。人格由个人在其遗传、环境、成熟、学习等因素交互作用下形成,并具有较大的稳定性。

二、人格的特征

1. 独特性与共同性

个体的人格是在遗传、环境、教育等因素的交互作用下形成的。不同的遗传、生存及教育环境,形成了各自的心理特点,人与人没有完全一样的人格特点,所谓"人心不同,各有其面",就是指人格的独特性。但是,人格的独特性并不意味着人与人之间的个性毫无相同之处。在人格形成与发展中,既有生物因素的制约作用,也有社会因素的作用。人格作为一个人的整体特质,既包括每个人与其他人不同的心理特点,也包括人与人之间在心理、面貌上相同的方面,如每个民族、阶级和集团的人都有其共同的心理特点。人格是共同性与独特性的统一,对一个具体的民族、阶级和集团来说,共同性寓于独特性之中,如同一阶级的共同人格总是在其阶级的每个成员身上得到体现,尽管每个成员各有其特点,但在他们身上总能体现本阶级的风貌,正是每个成员的独特性才构成了特定群体的共同性。

2. 稳定性与可塑性

人格具有稳定性。个体在行为中偶然表现出来的心理倾向和心理特征并不能表征他的人格。俗话说,"江山易改,禀性难移",这里的"禀性"就是指人格。当然,强调人格的稳定性并不意味着它在人的一生中是一成不变的,随着生理的成熟和环境的变化,人格也有可能产生或多或少的变化,这是人格可塑性的一面,正因为人格具有可塑性,所以才能培养和发展人格。人格是稳定性与可塑性的统一,正是由于人格不是一成不变的,我们的教育才能在人格培养方面发挥重要的作用。

3. 生物性与社会性

人既是生物实体,也是社会实体,所以人格在具有社会性特征的同时,也具有生物性特征。虽然人的自然生物特征不能决定人格的发展方向,但它却是构成人格形成的基础,并影响人格发展的道德和方向。在强调生物性在人格发展中重要作用的同时,我们千万不能将人格归为先天的、固有的,更不能重犯遗传决定论的错误。因为任何一个个体在出生时都不具有人格品质,若离开人类社会生活的环境,尽管他们的有机体会不断成长,但其智力、道德品质与道德行为却无法形成,最终也不会形成自己的人格。这说明人格虽然受生物性的制约,但对人格起决定作用的却是社会性。人格是具有一定生物素质的人在社会环境的影响下,通过社会实践活动而逐渐形成的,这体现了人格的生物性与社会性相统一的特征。

4. 整体性

人格是由多种成分构成的一个有机整体,具有内在统一的一致性,受自我意识的调控。人格整体性是心理健康的重要指标,当一个人的人格结构在各方面彼此和谐统一时,其人格就是健康的。否则,可能会出现适应困难,甚至出现人格分裂。

5. 功能性

人格是一个人生活成败、喜怒哀乐的根源。正如人们常说的"性格就是命运"。人格决定了一个人的生活方式,甚至有时会决定一个人的命运。人们常常使用人格特征解释某人的言行及事件的原因。面对挫折与失败,有志者认真总结经验教训,在失败的废墟上重建人生的辉煌;而怯懦的人一蹶不振,失去了奋斗的目标。当人格功能发挥正常时,表现为健康而有力,支配着人的生活与成败;当人格功能失调时,就会表现出懦弱、无力、失控甚至变态。

三、人格的结构

人格是一个复杂的多层次、多侧面的系统。不同的心理学理论对人格的构成曾做出不同层次的划分。本书在稳定的心理特性这个层次上进行讨论,认为人格主要包括个体在气质、性格、认知风格和自我调控等方面表现出来的特性。

(一) 气质

1. 气质概述

气质是指心理活动的稳定的动力特征,如心理活动的速度、强度、稳定性、指向性和灵活性等。气质通常也称为"脾气",受遗传因素的影响较大,气质使个体的全部心理活动呈现独特的色彩。如暴躁的张飞、忧郁的林黛玉、泼辣的凤姐,等等。

2. 气质理论概述

心理学史上出现过多种气质理论,如古希腊希波克拉特的体液说认为体液决定气质,四种体液(血液、黏液、黄胆汁、黑胆汁)所占的比例不同导致气质的差异;德国克雷米奇尔的体型说认为体型决定气质,不同的体型(高矮胖瘦)显示出不同的气质;日本古川竹二的血型说认为血型决定气质,血型不同(A,B,AB,O)则气质不同;美国伯曼的激素说认为内分泌腺决定气质,不同内分泌腺功能占优势的人(甲状腺、垂体腺、肾上腺、性腺)气质特点不同。此外,托马斯和切斯也提出了气质理论,他们提出气质的九个维度(活动水平、节律性、注意的转移、趋向和退缩、注意的持久性、适应性、反应强度、反应阈限、心境质量),儿童在这九个维度上是有差异的。其中节律性、趋向和退缩、适应性、反应强度、心境质量5个维度的不同组合构成三种典型的气质类型:容易抚育型(约40%)、抚育困难型(约10%)、启动缓慢型(约15%)。

3. 巴甫洛夫的高级神经活动类型学说

巴甫洛夫首次为气质研究奠定了科学基础。巴甫洛夫等人发现,高级神经活动的基本过程有两个,即兴奋和抑制,而高级神经活动过程有3个基本特性:

强度:神经细胞能接受刺激的强弱程度,以及神经细胞持久工作的能力;

平衡性:兴奋过程和抑制过程之间是否平衡;

灵活性:个体对刺激的反应速度以及兴奋过程和抑制过程之间相互转换的速度。

根据这些基本特性可把高级神经活动分为4种活动类型:① 强而不平衡的;② 强、平衡、灵活的;③ 强、平衡、不灵活的;④ 弱型的。这些高级神经活动的类型是人的气质形成的生理基础,决定气质类型。

巴甫洛夫的高级神经活动类型刚好与心理学中的古典气质类型形成对应关系。

表 10-1　高级神经活动类型和古典气质类型之间的对应关系

神经过程的基本特性			高级神经活动类型	气质类型
强度	平衡性	灵活性		
强	不平衡		兴奋型（冲动型）	胆汁质
强	平衡	灵活	活泼型	多血质
强	平衡	不灵活	安静型	黏液质
弱			抑制型	抑郁质

4. 四种气质类型

气质的个别差异主要表现为气质类型差异。

胆汁质：强但不平衡。感受性低，耐受性高。外向、直率、热情、精力旺盛、情绪易于冲动、心境变换剧烈等，是胆汁质的特征。

多血质：强、平衡且灵活。感受性低，耐受性高。活泼、好动、敏感、反应迅速、喜欢与人交往、注意力容易转移、兴趣容易变换等，是多血质的特征。

黏液质：强、平衡但不灵活。感受性低，耐受性高。内向、安静、稳重、反应缓慢、沉默寡言、情绪不易外露、注意稳定但又难于转移、善于忍耐等，是黏液质的特征。

抑郁质：弱。感受性高，耐受性低。内向、孤僻、行动迟缓、体验深刻、善于觉察别人不易觉察到的细小事物等，是抑郁质的特征。

当然，单纯属于某一种类型的人很少，多数人是介于各类型之间的中间类型，即混合型，如胆汁—多血质，多血—黏液质等。

典型案例

剧院前的争吵

地点：某剧场门口。

时间：演出开始十分钟后。

人物：查票员和四位迟到的观众。

情节：剧场规定演出开始十分钟后不许入场。四位迟到者面对查票者的同一说明则表现各不相同。

第一位：大吵大嚷，怒发冲冠；

第二位：软磨硬泡，找机会溜进去；

第三位：不吵不嚷，虽然遗憾但还是理解剧院的做法，并自我安慰"好戏都在后头"。

第四位：垂头丧气，委屈万分，认为自己总是很倒霉。

这四位迟到者的气质类型分别是：第一位为胆汁质，他具有脾气急躁、易冲动的典型特征。第二位为多血质，表现出灵活、反应快的特征。第三位为黏液质。第四位为抑郁质。他们分别反映了各自的气质类型特征。

(二) 性格

1. 什么是性格

性格是一个人在对现实稳定的态度和习惯化了的行为方式中所表现出来的人格特征。

个体之间的个性差异的核心是性格的差异。正是由于性格的不同，人们才走上不同的道路，人们的事业成功和生活幸福才有千差万别。

2. 性格结构及其特征

性格是由多种心理特征所组成的复杂而稳定的心理结构，主要由以下几个方面构成。

(1) 性格的态度特征

性格的态度特征是指个体在对现实生活各个方面的态度中表现出来的一般特征，包括对社会、对集体、对他人、对自己、对劳动的态度。如，关心社会、集体，待人诚恳，正直，有责任心，有同情心，体贴人，谦虚，自信，自强，勤奋，细致，有开拓精神，节俭等。

(2) 性格的理智特征

性格的理智特征是指个体在认知活动中表现出来的心理特征。如，好奇心，喜思考，靠直觉等。在感知方面，有的能按照一定的目的任务主动地观察，属于主动观察型，有的则明显地受环境刺激的影响，属于被动观察型；有的倾向于观察对象的细节，属于分析型，有的倾向于观察对象的整体和轮廓，属于综合型；有的倾向于快速感知，属于快速感知型，有的倾向于精确地感知，属于精确感知型。在想象方面，有主动想象和被动想象之分；有广泛想象与狭隘想象之分。在记忆方面，有主动与被动之分；有善于形象记忆与善于抽象记忆之分等。在思维方面，也有主动与被动之分；有独立思考与依赖他人之分；有深刻与肤浅之分等。

(3) 性格的情绪特征

性格的情绪特征是指个体在情绪表现方面的心理特征。在情绪的强度方面，有的情绪强烈，不易于控制；有的则情绪微弱，易于控制。在情绪的稳定性方面，有人情绪波动性大，情绪变化大；有人则情绪稳定，心平气和。在情绪的持久性方面，有的人情绪持续时间长，对工作学习的影响大；有的人则情绪持续时间短，对工作学习的影响小。在主导心境方面，有的人经常情绪饱满，处于愉快的情绪状态；有的人则经常郁郁寡欢。

(4) 性格的意志特征

性格的意志特征是指个体在调节自己的心理活动时表现出的心理特征，自觉性、坚韧性、果断性、自制力等是主要的意志特征。自觉性是指在行动之前有明确的目的，事先确定了行动的步骤、方法，并且在行动的过程中能克服困难，始终如一地执行，与之相反的是盲从或独断专行。坚韧性是指能采取一定的方法克服困难，以实现自己的目标，与坚韧性相反的是执拗性和动摇性，前者不会采取有效的方法，一味我行我素；后者则是轻易改变或放弃自己的计划。果断性是指善于在复杂的情境中辨别是非，迅速做出正确的决定，与果断性相反的是优柔寡断或武断、冒失。自制力是指善于控制自己的行为和情绪，与自制力相反的是任性。

性格的态度特征、意志特征是性格的核心，对人的事业成功和生活幸福有重要的制约作用。

3. 性格类型

性格的类型是指在一类人身上所共有的某些特征的有规律的结合。性格的个别差异主要表现在类型差异，根据一定的原则与标准可以将性格加以分类，但由于性格现象的复杂和研究观点的不同，至今还没有一个统一的性格分类标准。通常可以将性格进行如下分类：机能类型说、内外倾向说、独立—顺从说、文化—社会类型说等，相关内容将在下文中详细阐述。

（三）气质与性格

在实际生活中，人们一般很难将气质与性格区分开来，所以，在日常谈论中经常会将两者混淆。在心理学研究中人们有时会将气质与性格合称为"人格"。但经过研究，人们会发现，气质与性格是个体个性心理两个不可或缺的组成部分，两者既有区别，也有联系。

1. 气质与性格的区别

（1）气质是心理活动的动力特征，其生理基础是人的高级神经活动的类型，它的形成受遗传的因素影响较大。性格是表现在人对现实的稳定态度和与之相适应的行为方式上的个性心理特征，主要是后天形成的，更多地受社会生活条件所制约。

（2）气质表现的范围较窄，局限于心理活动的强度、速度等方面，没有好坏之分；而性格表现的范围广泛，几乎包括人的心理活动的各个方面，可用一定的社会标准区分其好坏。

（3）气质的可塑性较小，相对稳定，很不容易改变；性格的可塑性较大，虽有稳定性，但能比较容易、迅速地改变。

（4）气质是个体出生时就具有的特征，在成长早期，影响其个性的主要是其气质，而在成长后期，则主要是性格影响其个性。

2. 气质与性格的联系

（1）个体的气质影响其性格。其一，气质影响性格的表现方式，使人的性格特征带有各自的气质类型色彩。例如，同是具有勤劳性格特征的人，胆汁质的人在工作中表现为精力旺盛，工作力度大，完成任务有声有色；而黏液质的人则表现为踏实肯干、默默无闻。同是具有助人为乐性格特征的人，多血质的人常常是热情洋溢地主动去助人；而抑郁质的人则喜欢不声不响地、悄悄地去助人。其二，气质影响性格的形成和发展速度。例如，勇敢、果断、主动等性格特征，多血质和胆汁质的人容易形成，而抑郁质与黏液质的人则较难形成；而在谨慎、自制等性格特征方面，抑郁质和黏液质的人比多血质和胆汁质的人更加容易形成。

（2）个体的性格也对其气质产生影响。性格在一定程度上可以隐蔽和改造气质。具有坚强性格的人可以控制其气质中的某些消极方面，发展其积极的方面。如某位胆汁质的高三学生为了能考上重点大学，在老师的指导下，经过一段时间的磨炼逐步形成了耐心细致、善于自制的性格特征，其原有的冲动、急躁的特征得到了一定程度的隐蔽与改造。由于性格具有较强的可塑性，性格在受到气质影响的同时还受到许多后天因素的影响，所以对于某个个体而言，气质与性格不是简单的——对应关系。也就是说，不同气质类型的人可以形成相同的性格特征;具有相同气质类型的人也可以形成不同的性格特征,既可以形成积极的性格特征也可以形成消极的性格特征。

➢微信扫描目录页二维码,阅读"人格的特质论和类型论"。

第二节 儿童人格发展特征

一、人格发展理论

在心理学中,关于人格发展的理论有许多种,其中较具影响力的且涉及儿童人格发展的主要有埃里克森的人格发展理论。

爱利克·埃里克森(Erik H Erikson),美国神经病学家,著名的发展心理学家和精神分析学家。他提出人格的社会心理发展理论,把心理的发展划分为八个阶段,指出每一阶段的特殊社会心理任务,并认为每一阶段都有一个特殊矛盾,矛盾的顺利解决是人格健康发展的前提。八个阶段的顺序是由遗传决定的,但是每一阶段能否顺利度过却是由环境决定的,所以这个理论可称为"心理社会"阶段理论。

埃里克森的人格发展理论,为不同年龄段的教育提供了理论依据和教育内容,任何年龄段的教育失误,都会给一个人的终身发展造成障碍。它也告诉每个人为什么会成为现在这个样子?我们的心理品质哪些是积极的?哪些是消极的?不同的人格特征多在哪个年龄段形成并给予反思的依据。

拓展阅读

埃里克森的人格八阶段

1. 婴儿期(0~1.5岁):基本信任和不信任的冲突
2. 儿童期(1.5~3岁):自主与害羞和怀疑的冲突
3. 学龄初期(3~5岁):主动对内疚的冲突
4. 学龄期(6~12岁):勤奋对自卑的冲突
5. 青春期(12~18岁):自我同一性和角色混乱的冲突
6. 成年早期(18~25岁):亲密对孤独的冲突
7. 成年期(25~65岁):生育对自我专注的冲突
8. 成熟期(65岁以上):自我调整与绝望期的冲突

埃里克森认为,在每一个心理社会发展阶段中,解决了核心问题之后所产生的人格特质,都包括了积极与消极两方面的品质,如果各个阶段都保持向积极品质发展,就算完成了这阶段的任务,逐渐实现了健全的人格,否则就会产生心理社会危机,出现情绪障碍,形成不健全的人格。

二、影响儿童人格发展的因素

历史上,心理学家在关于人格发展的问题上曾有两种极端的观点:一是遗传决定论,二是环境决定论。现在采取这两种极端看法的人已经非常少见了,因为人们知道,影响人格形成的因素有很多,比如遗传、环境、成熟和教育等因素,都会对人们人格的形成和发展产生影响。人格是在与周围环境相互作用的过程中逐渐发展起来的,虽然遗传因素会对人格的形成发生影响,但人格形成中起主要作用的不是遗传,而是社会经历。一个人的全部人格特点,实际上是一个人全部生活历史的积淀。

(一)生理因素的影响

人格的形成与发展有其生物学的根源。遗传素质是人格形成的自然基础,它为人格形成与发展提供了可能性。具体表现在四个方面:第一,一个人的相貌、身高、体重等生理特征,会因社会文化的评价与自我意识的作用,影响到自信心、自尊感等人格特征的形成。第二,生理成熟的早晚也会影响人格的形成。一般地,早熟的学生爱社交,责任感强,较遵守学校的规章制度,容易给人良好的印象;晚熟的学生往往凭借自我态度和感情行事,责任感较差,不太遵守校规,很少考虑社会准则。第三,某些神经系统的遗传特性也会影响特定人格的形成,这种影响表现为或起加速作用或起延缓作用。这从气质与人格的相互作用中可以印证:活泼型的人比抑制型的人更容易形成热情大方的人格;在不利的客观情况下,抑制型的人比活泼型的人更容易形成胆怯和懦弱的人格特征,而在顺利的条件下,活泼型的人比抑制型的人更容易成为勇敢者。第四,性别差异对人类人格的影响也有明显的作用。一般认为,男性比女性在人格上更具有独立性、自主性、攻击性、支配性,并有强烈的竞争意识,敢于冒险;女性则比男性更具依赖性,较易被说服,做事有分寸,具有较强的忍耐性。

(二)家庭环境的影响

家庭因素对人格形成与发展有重要的影响。家庭是儿童出生后接触到的最初的教育场所,家庭所处的经济地位和政治地位、家长的教育观念和教育水平、家长的教育态度与教育方式、家庭的气氛、儿童在家庭中扮演的角色与所处的地位等,都对儿童人格的形成有非常重要的影响。从这个意义上讲,"家庭是制造人格的工厂"。

1. 家庭气氛与父母的文化程度对儿童人格的影响

家庭成员之间特别是父母之间的相互关系处理得好坏,会直接影响儿童人格的形成。一般来讲,家庭成员之间和睦、宁静、愉快的关系所营造的家庭气氛对儿童的人格有积极的影响;家庭成员之间相互猜疑、争吵、极不和睦的关系所造成的家庭紧张气氛,尤其是父母离异的家庭对儿童人格有消极的影响。大量研究表明,离异家庭的儿童比完整家庭的儿童更多地表现出孤僻、冷淡、冲动、好说谎、恐惧、焦虑甚至反社会等不良的人格特征。

研究发现,父母的文化程度对儿童的人格发展会产生很大影响。父母的文化程度对儿童的自制力、灵活性有显著影响;母亲的文化程度则对儿童人格的果断性、思维水平、求知欲、灵活性四项行为特征产生显著影响,父亲的文化程度的影响主要表现在儿童的意志特征上,母亲的文化程度除了在人格的情绪特征、意志特征上有某些影响外,对儿童人格的理智特征有较大的影响。

2. 家长的教育观念、教育态度与方式的影响

家长的教育观念具体表现为:家长对家庭教育的作用与在家教问题上所承担的角色与职能之认识的教育观,家长对儿童的权利与义务、地位及对子女发展规律之看法的儿童观,家长在子女成才问题上之价值取向的人才观,以及家长对自己同子女有什么样的关系之看法的亲子观。研究发现,家长教育观念的正确与否,决定家长对儿童采取何种教育态度与方式,而家长的教育态度与方式又直接影响着儿童的发展,特别是人格的形成与发展。有许多心理学家对父母的教养态度与方式对子女人格的影响进行了研究,其结果表明,在父母不同的教育态度与方式下成长的儿童,其人格特点有明显的差异,如表 10-2。

表 10-2　父母的教养态度对子女人格的影响

父母的态度与方式	子女的性格
1. 支配性的	依赖性,服从,消极,缺乏独立性
2. 溺爱的	任性,骄傲,利己主义,缺乏独立精神,情绪不稳定
3. 过于保护的	缺乏社会性,任性,依赖,被动,胆怯,深思,沉默,亲切
4. 过于严厉的(经常打骂)	顽固,冷酷,残忍,独立的;或怯懦的,缺乏自信心、自尊心,盲从,不诚实
5. 民主的	独立的,协作的,社交的,亲切,天真,有毅力和创造精神,直爽,大胆,机灵
6. 忽视的	妒忌,情绪不安,创造力差,甚至有厌世轻生的情绪
7. 父母意见分歧的	易生气的,警惕性高的;或两面讨好,好说谎,投机取巧

家庭教养方式对儿童人格的影响有极为重要的作用。不同学者对家庭教养方式的划分不尽一致,但含义基本相同。一般来说,家庭教养方式主要有民主型、专制型、溺爱型、冷漠型。

民主型的家庭最大的特点就是民主和谐与相互尊重。他们彼此都敞开心扉,倾心交流,给孩子营造出平等、轻松的家庭氛围,给孩子的发展开辟了广阔的空间,也给孩子一片自由的天空。他们了解孩子的兴趣与需要,满足孩子的正当要求,以平等的身份与孩子进行交流,善于接纳孩子们正确的想法与意见,并且鼓励孩子按照自己的意愿大胆地尝试。因此,在这种家庭氛围里成长的孩子,大多数人格开朗、乐观、自信、独立,好探索,善于发现问题并能解决问题,拥有一份宽容的心,能与同伴和睦相处。

专制型的家长对孩子的兴趣和能力全然不顾,不尊重孩子的意见和想法。他们要求孩子必须按照自己制定的标准行事,常以严厉、强迫的态度命令、控制孩子的行为。这种教养方式,将会造成孩子独立性和自主性较差,无主见。当家长制定的标准过高,孩子达不到,屡遭失败,极易产生挫折感,日子久了,将会产生自卑的心理。再者,采取这种教养方式,还会导致孩子产生叛逆心理,变得更加反抗、暴烈,极易走上邪路。

溺爱型的家长对孩子的要求无条件地接受,并且想方设法去迎合他们的要求。他们把孩子视为柔弱的个体,总是竭尽全力地为孩子解决一切困难。即使他们有过错,也从不批评,甚至还帮忙申辩。长此以往,造就孩子依赖性强、自私、任性,很难适应集体生活,动手能力差等不良的人格特征。

冷漠型的家长对孩子不闻不问,产生分歧或矛盾时,交流沟通的机会少,时间长了,就会在彼此之间隔上一层厚厚的屏障。这种家庭最大的特点就是家庭结构不"紧密"。该教养方式下的子女有些孤僻,对人冷酷,缺乏热情,缺乏自信心和上进心,但有些人也具有较强的创造性。

3. 儿童在家庭中的地位与角色的影响

儿童在家庭中所处的地位及扮演的角色,也会影响其人格的形成与发展。如父母对子女不公平时,受偏爱的一方可能有洋洋自得、高傲的表现,受冷落的一方则容易嫉妒、自卑。

艾森伯格(P. Eisenberg)研究认为,长子或独生子比中间的孩子或最小的孩子具有更多的优越感。孩子在家庭中越受重视,其人格发展越倾向自信、独立、优越感强。如果其地位发生变化,原有的人格特征往往会随之产生不同程度的变化。苏联一位心理学家对同卵双生子的姐妹进行研究,发现姐姐处事果断、主动勇敢,妹妹较为顺从、被动。经了解,在这对双生子出生后,她们的祖母指定一个为姐姐,一个为妹妹。从童年时起,姐姐就担当起保护、照顾妹妹的责任,所以形成了前面所说的人格特征,而妹妹由于被照顾和保护,就形成了依赖、顺从的人格特征。

目前,我国独生子女在儿童总数中占主要成分,独生子女在家庭中有着特殊的地位,扮演着特殊的角色,家长在教育态度与方式上稍有放纵或不一致就很容易造成子女人格上的不良后果。现在,独生子女的教育问题已引起教育界的关注,并成为人们探讨的热门话题。

(三) 学校教育环境的影响

学校教育对儿童人格的形成起主导作用。因为学校教育是教师根据教育目的对学生施加有目的、有系统、有计划的影响,而且是在学生的生活、学习的集体中,通过各种活动进行的。

首先是班集体的影响。学校的基本组织是班集体,班集体的特点、要求、舆论、评价对学生都是一种无形的巨大的教育力量。在教师的指导下,优秀的班集体会以它正确而又明确的目的、对班集体成员严格而又合理的要求、自身强大的吸引力感染着集体成员,充分调动所有成员的主动性、自觉性,从而促进学生良好人格的形成。与此同时,学生在集体中通过参加学习、劳动及各种文艺、体育及兴趣小组等活动,通过同学之间的交往,增强了责任感、义务感、集体主义感,学会了互相帮助、团结友爱、尊重他人、遵守纪律,也培养了乐观、坚强、勇敢、向上等优秀品质。优秀的班集体不仅可以促进学生良好人格的形成,还可以使学生一些不良的人格特征得以改变。日本心理学家岛真夫曾挑选出在班集体里地位较低的八名学生担任班级干部,并指导他们开展工作。一学期后,发现他们在学生中的地位发生了很大变化,表现得自尊、有责任心,整个班级的风气也有所改变。

其次是教师的人格、态度与师生关系的影响。教师在学生人格的形成与发展中所起的作用是至关重要的。特别是对小学生来说,其影响更为显著。教师的人格往往在他们的人格上打下深深的烙印。教师的人格是暴躁还是安静,兴趣是广泛还是狭窄,意志坚强还是薄弱,情绪高昂还是悲观低落,办事果断还是优柔寡断等,教师的这些心理品质对学生人格都会产生积极与消极的影响。

教师对学生的态度、师生关系也会直接影响学生的人格。有人曾把教师的态度分为三种,即放任型、专制型、民主型。

放任型:表现为不控制学生的行为,不指导学生学习。学生则表现为无集体意识、无团体目标、纪律性差、不合作。

专制型:表现为包办学生的一切学习活动,全凭个人的好恶对学生赞誉、贬损。学生则表现为情绪紧张、冷漠、具有攻击性、自制力差。

民主型:表现为尊重学生的自尊心和人格。学生则表现为情绪稳定、态度积极友好、开朗坦诚、有领导能力。

可见,教师在学生中是很具有权威性的,教师是学生学习、效仿的榜样,其言传身教对学生人格特征的发展是潜移默化的,作用是不可估量的。

从另一方面看,学校若忽视对学生思想品德的教育或采取一些违反教育原则的教育方式与方法,如体罚、不尊重学生等,或学校与家长的教育不一致,就会使学生形成不良的人格。现实生活中是不乏其例的,对此必须引起重视。

总之,学校教育对学生人格的影响是方方面面的,主要是通过学校的传统与校风,教师的人格、态度与行为,师生关系,学生所在班集体,同学之间的关系,学校组织的团队活动、体育活动、课外活动等渠道实现的。

(四) 社会因素的影响

社会因素对学生人格的影响主要通过社会的风尚、大众传媒等得以实现,如电脑、电视、电影、报纸杂志、文学作品等。电视对儿童人格的影响是巨大的。美国的心理学家在1971年进行的实验证明,电视节目里的许多攻击性行为对年幼无知的孩子的行为发展影响很大。其实验是这样的:让一组八九岁的儿童每天花一些时间看具有攻击性行为的卡通节目;而另一组小孩则在同样长的时间里观看没有攻击性行为的卡通节目。在实验中,同时对这两组儿童所表现出的攻击性行为加以细致的观察记录。结果发现,观看含攻击性行为的卡通节目的儿童,其攻击性行为增多;但是,那些看不含攻击性行为的卡通节目的儿童,在行为上却没有改变。经过十年后的追踪研究发现,以前参与观看含攻击性行为节目的儿童,即使到了19岁,仍然比较具有攻击性,只是女性没有这种相关现象存在。

随着信息时代的到来,通过互联网传播的各种信息会对中小学生人格形成产生正面和负面影响,而且其影响是广泛而深刻的。这对教育工作者提出了新的研究课题,即如何引导、教育学生正确选择、利用网上信息,提高抵制不健康信息的能力。

此外,报纸杂志、文艺作品中的典型人物或英雄榜样也会激起学生丰富情感和想象,引起效仿的意向,从而影响人格的形成与发展。

(五)自我教育在人格形成中的作用

自我教育是良好人格形成与发展的内在动力。人与动物最本质的区别就是人有主观能动性,有自我调控能力,因此每个人都可以通过自我教育塑造自己良好的人格。俄国伟大的教育家乌申斯基认为,人的自我教育是人格形成的基本条件之一,因为一切外来的影响都要通过自我调节而起作用。从这个意义上讲,每个人都在自己塑造自己的人格。

在儿童成长过程中,自我意识明显影响着人格的形成。儿童把自己从客观环境中区分出来是人格形成的开始,从此,就开始了自己教育自己、自己塑造自己的努力,当然,这种努力是在成人的指导、帮助下实现的。随着儿童自我意识的发展,这种自我教育、自我塑造的力量越来越强。儿童的人格形成也就从被控者变为自我控制者,而且也就能产生一种"自我锻炼"的独特动机。因此,教育者要鼓励和指导学生自我意识的发展,创造各种机会,加强他们自身人格的锻炼与修养。

▶微信扫描目录页二维码,阅读"中学生的认知风格"。

第三节 儿童人格差异与因材施教

12~18岁的儿童生理上、心理上、社会性上向成人接近,智力上接近成熟,抽象逻辑思维已从"经验型"向"理论型"转化,出现辩证思维;形成了理智的自我意识,但理想自我与现实自我、自我肯定与自我否定常发生冲突。儿童在各种关系和生活任务中逐渐形成相对独立的自我,人格的自我调节和建构作用不断增强,人格结构不断趋于完善。但在现实社会中由于遗传、社会环境差异等因素的存在,儿童的人格也存在很大的差异,为了能促进儿童的全面发展,现从气质差异、性格差异与认知风格差异三个方面介绍在实际教育教学中如何做到因材施教。

一、儿童的气质差异与因材施教

在日常生活中,有的儿童性情急躁,易发脾气,喜怒形之于色,遇事缺乏三思而后行;有的儿童说话、做事总是慢条斯理,不轻易动肝火,遇事犹豫不决;有人活泼好动、善交朋友、易适应环境;有的儿童则喜欢独处、安静、少言寡语,虽然内心不快,但不立即暴露出来等,这些心理活动的差别是人们不同气质的表现。

(一)儿童的气质类型差异

气质类型是指表现为心理特征的神经系统基本特征的典型结合,也是表现在心理活动的强度、速度、灵活性与指向性等方面的一种稳定的心理特征。人的气质差异受神经系统活动过程的特性所制约。孩子刚出生时,最先表现出来的差异就是气质差异。根据前文所述,现对胆汁质、多血质、黏液质以及抑郁质为主要气质类型的儿童的有关差异进行简单描述。

具有胆汁质型气质的儿童精力旺盛,热情直率,意志坚强;脾气躁,不稳重,好挑衅;勇敢,乐于助人;思维敏捷,但准确性差。他们心理活动的明显特点是兴奋性高,不均衡、带有迅速而突发的色彩。具有多血质型气质的儿童的行动有很高的反应性,他们容易适应新环境,结交新朋友,具有高度可塑性。给人以活泼热情,充满朝气,善于合作的印象。但注意力容易转移,兴趣容易变换,很难适应要求耐心细致的平凡而持久的学习。属于黏液质的儿童缄默而沉静,由于神经过程平静而灵活性低,反应比较缓慢。这种儿童常常严格地恪守既定的生活秩序和制度,注意稳定且难转移。给人的外表感觉为态度持重,沉着稳健,不爱作空泛的清谈。这种气质类型的不足之处是有些固执冷淡,不够灵活,因而显得因循守旧,不易合作。那些要求持久、有条理、冷静的工作,对于黏液质的儿童最为合适。而具有抑郁质气质的儿童感受性高而耐受性低,不随意的反应性低;严重内倾;情绪兴奋性高而体验深,反应速度慢;具有刻板性,不灵活。性情脆弱、情感发生缓慢而持久,动作迟钝、柔弱易倦。具有这种类型特征的人在情绪方面表现为情感不易老化,比较平静,不易动情。情感脆弱、易神经过敏,容易变得孤僻。在行为方面表现为动作迟缓,胆小、不喜欢抛头露面,反应迟钝。

研究表明,气质在一定程度上影响一个儿童学习的途径、方式、方法,赋予智力活动以某种"风格"、"特色",但不决定他们知识、技能、智力的水平。因此在学习上,不论哪种气质类型的学生,在同样的学习任务下,只要肯下功夫都能取得好成绩。教师的任务不在于怎样提高儿童的智力,让他们在学习上取得好成绩,而在于通过对儿童学习活动的方式、方法的指导,提高其学习效率和质量。

正因为气质差异的存在,才使得每个人都具有自己不同的个性。任何一种气质都有它的优缺点,作为教师应当了解不同儿童的气质特征和气质类型,做到因势利导,提高教育效果;还要促使学生扬长避短,培养其良好的个性品质和气质特征。

(二)气质类型的分辨与测量

不同气质类型的儿童在人格上会有不同的特征,准确分辨儿童的气质类型是实施个性化教学并实施因材施教的前提。在心理学中,辨别儿童气质类型的主要方法有观察法、条件反射测定法和测验法等。

1. 观察法

运用观察法确定气质类型,要求在观察、记录一个人日常生活中的行为特征、智力活动特征、言语特征及情绪特征以后,对所得材料进行分析、判断、归纳和综合,然后对照各种气质类型的指标,确定其气质类型。此种方法使用简单,易于掌握,若运用得当,所得结果比较符合实际。这种方法适合教师在教育教学中运用。

2. 条件反射法

条件反射法是指在实验室里,运用一定的实验仪器对被试在形成或改变条件反射的过程中所表现出来的神经活动特征进行观察记录,从而了解和确定其气质类型的方法。许多心理学家以不同形式的条件反射来测定神经活动的特性。运用条件反射法所测得的结果比较可靠。但是,条件反射法需要一定的实验仪器,主试者也必须经过特殊的训练,因而不利于一般人掌握和使用。

3. 测验法

运用气质调查表来测定人的气质类型,也是一种行之有效的方法。吉普气质调查表是美国心理学家吉尔福特和吉莫曼于1956年发表的一种问卷式的人格测验调查表。这个调查表共包括10个因素,每个因素代表一种人格特质。每种特质用30题测定,共300题。波兰华沙大学心理学教授简·斯特里劳从20世纪50年代起,对气质问题进行了大量研究,编制了几种适合不同对象使用的气质调查表。其中最有特色,且已被译成多种文字在国际上广泛应用的是简·斯特里劳气质调查表(简称S·TI),简·斯特里劳气质调查表共有134个测验题目,包括兴奋强度、抑制强度、灵活性三个量表及一个第二级量表——平衡性。此调查表已被译成中文,经使用,基本适用于我国。另外,还有一种通俗的问卷测验气质60题测验,简单易做,所测结果也比较符合实际,因而使用用广泛。

(三) 针对气质类型差异实施因材施教

针对不同气质类型的学生特点,可以分别采取各种相适应的教育措施,帮助学生克服消极因素,形成良好品质。教师在了解学生气质类型的基础上,在教育中应注意如下一些问题。

1. 气质的稳定性与可塑性

气质类型的很早表露,也有比较稳定的神经基础,说明气质较多地受个体生物组织的制约;也正因为如此,气质在环境和教育的影响下虽然也有所改变,但与其他个性心理特征相比,变化要缓慢得多,具有稳定性的特点。

2. 气质类型无好坏之分

在评定人的气质时不能认为一种气质类型是好的,另一种气质类型是坏的。每一种气质都有积极和消极两个方面,在这种情况下可能具有积极的意义,而在另一种情况下可能具有消极的意义。如胆汁质的人可成为积极、热情的人,也可发展成为任性、粗暴、易发脾气的人;多血质的人情感丰富,工作能力强,易适应新的环境,但注意力不够集中,兴趣容易转移,无恒心等。气质相同的人可有成就的高低和善恶的区别。抑郁质的人工作中耐受能力差,容易感到疲劳,但感情比较细腻,做事审慎小心,观察力敏锐,善于察觉到别人不易察觉的细小事物。据此,在实际教育中教师应根据学生不同的气质特点因材施教,而不应有气质歧视现象。

3. 气质类型不决定一个人成就的高低,但能影响工作效率

气质不能决定一个人活动的社会价值和成就的高低。据研究,俄国的四位著名作家就是四种气质的代表,普希金具有明显的胆汁质特征,赫尔岑具有多血质的特征,克雷洛夫属于黏液质,而果戈理属于抑郁质。类型各不相同,却并不影响他们同样在文学上取得杰出的成就。气质只是属于人的各种心理品质的动力方面,它使人的心理活动染上某些独特的色彩,却并不决定一个人人格的倾向性和能力的发展水平。所以气质相同的人可以成为对社会做出重大贡献、品德高尚的人,也可以成为一事无成、品德低劣的人;可以成为先进人物,也可以成为落后人物,甚至反动人物。反之,气质极不相同的人也都可以成为品德高尚的人,成为某一职业领域的能手或专家。

人的气质对行为、实践活动的进行及其效率有着一定的影响,例如,要求做出迅速灵活反应的工作对于多血质和胆汁质的人较为合适,而黏液质和抑郁质的人则较难适应。反之,要求持久、细致的工作对黏液质、抑郁质的人较为合适,而多血质、胆汁质的人又较难适应。在一般的学习和劳动活动中,气质的各种特性之间可以起互相补偿的作用,因此对活动效率的影响并不显著。对先进纺织工人所做的研究证明,一些看管多台机床的纺织女工属于黏液质,她们的注意力稳定,工作中很少分心,这在及时发现断头故障等方面是一种积极的特性。注意的这种稳定性补偿了她们从一台机床到另一台机床转移注意较为困难的缺陷。另一些纺织女工属于活泼型,她们的注意比较容易从一台机床转向另一台机床,这样注意易于转移就补偿了注意易于分散的缺陷。

但是,在一些特殊职业中(如飞机驾驶员、宇航员、大型动力系统调度员或运动员等),要经受高度的身心紧张,要求人们有极其灵敏的反应,要求人敢于冒险和临危不惧,对人的气质特性提出特定的要求。在这种情况下,气质的特性影响着一个人是否适合于从事该种职业。因此在培训这类职业的工作人员时应当测定人的气质特性。这是职业选择和淘汰的根据之一。

因此,了解人的气质对于教育工作、组织生产、培训干部职工、选拔人才、社会分工等方面都具有重要的意义。如果在学习、工作、生活中考虑到这一点,就能够有效提高自己和他人的效率。

4. 气质类型与学校教育

由于人们的气质各不相同,所以要求在教育工作中必须采取因材施教、个别对待的方法。例如,严厉的批评对于胆汁质或多血质的学生会促使他们遵守纪律,改正错误,但对抑郁质的学生则可能产生不良后果。这就要求教育工作者考虑学生的气质特点。又如,在改变作息制度和重新编班时,多血质的学生很容易适应,无须特别关心,而对于黏液质、抑郁质的学生则需给予更多的关怀和照顾,才能使他们逐步适应新的环境。

特别应注意的是,气质类型能影响健康。不同气质类型的人,其情绪兴奋性不同,适应环境的能力不同,进而影响健康。对于适应环境存在一定困难的气质类型,如胆汁质、抑郁质,应多加关注。对所有气质类型,应注意提供"合身性"的环境,即环境教育方式与个体的气质特征匹配。

总之,决不能孤立地考虑人们的气质特征,更重要的是培养积极的学习和劳动态

度。如果具有正确的动机和积极的态度,各种气质类型的人都可能在学习上取得优良成绩,在劳动中做出出色的贡献。另外,任何一种气质类型都有发展成不良个性品质的可能、也有发展成优良个性品质的可能。教师在教育工作中的职责之一就是要帮助学生分析和认识自身气质特征中的优势和不足、学会驾驭自己的气质、充分发挥气质的优势、克服其消极的一面。教师只有将不同气质类型的学生区别对待,实施因材施教,才能使不同气质类型学生的优势都得到充分的发挥。

二、儿童的性格差异与因材施教

(一) 儿童的性格差异特征

社会实践中,由于受到各种客观事物的影响,并且这些影响会通过认知、情感和意志活动对个体的行为产生作用,形成一定的态度体系,从而构成个体特有的习惯化的行为方式。态度是个体对社会、自己与他人的一种心理倾向,包括对事物的评价、好恶和趋避。人们对待同一事物的不同态度表现为不同的行为方式,从而构成了他们的性格差异。

儿童的性格受他们的世界观、人生观和价值观的影响,表现出他们的品德,这些具有道德评价的人格差异,也被称之为性格差异。与气质不同,儿童的性格有好坏之分,最能反映一个人的道德风貌。儿童的性格差异特征主要表现在以下几个方面:

1. 可塑性差异

对于儿童来说,其性格还没有定型,在不同的生活环境中其性格还会发生变化,这种变化既有向积极方向的,也有向消极方向的,所以儿童的性格具有很大的可塑性。举例来说,在家庭中长期受到过分溺爱的孩子,往往会养成一些不良的性格特征,但进入学校后,接受了良好的教育,不良的性格特征可以得到逐渐的改变。据研究,儿童的性格很容易受到环境的影响,一旦他们成年后其性格就会趋于稳定,不易受环境影响。所以儿童性格的可塑性为其父母及教育者提供了可贵的教育契机,可以采用各种方法来帮助儿童塑造良好的性格特征,克服不良的性格特征。

2. 制约性差异

性格最能保证个人的人格差异,作为个性的一个方面,它的形成与个性有机地结合在一起。人作为社会性动物,个体会对现实社会施加的影响做出特定的反映,当其中某些反映已经巩固,就会成为他经常采取的态度与行为方式,从而成为他的性格特征。可见,人的性格是现实社会关系在人脑中的反映,个人对现实的态度和行为方式是与他的意识倾向和世界观紧密相连的,体现了人的本质属性。儿童性格的养成离不开特定的社会历史环境与其所生存的家庭、学校及社区等小环境的影响,所以在实际教育中应以积极的主流社会价值观引导他们树立正确的人生观与世界观。

3. 整体性差异

性格是一个复杂而完整的系统,虽然它包含着不同的侧面,具有各种不同的内容,但性格不是指某种个别的心理特征,而是某些心理特征在一个人身上的整合,体现了一个人的独特风格和精神面貌。在日常生活中,性格常常被用作人格的同义词,其实两者还是有区别的。心理学中也常把性格看作人格的某些特别方面,比如将人格看作性格加智慧再加气质,但是,以这种整体与部分的关系来界定人格与性格的关系是不确切的,严格来说性格作为一种整体对一个人的心理与行为的发展有着非常重要的作用。儿童在发展过程中,其个人的情感、态度和意志的发展与成熟都会对其性格的形成产生重要的影响,其中态度是最重要的,它体现了个体对事物特有的、稳定的倾向,也是一个人的本质属性和世界观的反映。性格是一个整体,各方面并不是孤立存在的。每个儿童都存在着性格差异,要想了解儿童,促进儿童发展,就应坚持性格的整体性对其性格差异做全面的分析。

➢ 微信扫描目录页二维码,阅读"儿童性格类型的辨别"。

(二)针对性格差异实施因材施教

1. 加强人生观、世界观和价值观教育

人生观、世界观和价值观在整个个性结构中处于统帅的地位。要培养学生健全的性格,学校就必须利用各种形式开展教育,使学生形成正确的人生观、世界观和价值观,树立正确的人生目标。只有这样,学生才能正确处理好与他人及集体的关系,正确评价和引导自身的行为,形成积极的生活态度和行为方式,使性格得到健康发展。

2. 及时强化学生的积极行为

性格是在活动中逐步养成的。通过学校日常教学活动的合理组织,可使学生形成勤奋、认真、守纪律等良好的性格品质。除此之外,学校还要组织各种课外、校外活动,开阔学生的眼界,丰富学生的社会经验,增加学生受锻炼的机会。在各项活动中,教师要积极关注每一个学生的行为表现,对良好的行为要及时表扬、鼓励。

3. 充分利用榜样人物的示范作用

社会学习理论强调榜样示范在性格形成中的重要作用。对于学生来说,榜样的力量是无穷的。利用榜样人物的影响往往能收到潜移默化的教育效果。因此,在性格教育中要注意向学生介绍古今中外的优秀人物,引导学生向这些优秀人物学习。特别值得注意的是,在性格教育中,更应该遵循"身教重于言教"的教育原则,教师应该不断地完善自己的性格,提高自己的人格魅力,成为学生性格发展中能够直接模仿的榜样。

4. 利用集体的教育力量

通过集体教育不仅可以培养学生关心集体、维护集体利益的集体主义性格特征,而且其他许多优良的性格特征如诚实、助人、组织性、纪律性、自信心、自尊心、好胜心、责任感、义务感、荣誉感等也都能得到培养。另一方面也只有使每一个人的个性(包括性格)都获得了充分的发展,才会有真正的集体和集体教育可言。总之,教育了集体,也就教育了每一个人;教育了每一个人,也必然会影响到集体。它们是相辅相成的。

5. 依据性格倾向因材施教

学生性格的发展受他们已有个性特点的影响。同一种教育措施,会因学生的个性差异而有不同的效果。因此,性格教育必须针对学生不同的个性特点,因材施教。

6. 提高学生的自我教育能力

优良性格特征的养成,并非简单地受客观外界因素的影响,而是主客观相互作用的结果。在教育实践中提高学生的自我教育能力,需要通过具体的教育情境帮助他们对自身有客观、正确的认识和评价,促使他们自觉地发展控制和支配自己行为的能力,从而使他们能够在自我意识提高的过程中增强自觉塑造自己良好性格品质的能力。

➤微信扫描目录页二维码,阅读"儿童认知风格与因材施教"。

三、儿童的性别差异与因材施教

性别差异是指不同性别所表现出来的稳定的、独特的心理特征。儿童的性别差异包括生理和心理两方面的差异。这里主要阐述儿童性别的心理差异与教育教学的关系,探讨如何针对儿童的性别差异采取适当的教育教学措施。儿童性别的心理差异是多方面的,这里主要从注意、记忆和思维等方面进行探讨。

(一)儿童注意的性别差异与教育

儿童在注意方面存在着较明显的性别差异。一般而言,女生注意的稳定性比男生强,男生比女生容易分散注意。在课堂教学中我们常常会看到这样的情况,不遵守课堂纪律的常常是男生,他们中有的讲话,有的玩文具,有的与周围同学发生冲突等。总之,男生一般比较好动,注意力不够集中,保持注意稳定的时间较短,这也是儿童尤其是小学阶段男生比女生学习成绩落后的原因之一。但男生在注意的转移上优于女生,这主要是由于男生的注意稳定性较女生差,在课堂教学中对原来注意的专注度比女生低,所以男生比女生注意的转移速度快。女生的注意兴趣多指向于人,而男生的注意兴趣多指向于物。

针对这些特点,教师在教学中应特别注意利用形象化的语言、有趣的事例、经常性的提问、表扬与批评等方法培养男生的注意稳定性,注意激发其学习的自觉性和克服困难的意志力,培养其有意注意,以此克服男生注意力容易分散的现象。同时教师应注意对每堂课进行充分的准备,对课的导入进行精心的设计,使儿童能迅速地将注意力从原来的学习内容或课间活动转移到新的学习活动上来。针对女生注意的兴趣很少指向物,不太喜欢摆弄物体的弱点,教师在教育中应培养女生兴趣指向的多方面性,并通过组织相应的活动培养其动手能力;针对男生不太注意人与人的关系的偏向,教师应多给男生与人交往,尤其是与教师和女同学交往的机会,从而使男生的注意兴趣也能得到良好的发展。

(二)儿童言语的性别差异与教育

国内学者研究表明,儿童在言语能力上存在着一定的性别差异,其差异主要表现在语言表达能力上。女生在语言表达能力上的优势开始于小学四年级,特别是六年级女生的优势更大,这说明在语言表达能力上出现了随年龄增长性别差异逐渐加大的趋势。在高水平的语言表达能力上,在各年级都体现出了女生明显而稳定的优势。这与我们在小学教育教学所见到的女生语言表达能力常常强于男生的实际情况是一致的。男生在复述课文、造句、回答问题等需要语言表达能力的活动中,常常有语塞、吃力、前言不搭后语、缺乏较高的修辞性等力不从心的表现。针对义务教育阶段男生在语言表达能力上的弱点,教师在教学中(尤其是语文教学中),应特别注意对男生加强听、说、朗读等口头语言表达能力,以及拼写、语法、定标点、理解有难度的书面材料、领会复杂的逻辑关系、写作文等书面语言表达能力的训练,以便使男生的语言表达能力得到培养和良好的发展。

(三) 儿童思维的性别差异与教育

这里主要就儿童在思维方式存在的性别差异进行讨论。义务教育阶段男女生在思维方式上有较为明显的差异。男生逻辑思维占优势,女生形象思维占优势;女生倾向于模仿,处理问题时注意部分与细节,但对整体与部分之间的联系把握较差,而男生倾向于独立思考,分析与综合能力较强,处理问题比较重视整体与部分之间的联系,但对细节注意不够。这与我们在教学实际中所见也是一致的。在义务教育阶段,男女生在语文和数学学习方面的成绩表现出一定的性别差异。儿童学习基础知识和基本技能时,男女生思维方式尚未产生明显的差异,但在运用这些基础知识和基本技能时,差异就出现了,而且随着年级的升高,知识的综合性越来越强,灵活运用知识的要求越来越高,单纯的模仿已显得不足。因此,相当数量的女生由于习惯的思维方式的影响,适应不了学科新知识的要求,学习成绩逐渐落后于男生。这种情况说明,虽然儿童思维方式的性别差异是多方面因素影响的结果,但学校教育却是其中非常重要的影响因素。因此,教师在教育教学中对女生应加强逻辑思维能力、空间知觉能力、综合能力、独立思考能力等方面的培养和训练(可通过数学课培养女生的计算能力、逻辑思维能力、空间想象能力等);对男生则应重视其形象思维能力的培养(可通过语文、外语等课程的教学训练男生有感情地朗读、进行富于形象性的想象等,以培养男生的形象思维能力),不仅要引导他们在解决问题时注意整体与部分的关系,而且还应加强注意细节的训练,以便防止和减少在问题解决中产生由于粗心所造成的各种错误。

此外,儿童在非认知因素方面也存在着较明显的性别差异,如男生比女生独立性更强、更自信、兴趣更广泛,但情绪稳定性比女生差,有更多的多动、攻击和违纪行为;而女生比男生的依赖性更强,更有可能寻求教师的认同,更遵守课堂纪律。因此,表扬对女生更有效,而批评对男生更有效。在教育教学中,教师应正确认识儿童的性别差异,注意进行"扬长"和"补短",尽量缩小因学校要求不当而人为地使性别差异随儿童的年龄增长和年级升高而进一步扩大的趋势。

➤微信扫描目录页二维码,阅读"对特殊儿童的因材施教"。

研究动态

21世纪以来,心理学的研究与冯特时代相比已经有了突飞猛进,当前西方心理学在人格心理研究领域主要出现了如下一些新的趋势:

新趋势之一:人格心理研究的多学科取向。将人格置于更广阔的学科背景中研究,放弃以往的孤立研究。人格研究在社会学、生物学、进化论的领域中的研究成果已卓有成效,今后的发展会更加强与其他心理过程及相关学科的相互渗透与结合。

新趋势之二:人格心理研究方法的多元取向。人格的研究在方法上会调整以往偏重客观、量化及控制实验等狭隘的科学方法取向,而改为多元取向,配合人性的多层面去选择设计适当的方法,或几种方法整合地运用,以最能有效地、科学地揭示研究课题为准,即以有用性来对待各种方法。在研究方法的指标上也将进行规范与统一,并完善人格评估的相关统计方法,提高测量的信度和效度。

新趋势之三:人格研究理论建构的共享取向。人格研究将在对人性的充分理解的共同观点下,构建共享共通的人格理论,在对人性的不同层面的了解下,构建相应的人格理论,允许人格理论百花齐放,百家争鸣。就人格心理研究发展的现状来看,"所有迹象表明,在不久的将来,认知理论将继续流行"。

新趋势之四:人格研究的社会文化取向。在文化全球化的背景下的人也必然受到这种文化变迁的影响,而人格心理研究也必然受到这种文化发展的牵制。所以把研究对象的心理置于融合后的文化背景下研究,以获得对人格心理的更为动态、具体的理解,是人格心理研究的必然趋势。

一、选择题(单选)

1. "人心不同,各如其面",这句话体现了人格的(　　)。
   A. 社会性　　　B. 独特性　　　C. 稳定性　　　D. 整体性

2. 在人格特征中,具有核心作用的成分是(　　)。
   A. 能力　　　　B. 气质　　　　C. 性格　　　　D. 认知方式

3. 人格的自我调控系统以(　　)为核心。
   A. 潜意识　　　B. 自我批评　　C. 心理过程　　D. 心理状态

4. 脾气急躁、行为勇敢有力的人属于(　　)。
   A. 胆汁质　　　B. 多血质　　　C. 黏液质　　　D. 抑郁质

5. 下列(　　)特征不属于人格的本质特征?
   A. 稳定性　　　B. 易变性　　　C. 功能性　　　D. 复杂性

6. 助人为乐、廉洁奉公,反映性格的(　　)特征。
   A. 理智　　　　B. 情绪　　　　C. 意志　　　　D. 态度

7. 气质与性格的区别主要体现在(　　)方面。
   A. 特性与共性　B. 包含与被包含　C. 能力与人格　D. 生理与社会

8. 被试本人对自己的人格特征予以评价的方法是(　　)。
   A. 自陈量表法　B. 主题统觉测验　C. 罗夏墨迹测验　D. 句子完整法

9. 在信息加工上多采用整体加工方式的学生的认知风格属于(　　)。
   A. 场依存型　　B. 沉思型　　　C. 冲动型　　　D. 场独立型

10. 具有竞争意识强、工作努力、争强好胜、时间紧迫感强,成天忙忙碌碌特征的人属于( )。

    A. B型性格　　　　B. C型性格　　　　C. D型性格　　　　D. A型性格

二、简答题

1. 简述冲动型与沉思型认知风格的特点。
2. 场独立型与场依存型各自的优势是什么？
3. 人格具有哪些本质特征？
4. 气质与性格有何不同？
5. 人格结构包含哪些成分？各个成分之间具有什么样的关系？
6. 简述奥尔波特的人格特质理论。
7. 简述弗洛伊德的人格发展阶段理论。
8. 简述埃里克森的人格发展理论。
9. 简述皮亚杰的认知发展理论。
10. 简述儿童人格发展的规律及其影响因素。

三、论述题

1. 影响人格形成的因素有哪些？教育中如何塑造学生良好的人格特征？请举例说明。
2. 在人格发展与调解中，如何发挥人的主观能动性？
3. 结合实际谈谈人格的成因。
4. 请结合实际谈一谈如何根据儿童的性格特点实施因材施教？
5. 请结合实际谈一谈如何根据儿童的气质特点实施因材施教？
6. 请结合实际谈一谈如何根据儿童的认知风格特点实施因材施教？
7. 如何根据儿童的性别差异实施因材施教？
8. 如何针对特殊儿童特点进行特殊教育？
9. 什么是学习困难？如何对学习困难儿童实施补救教育？

四、案例分析题

1. 请阅读下列材料，根据要求回答问题。

《伤仲永》是北宋文学家王安石创作的一篇散文。讲述了一个江西金溪人名叫"方仲永"的神童因后天父亲不让他学习、被父亲当作赚钱工具而沦落成一个普通人的故事。

金溪民方仲永，世隶耕。仲永生五年，未尝识书具，忽啼求之。父异焉，借旁近与之，即书诗四句，并自为其名。其诗以养父母、收族为意，传一乡秀才观之。自是指物作诗立就，其文理皆有可观者。邑人奇之，稍稍宾客其父，或以钱币乞之。父利其然也，日扳仲永环谒于邑人，不使学。

余闻之也久。明道中，从先人还家，于舅家见之，十二三矣。令作诗，不能称前时之闻。又七年，还自扬州，复到舅家问焉。曰："泯然众人矣。"

王子曰："仲永之通悟，受之天也。其受之天也，贤于材人远矣。卒之为众人，则其受于人者不至也。彼其受之天也，如此其贤也，不受之人，且为众人；今夫不受之天，固众人，又不受之人，得为众人而已耶？"

问题:

(1) 请根据所学内容从人格形成的角度分析方仲永事件的原因。

(2) 方仲永的故事对于我们在儿童教育方面有何启示?

2. 根据材料提示,回答相关问题。

基础教育课程改革所倡导的是以"主动、探究、合作"为主要特征的学习方式,因此,我们在各地中小学的教学实际中,尤其是在各学科的公开课、竞赛课中,几乎无一例外地都会看到一种所谓合作学习的十分热闹的课堂教学场面。在课堂教学的过程中,老师要么让学生进行同桌的合作学习,要么进行小组的合作学习。你是否赞成这种做法,为什么?请从认知风格的角度分析、思考并展开讨论:所有的中小学生都适宜进行合作学习吗?

1. 皮亚杰档案馆:http://www.unige.ch/piaget/Presentations/Presentg.html.

2. 人格计划:http://personality-project.org.

3. 人格理论:http://www.ship.edu./~cgboree/persconten.html.

4. 人格的自我调整:http://www.psychwww.com/resource/selfhelp.html.

5. 气质类型量表:http://www.sojump.com/jq/183158.aspx.

6. 认知风格类型量表:http://www.sojump.com/report/3593224.aspx.

7. 罗夏克墨渍测验:https://baike.so.com/doc/7267632-7496989.html.

第十一章
儿童品德发展与道德教育

学习目标：
1. 识记品德的概念和品德的心理结构。
2. 了解品德心理发展的过程和规律。
3. 理解儿童品德心理的特点。
4. 掌握对儿童进行道德教育的方法与策略。

立德树人是社会、学校的重要任务。儿童在学习基本知识与技能的同时，必须也要学会做人，形成良好的道德品质，才能成为合格的人，被社会所接纳。品德心理是心理学研究的重要课题，本章主要论述品德的概念、品德的心理结构、品德形成的主要理论与儿童品德形成、发展的规律，以及儿童道德教育的几个问题。

第一节 品德心理概述

一、品德的概念

理解品德，要从理解道德开始。

道德是指社会为了协调人与人，以及人与社会的关系而向其成员提出的一系列行为准则的总和。一个社会为了自身的生存和发展，为了维护人们的共同利益和协调彼此的关系，必然要制定一系列行为准则来规范其成员的行为。人们不仅按照这些规范支配和调节自己的言行，同时也据此来要求和评价他人的举止。这些行为规范主要分为社会强制执行的法律规范和非强制执行的道德规范。道德规范是社会约定俗成的行为准则，它依靠社会舆论和成员的自觉行为来维持。

个体在按道德规范表明态度、发表言论和采取行动时,总是伴随着一定的心理活动。品德就是个体依据社会道德采取行动时表现出来的稳定的心理特征和倾向,也叫道德品质。在我国品德还可以称为德行或品行、操行等。一个人的品德是在社会道德的舆论和风气的熏陶下以及在学校道德教育的影响下形成的。品德的形成既受社会生活条件的影响,也受人的心理发展规律的制约。

品德与道德是既有密切联系又有严格区别的两个概念。品德和道德之间的联系表现在:第一,品德的内容来自道德,个人品德是社会道德的组成成分,是社会道德在个体身上的具体表现,离开社会道德也就谈不上个人品德。同时,个人品德的发生发展与社会道德一样都受到社会发展规律的制约。第二,品德的形成不是由遗传获得的,是在后天的社会条件中,主要是在社会道德舆论的熏陶和学校道德教育的影响下,在家庭成员潜移默化的道德感染下,通过自己的实践活动形成和发展起来的。第三,个人品德虽然受到社会道德风气的影响,但是它对社会道德风气也产生一定的反作用,社会道德本身就是由许许多多的品德集合而成的。品德和道德之间的区别主要表现在:首先,道德是依赖于整个社会而存在的一种社会现象,而品德则是依赖于某一个体而存在的一种个体现象;其次,道德的发展完全受社会发展规律的制约,而品德的形成和发展不仅要受到社会发展规律的制约,还要服从于个体生理、心理活动的规律;再次,道德主要是伦理学与社会学研究的对象,品德则主要是教育学与心理学研究的对象。

二、品德的心理结构

品德的心理结构极其复杂。一般认为,品德包含道德认知、道德情感、道德意志、道德行为等心理成分。

(一) 道德认知

道德认知是个体对道德规范及其执行意义的认识,发展到高级阶段就成为道德信念。人只有在道德认知的指导下,才会有自觉的道德行为。因此,道德认知在品德形成过程中有十分重要的作用,它能调节、控制受教育者的道德情感、道德意志,支配道德行为。它是行动的先导,是品德形成的基础。道德认知的产物是个体价值观念的发展。道德价值观念是对各种涉及他人利益的行为的价值的概括化,是一种标准观,个人按照自己的道德价值观念,判断自己或他人的行为的是非、善恶和好坏。道德评价是道德认知的又一个重要组成部分。道德评价一般包含两类问题:一类是指个体对别人行为的是非、对错的道德判断和推理,另一类是个体意识到自己行为的善恶。这两个方面都是个体对道德因果关系的认识,都是人们在道德情境面前决定怎样行动的客观基础,因而是十分重要的。

(二) 道德情感

道德情感简称道德感,是人们运用自己所认可的道德标准去评价自己或他人的言行时所产生的内心体验,是个人道德需要是否得到满足的反映。道德感是伴随着道德认知而产生的体验。一般来说,现实生活中的各种事件或他人、本人的行为,凡是符合自己所认同的道德观念时就会引起积极的情绪体验,否则会产生疑惑和消极的情绪体验。从内容上看,道德情感包括责任感、义务感、集体荣誉感、爱国主义情感等;从形式上看,有由道德形象所激发的情感、与道德信念和道德理想相联系的情感等。

(三) 道德意志

道德意志实际上是有关道德观念和价值观念的能动作用,是个体利用自己的意识通过理智的权衡作用去解决道德生活中的内心矛盾(如动机间的冲突、方法上的犹豫不决、决定与执行间的徘徊、执行过程中坚持与动摇的斗争等),做出决策与支配行为的力量。这种精神力量经常在人为实现道德目标的行动中采取积极进取或坚忍自制两种形式中得到表现。

(四) 道德行为

道德行为是一个人的道德认识的具体表现与外部标志。它主要是通过练习或实践掌握行动技能与养成习惯的途径而形成的。道德行为是人们在一定的道德意识支配下所采取的行为。道德行为经过反复实践,养成习惯,才能成为稳定的道德品质。道德行为习惯是一个人思想觉悟高低、道德品质完善程度的根本衡量标志。

品德心理结构中的知、情、意、行等心理成分,是相互联系、相互制约的。道德认识是道德情感产生的依据,道德情感影响着道德认识的形成与发展。道德行为是在道德认识和道德情感基础上,伴随着道德意志并通过一定的联系而获得的。反过来,道德行为又可以巩固和验证道德认识和道德情感。人的品德就是由这些知、情、意、行等心理成分所构成的稳固联系的相互制约的统一体,是不可分割的有机整体。

品德结构中的知、情、意、行这四种心理成分,既相互联系、相互制约,又具有不同的作用和地位。因此,在培养儿童的道德品质过程中,每一个方面都不可忽视。但在我国目前的儿童思想品德教育工作中,对于儿童道德品质的培养,常常只强调一方面而忽视另一方面,这种错误倾向主要有两种表现。一种是片面强调道德认识的重要性。有些教育工作者认为,人的道德品质取决于道德认识的形成,人之所以犯罪产生不道德的行为都是由于愚昧无知、缺乏应有的道德知识和道德信念而造成的。另一种是片面强调道德行为训练与习惯培养。有些教育者认为,道德知识多的人和道德认识高的人,不一定有道德品质。他们认为人的道德品质是一定的动作的总和,一个人只要养成良好的行为习惯,就会形成高尚的道德品质。

三、品德形成和发展的理论

对品德问题进行科学研究迄今仅几十年时间,这是在西方科学主义思潮和社会变革的背景下发生的。近代心理学从不同方面对品德形成和发展进行科学实证研究,提出了关于品德形成和发展的各种理论。

(一) 道德发展阶段理论

道德发展阶段理论是瑞士心理学家皮亚杰创立的。在他以后,美国心理学家柯尔伯格又对这一理论加以完善和修正。

第十一章 儿童品德发展与道德教育

20世纪20年代末,皮亚杰对品德形成和发展这一课题进行了比较系统的实证研究,提出了他的道德发展阶段论。皮亚杰认为,道德发展是认知发展的一部分,由于认知结构在发展过程中有差别,因而就表现为思维发展的阶段性,道德发展和思维发展一样,在发展的过程中也会表露出它自己的阶段性。他明确指出,儿童道德判断的发展阶段与智慧发展的阶段是相平行的。儿童的道德发展是一种由他律的品德逐渐向自律的品德过渡的过程。早期儿童是根据外于自身的动因做出他们的道德判断的,这种为自身以外的价值标准所支配的道德判断具有外在性,是一种他律水平的品德。后期儿童已能从主观意向性方面去做出他们的道德判断,这种为儿童自己的主观价值标准所支配的道德判断具有内在性,是一种自律水平的品德。只有当儿童的道德发展达到自律水平时,才能称得上真正的品德。皮亚杰指出,他律的品德源于自我中心的幼儿期,幼儿自发地尊重年长人的权威和力量,而成人则常会由于所处地位而任意对儿童施加约束。但成人的约束并不能促进儿童道德的成长。在皮亚杰看来,只有促进儿童与同伴间形成相互交往的合作关系,使儿童摆脱幼稚的自我中心主义,而且还得以牺牲成人的约束为代价,才能使儿童的品德向自律方面过渡。

拓展阅读

对偶故事法

这是皮亚杰研究道德判断时采用的一种方法。利用讲述故事向被试提出有关道德方面的难题,然后向儿童提问。利用这种难题测定儿童是依据对物品的损坏结果还是依据主人公的行为动机做出道德判断。由于皮亚杰每次都是以成对的故事测试儿童,因此,此方法被称为对偶故事法。

(1) 一个叫约翰的小男孩在他的房间时,家里人叫他去吃饭,他走进餐厅。但在门背后有一把椅子,椅子上有一个放着15个杯子的托盘。约翰并不知道门背后有这些东西。他推门进去,门撞倒了托盘,结果15个杯子都撞碎了。

(2) 从前有一个叫亨利的小男孩。一天,他母亲外出了,他想从碗橱里拿出一些果酱。他爬到一把椅子上,并伸手去拿。由于放果酱的地方太高,他的手臂够不着。在试图取果酱时,他碰倒了一个杯子,结果杯子倒下来打碎了。

皮亚杰对每个对偶故事都提两个问题:① 这两个小孩是否感到同样内疚? ② 这两个儿童哪一个更不好?为什么?

通过被试的反应,皮亚杰发现,儿童的道德判断是从早期的注重行为结果的评价向注重行为的动机发展,其道德认知水平从"他律"向"自律"发展。

皮亚杰考察了儿童对游戏规则的认识和执行情况,对过失和说谎的道德判断以及儿童的公正观念等方面的问题,并据此概括出儿童道德认识发展的三个阶段:

第一阶段:前道德阶段。此阶段大约出现在4~5岁以前。处于前运算阶段的儿童的思维是自我中心的,其行为直接受行为结果所支配。因此,这个阶段的儿童还不能对行为做出一定的判断。

第二阶段：他律道德阶段。此阶段大约出现在4、5岁～8、9岁，以学前儿童居多数。此阶段儿童对道德的看法是遵守规范，只重视行为后果（打破杯子就是坏事），而不考虑行为意向。故而称之为道德现实主义。

第三阶段：自律道德阶段。自律道德始自9、10岁以后，大约相当于小学中年级。此阶段的儿童，不再盲目服从权威。他们开始认识到道德规范的相对性，同样的行为，是对是错，除看行为结果之外，也要考虑当事人的动机，故而称之为道德相对主义。按皮亚杰的观察研究，个体的道德发展达到自律地步，是与其认知能力发展齐头并进的。因此，对一般儿童来说，自律阶段大约跟形式运算阶段（11岁以上）同时出现。

20世纪50年代以后，柯尔伯格让不同社会文化背景、不同年龄（10～28岁）的被试对道德难题做出判断，他从被试处理道德问题的思维方式上，发现他们的道德判断水平有差异，因而认为皮亚杰关于道德发展与认知发展两者密切关联的理论是有坚实根据的。他把人们的道德判断概括为3种水平，并细分为6个阶段，即① 前习俗水平（前道德水平）：在这一水平上，人们的道德判断着眼于行为的具体后果和自身的需要，而不涉及行为的道德意义。其中阶段一的特点是顺从与惩罚，认为凡是免受惩罚的行为就是好的，遭到谴责的行为就是坏的。阶段二的特点是朴素的利己主义。人们判断行为的好坏，以能否适合自己的利益，能否导致满足为根据。有时也会出现关心别人利益的迹象，但往往表现为类似交易互利的关系。② 习俗水平：在这一水平上，人们的道德判断着眼于遵从社会的标准，认为对集体好的事情，对自己也是好事。其中阶段三的特点是顺从，认为行为的正确与否要看是否为别人所喜爱或赞扬，舆论认可的和社会赞许的都是好行为。阶段四的特点是法律与秩序，认为法律总是公正的，维护现存的社会秩序和尽自己的本分就是好的。他们并不认识特定社会的法律的可变性。③ 后习俗水平（自主的或原则的水平）：在这一水平上，人们按自己的信念与原则做出道德判断。其中阶段五的特点是社会契约，认为个人的权益和社会集体的福利同样重要，但社会个别成员的权益仍需社会契约来维护。阶段六的特点是普遍的人权。人们的道德推理的基础是尊重人的价值的神圣性。这是任何情况下任何个人都适用的普遍原则。他们坚信个人为这一崇高原则而献身是值得的。柯尔伯格的研究继承并扩展了皮亚杰的儿童道德发展阶段理论，使其更为精细化。

拓展阅读

道德两难故事法

柯尔伯格把皮亚杰的研究方法改进为道德两难故事法，他所设计的故事中包含着一个在道德价值上具有矛盾冲突的故事，让被试听完故事后对故事中人物的行为进行评价。他还设计了相当完备的评价标准体系，以此来测评被试道德发展的水平。

第十一章 儿童品德发展与道德教育

> 柯尔伯格使用的一系列两难推理故事中,最典型的是"海因兹偷药"的故事:
>
> 　　欧洲有个妇人患了癌症,生命垂危。医生认为只有一种药才能救她,就是本城一个药剂师最近发明的镭。制造这种药要花很多钱,药剂师索价还要高过成本十倍。他花了200元制造镭,而这点药他竟索价2 000元。病妇的丈夫海因兹到处向熟人借钱,一共才借得1 000元,只够药费的一半。海因兹不得已,只好告诉药剂师,他的妻子快要死了,请求药剂师便宜一点卖给他,或者允许他赊欠。但药剂师说:"不成!我发明此药就是为了赚钱。"海因兹走投无路竟撬开商店的门,为妻子偷来了药。
>
> 　　讲完故事后,主试向被试提出下述问题:这个丈夫应该这样做吗?为什么应该?为什么不应该?法官该不该判他的刑,为什么?等。对于儿童的回答,柯尔伯格真正关心的是他们证明其立场时所给出的理由。柯尔伯格采用纵向法,对72名10~26岁男孩的道德判断进行长达10年的跟踪测量,并对所得结果在其他国家进行验证。最终,柯尔伯格于1969年提出三水平六阶段道德发展理论。

　　柯尔伯格在道德发展的心理学方面所做的贡献是多方面的。首先,他的理论促进了道德现象研究的科学化;其次,他的理论推动了认知科学的发展;再次,他的理论建立了道德发展的阶段模型,促进了道德教育科学化。但是,柯尔伯格道德发展心理学思想也存在一些不足和局限,其中有两点最为明显:首先是他的理论没有解决道德发展中的知情问题;其次是他的理论没有解决道德发展中的知行问题。

(二) 社会学习理论

　　早在20世纪三四十年代,一些早期的社会学习理论家如多拉德、米勒和罗特等人,就沿用行为主义的方法学原理研究人的社会行为,直至70年代前后,许多社会学习理论家对攻击、抗诱、助人、分享、捐献等行为进行了大量实证研究,在这些研究的基础上,A.班杜拉建立了现代社会学习理论体系。班杜拉认为,人类主要是通过观察学习他人的行为表现而学会新的行为反应的。这意味着,学习者在观察学习过程中可以不直接做出反应,也不必亲自体验直接的强化,而只需通过观察他人接受一定的强化进行学习。这种建立在替代基础上的学习模式是人类学习的重要形式。因此,班杜拉特别强调示范作用在人的社会化过程中所具有的重要性。另一方面,班杜拉又特别强调人类学习中利用言语的和想象的符号的能力,经过这些符号的中介,人们就能在观察学习中习得行为和预见后果,从而采取措施以控制自己的行为。班杜拉把道德发展看作一种学习过程,强调模仿在儿童品德形成中的作用。他认为,儿童的道德行为模式是从社会学习中获得的。品德学习和其他行为学习的规律并无两样。在他看来,品德的形成和发展就是道德行为模式的改变。班杜拉又认为,学习者并非被动地接受环境的示范作用,而是经过自己的认知过程的加工,对示范行为有所取舍,逐渐形成自我教育的能力。

　　班杜拉既反对新、老行为主义完全忽视人的主观因素包括人的认知因素对道德行为的影响的观点,也反对柯尔伯格过分看重认知、判断和推理在道德发展中的地位的观点。班杜拉认为,从观察榜样、选择榜样、确定个人目标到自我效能感的产生,都需要人调动主观因素的积极性,发挥个人内在认知能力和动机的作用。这比新、老行为主义的机械的环境决定论向前迈了一大步。同时,社会学习理论流派的研究给发展心理学提供了关于儿童道德发展的丰富信息。这些研究考察了儿童怎样解释环境,怎样对环境做出反应,怎样影响周围环境、帮助人们理解儿童,怎样以及为什么形成了对别人的情绪依恋,怎样选择道德榜样,为什么想做一个道德良好的人,怎样学习遵守道德规则,怎样获得或失去在同伴中的地位等。当我们了解了这些规律之后,就可以在家庭教育和学校教育中应用这些规律提高教育成效。

但是,对于道德发展研究来说,社会学习理论也不是十全十美的。虽然班杜拉已经注意到内因的作用,但他基本上忽略了遗传素质及成熟时间表对心理发展的作用。遗传特征不但影响着儿童对环境的反应,而且也影响着环境对儿童的影响方式。班杜拉继承了行为主义的某些精髓,他同意经典条件作用学习和操作条件作用学习在人的心理发展中的作用,同时也提出观察学习的概念,但是他从来没有提到合作学习在人类发展中的作用。实际上,在道德发展领域,儿童与成人及同伴的合作性道德实践活动是非常重要的。

▶微信扫描目录页二维码,阅读"精神分析理论"、"价值澄清理论"和"费斯廷格的认知失调理论"。

第二节 儿童品德形成和发展的规律及特点

一、儿童品德形成的过程分析

儿童完整品德的形成,以道德认知、道德情感、道德意志、道德行为的形成为基础。在进行儿童道德教育时,也必须遵循儿童知、情、意、行的养成和发展的内在规律。

(一)儿童道德认知的形成

道德认知是品德形成的基础,包括三个主要方面:道德观念的形成、道德信念的产生、道德评价能力的发展。在道德认知的形成过程中,道德观念是先决条件,道德信念的确立是关键因素,道德评价能力的发展是主要标志。

1. 道德观念的形成

道德观念是个体对道德活动过程中所产生的各种关系以及如何处理这种关系的行为准则在脑中的反映。人的道德观念不是与生俱来的,它是在后天环境中获得的。它包括两个阶段:具体、形象的道德观念,主要是从感性认识获得的,即依据某一具体事物和人所建立起来的观念;抽象、概括的道德观念,主要是从理性认识获得的,即儿童依据一定的道德理论和思想所形成的道德观念。

在道德教育中,常常会出现这种情况,即教育者传授的某些道德知识或提出来的某种道德行为准则,虽然是正确的并出于善良的动机,但儿童却理解成另外的意义,或是对教育者的要求已有领会,却不愿意接受或执行,甚至于干脆不予理睬乃至抗拒。这是由于儿童在道德认识上出现了"意义障碍"。意义障碍是指在儿童的头脑中因存在某种思想或心理因素,阻碍对道德要求及其意义的真正理解,从而不能把这些要求转化为自己的道德需要,内化为道德观念。

2. 道德信念的产生

道德信念是在道德认识的基础上产生的,是道德认识进一步内化和深化的结果。所谓道德信念,就是个体认为自己一定要遵循的、在其意识中根深蒂固的道德观念。道德信念是推动道德行为的强大动力,它可以使人的道德行为表现出坚定性和一贯性。因此,道德信念的确立是品德形成的一个重要因素。

对于个体来说,把对外在的道德知识的认识转化为道德观念是比较容易做到的。但要想把道德认识升华为道德信念并指导儿童的日常行为却不是一件容易的事情。虽然道德信念是建立在道德认识的基础上,但并不是所有的道德认识都能转化为道德信念。有的儿童尽管有很多道德认识,但他并不一定具有道德信念。只有经过进一步内化和深化的道德认识,才能转变成道德信念。由道德观念转化为道德信念是一个缓慢的发展过程。儿童道德信念的形成和发展受年龄的影响,大致分为几个阶段:① 无道德信念时期(10 岁以前)。这个阶段是儿童获得道德表现,积累感性经验,为道德信念的产生做准备的阶段。② 道德信念萌芽期(10~15 岁)。儿童表现出道德信念和要求,但这种道德信念还不稳定、不成熟,支配道德行为的力量不强。③ 道德信念初步形成时期(15~18 岁)。儿童的道德信念由萌芽期向道德信念的确立期过渡。这个阶段的儿童初步形成了自己的道德观念和一定的道德行为准则,但道德概念的抽象性不高,稳定性差。④ 道德信念确立时期(18 岁以后)。这个阶段的儿童的道德概念已非常概括化和抽象化,并且与自己的人生观、理想联系起来,道德信念具有稳定性、坚持性和一贯性的特点。

道德信念产生的最根本条件是实践活动。个体只有投身到实践中去,在实践中体验社会的肯定或否定评价,才会形成道德信念。儿童要掌握某些道德观念和准则相对比较容易,但要使这些观念和准则变为他们个人的信念,这些准则和信念就要为他们的经验所证实,这样才能引起相应的情感体验。尤其是当儿童按照某种道德准则去做事而受到社会赞赏时,就会从内心真正意识到道德准则的正确性,同时内心产生的愉悦体验也会推动他今后按照正确的道德准则去做事,那么就会形成正确的道德信念。反之,则会阻碍道德观念向道德信念的转化。

3. 道德评价能力的发展

道德评价能力是指个体依据一定的道德标准对自己或他人的行为做出肯定与否定的道德判断能力,也就是一个人对自己或他人的行为做出是好、是坏、是善、是恶的判断能力。道德评价能力的发展,有助于道德观念和道德信念的形成。因此,道德评价能力的发展,是道德认识形成的主要标志。

心理学研究表明，儿童的道德评价能力是逐步发展起来的，它有一定的规律可循。其规律为：

（1）从重复老师或别人的评价过渡到自己独立做出评价。儿童的道德评价是在别人道德评价的影响下逐步形成的。也就是说他们从重复、仿效别人的评价，到逐步学会独立地进行评价。在这一阶段，被儿童奉为绝对权威的教师要特别注意给儿童的评价要实事求是，客观公正，以免对他们的道德评价能力的发展带来不良影响。

（2）从依据行为的直接效果为标准逐渐转向对行为动机的分析。个体对行为的判断最初往往只注重行为的结果，以行为的外部表现或最终结果作为评价是非的标准，而忽略了行为者的内在动机过程。随年龄的增长，个体逐渐过渡到以行为动机作为评价的标准，最后发展到把动机与结果联系起来进行分析，从而做出科学的、公正的判断。教师要针对儿童从依据具体行为效果到依据道德原则评价的规律，多提出一些具体范例进行分析，并指导他们在实践中逐步提高道德评价能力。

（3）由评价他人向自我评价发展。儿童对自己的道德评价总是落后于对别人的评价。他们是在认识别人的基础上，通过对照比较，才逐渐地学会认识自己的。

（4）由片面向全面发展的趋势。儿童在刚开始进行道德评价时，常常带有较大的片面性，往往是只抓一点不及其余，爱做绝对的肯定或否定。比如，在评价一个人的品质时，常因为看到他的一个小小的过失而否定了他的其他优点。对自己的评价也是如此，即可能会因偶尔的一次成功而趾高气扬。一般到了高中阶段，儿童才能对自己和他人做较为全面客观的评价，把动机与效果，成功与失败，偶然与多次等许多因素结合起来进行分析。

（5）由外部向内部发展的趋势。在进行道德评价时，儿童从开始只注重外部行为表现逐渐地发展到开始深入自己的内心世界。儿童一般偏重于外部事物，很少注意人们的内心世界。初中生由于独立性和成人感的迅猛发展，开始对人的内心世界发生了兴趣，已开始逐步地注意到自己和他人的思想与动机；高中生既注意外部行为表现，更注重人物的内心活动。

（6）由自我向社会发展的趋势。儿童对某一道德行为的评价，开始时是以自我利益为主要依据，以后逐渐发展到以社会利益、社会效果为主要依据。这一转化多发生在初中。教师要在了解掌握儿童道德评价发展趋势的基础上，有意识、有步骤地培养和提高儿童的道德评价能力，促进他们品德的成熟与发展。

（二）儿童道德情感的形成

道德情感是人类所特有的高级情感。它是在道德认识的基础上产生的，同时也是道德认识的具体表现。道德情感的形成与发展对人的道德品质的形成与完善具有十分重要的作用，是道德动机的有机组成部分。在肯定的道德情感的激励下，人可以发挥出平时所没有的体力和智力，去克服活动中的困难，产生或完成各种高尚的道德行为。

1. 道德情感的内容

道德情感的内容十分丰富。但在不同的历史时代和不同的阶级里由于道德标准的不同,人的道德情感的内容也就不一样。在我国当代历史条件下,道德情感的主要内容有国际主义情感、阶级情感、爱国主义情感、民族自豪感、集体荣誉感、义务感、责任感、羞耻感等。在儿童的道德情感中,集体荣誉感、爱国主义情感、民族自豪感处于核心地位,是道德感形成的重要标志。而义务感、责任感和羞耻感则在儿童道德情感中处于特殊地位,可以说,这三种道德情感的形成,对其他道德情感的形成具有关键作用。义务感是个人对所负社会道德任务的认识和体验,义务感促使个体在活动中积极承担一定的道德责任。责任感是个人力求完成自己的道德任务的行为倾向的内心体验。义务感和责任感是紧密联系在一起的。羞耻感是个人的道德自我意识的一种表现,这是一种谴责自己的行为或动机的道德情感体验。

2. 道德情感的形成

道德情感的表现形式,大致可分为三种:

(1) 直觉的情感体验。直觉的情感体验是由于对某种道德情感的直接感知而迅速突然发生的情感体验。直觉的道德情感体验对人的行为具有迅速定向作用,在它的作用下可以完成高尚的道德行为,有时也给人的行为造成消极的后果。例如,迅即产生的同情心可能帮助一个遇到困难的求助者,也可以帮助一个正在做违法事情的歹徒。在特定情境影响下,人可能做出高尚的道德行为,也可能做出卑劣的不道德行为。在学校教育中,营造健康的舆论并帮助儿童形成对舆论的正确态度,对培养直觉的道德情感具有十分重要的意义。

(2) 形象的道德情感。形象的道德情感是通过个体的记忆或想象而产生的与具体的道德形象相联系的情感体验。这种情感体验的产生是由于受到生动的道德形象的感染,引起强烈的感情共鸣而铭刻在心的结果。如战斗英雄、领袖人物等可以激发人们爱祖国、爱人民的情感,见义勇为、劳动模范等可以唤起人们的社会责任感和自我牺牲精神。道德形象之所以能引起人们的道德情感体验,在于这些形象具有鲜明、生动的特点,有强烈的感染力和号召力,能引起人们心灵上的激荡,产生深刻、久远的印象。

(3) 理性化的道德情感体验。理性化的道德情感体验是以清楚地意识到道德要求和道德理论为中介的情感体验,具有较大的概括性,是道德情感最高级的表现形式。如爱国主义情感,这种情感体验是建立在自我道德认识基础上的一种比较深刻、真挚、持久并富有强大动力的情感体验。理性化的道德情感的形成是一个渐进的过程,一般到青年期才形成。

道德情感作为道德品质的重要组成部分,是人们产生道德行为和进行自我监督的一种内部力量。如果不培养儿童的道德情感,道德教育就不能达到预期目的。要培育儿童高尚的道德情感,教师就应当成为播种、培育儿童感情的园艺家,利用各种场合和手段,抓紧培育儿童积极的情感。在教育活动中,要重视儿童的情感性学习,培育儿童对情感的自我调节能力;丰富儿童的道德观念,并使这种观念与一定的情绪体验联系起来;要充分利用榜样的鲜明形象与感人的生动事例,引起儿童道德情感的共鸣,从而扩大他们道德实践经验与情感内容;重视教师道德情感对儿童情感的影响。教师的道德情感对儿童的情感具有最直接、最重要的影响。教师对儿童表现出热爱、期望和尊重,常常会引起儿童强烈的共鸣,"情通则理达",以此为开端教育好儿童的例子不胜枚举。反之,如果教师对儿童冷漠无情,师生间对立情绪很强,儿童则会拒绝教师的要求。

道德情感的这三种表现形式之间存在着密切的关系,直觉的情感体验和形象的情感体验是理性化情感体验的基础。没有直觉的情感体验与形象的情感体验的充分发展,理性化的情感体验就成了无源之水,无本之木。前两者属于较低级形式的道德情感,后者属于高级形式的道德情感,只有在低级形式的基础上形成高级形式的道德情感体验,个体的道德情感才能得以形成和发展。

(三) 儿童道德意志的形成

道德意志是指人根据道德认识选择和执行道德行为的一种力量。它在人的道德品质的形成中具有显著的作用。它能使人用正确的道德动机,排除来自外部或内部的各种困难、障碍与干扰,努力实现既定的前进目标。

道德意志的形成,也是道德意志品质的形成,主要包括果断性、自觉性、坚韧性和自制性四个方面。

1. 果断性

果断性表现为决心,这是道德意志形成过程的第一阶段。有决心的个体,在实施道德行为时,既能够在条件不变的情况下,全面考虑,仔细权衡;又能在紧急情况下当机立断,迅速做出决定。下决心不是轻而易举的事,无论是道德动机的确立、道德目标的选择,还是道德行为的发生,以及对内外困难的克服等,都要经过一系列复杂的心理活动和矛盾冲突的斗争,然后才能下决心。

2. 自觉性

自觉性主要表现为信心。有信心的个体,在活动中或在实施道德行为时,既能接受别人正确的合理性建议,又不受他人错误意见的干扰。下决心以后,还必须树立信心,相信自己的选择和决定是正确的,确信自己有能力完成活动的任务。自觉性或信心是道德意志形成过程的一个重要环节。无信心的人,是谈不上道德意志的,因为这样的人虽然下了决心,但他的决心时时刻刻都处于动摇状态,不时地在更变。常言道:"有志者,立长志;无志者,常立志",说的就是这个道理。信念与道德信念关系十分密切,道德信念坚定才能信心十足,朝着预定的目的去行动。

3. 坚韧性

坚韧性表现为恒心。具有长期克服内外困难及诱因干扰的意志,称为恒心。有恒心的个体,在实施道德行为时,既能够在条件不变的情况下,将预定目标坚持到底,又能够在变化了的条件下,灵活地采取新的对策。恒心是道德意志形成过程的最终环节。一个人做一件好事并不难,难的是一辈子做好事而不做坏事,这需要有持之以恒地实践道德行为的顽强毅力和坚强意志。只有具备恒心的人,才能把决心贯彻到底,付诸行动,才不会被行动中的困难所吓倒,不会受各种诱因所迷惑。

4. 自制性

自制性表现为耐心。有耐心的个体,在实施道德行为时,既能够在原则方面或大是大非问题上坚持正确的观点,又能够在非原则的细节问题上,随时变换方法和策略。

道德意志的形成过程,也就是果断性、自觉性、坚韧性、自制性四个因素的发展和完善的过程。培养儿童坚强的道德意志,教师要做好以下几方面工作:

首先,针对儿童意志特征的差异,采取不同的教育措施。不同的儿童,其意志品质存在差异。教师在道德教育中要因材施教,有针对性地采取培养措施。如有的儿童表现软弱、易受暗示,这就需要培养他们道德意志的自觉性和目的性;有的儿童优柔寡断,需要培养他们的果断性;对于缺乏毅力和韧性的儿童,则要不断激发他们奋发向上和坚韧不拔的精神。

其次,使儿童获得道德意志的观念和榜样,激发意志锻炼的积极性。教师要向儿童进行关于意志锻炼必要性的谈话和讨论,使儿童形成正确的意志观念,认识到意志锻炼的重要意义。教师还要为儿童提供意志坚强的榜样,利用榜样形象的感染力,激发儿童产生意志锻炼的强烈愿望。

最后,创设困难情境,组织实践锻炼。道德意志是在道德实践活动中逐步形成和发展起来的,为培养儿童的道德意志,提高其自制力和抵抗诱惑的能力,教师要有意识地把学校的教育、教学活动都变成培养儿童意志力的实践活动,组织行为练习,使儿童获得意志锻炼的直接经验;教师还要在各项活动中有意创设一些困难情境,给儿童提供若干克服困难的条件,并适当地给予鼓励和支持,使儿童经过一番意志努力,最终获得成功。

(四) 儿童道德行为的形成

道德行为是人在一定的道德意识的支配下表现出来的,对待他人和社会有道德意义的行动。道德行为习惯的养成是品德形成的重要标志,它可使一个人经常的道德行为转化为道德品质,从而融合在人的性格中。习惯一经养成便转化成一种需要而成为道德行为的动力因素,它可以使人的道德行为更容易表现出来。道德行为习惯的养成,还会使人在新的道德情境中产生道德迁移,出现新的道德行为。

道德行为的培养和训练主要包括:道德动机的激发、道德行为方式的掌握与道德行为习惯的养成。

1. 道德动机的激发

道德动机是推动人们产生和完成道德行为的内在原因。一般来说,道德行为与道德动机应该是一致的。也有的儿童,其动机与愿望是好的,但是不会恰当地组织自己的行为方式,也不一定会真正实施。高尚的道德品质的形成,首先要培养正确的道德动机,特别是要激发由道德信念和道德理想转化而来的道德动机,帮助儿童用正确的道德动机战胜不正确的道德动机。

2. 道德行为方式的掌握

道德行为方式是指按照一定的道德规范经过训练而形成的具有道德意义的个体活动方法和形式。它是道德行为的初级形式。有些儿童由于缺乏知识经验与必要的行为技能,或是因为不善于分析具体情境,以致不能采取合理的行为方式,常常出现动机与效果不一致,甚至好心干坏事的现象。这时,教师应在肯定儿童动机正确的基础上,通过行为方式的示范训练、比较鉴别,具体指导儿童掌握正确的道德行为方式,教他们学会"怎么做"。实践研究表明,一些低年级儿童不能完成道德行为,很重要的原因是与他们未掌握道德行为方式有关。因此,对年龄越小的儿童,越要进行具体指导。教师不仅要让儿童掌握一些道德行为的具体规则,更要教会他们掌握道德行为的一般规律,使儿童在各种情境中都能独立选择恰当的行为方式。

3. 道德行为习惯的养成

道德行为习惯是一个人不需要外在监督和意志努力即可实现的道德行为,是儿童由不经常的道德行为转化为道德品质的关键因素。道德行为习惯是道德行为的高级形式,是衡量道德品质的依据。道德行为习惯养成以后,不仅可以使人的道德行为发生与实施感到容易顺畅,使某些行为方式得到巩固,使儿童获得了易于实现道德动机的行为手段,而且还会使人在新的情境中产生道德行为的迁移,从而成为人的道德行为的一种内驱力。

儿童道德行为习惯的养成过程是较复杂的,要注意运用恰当的方法和手段:首先要给儿童创造良好的行为情境。充分利用表扬和批评,促成积极向上的班风和良好的环境氛围,以利于儿童养成良好的道德行为习惯。其次要运用榜样示范,让儿童进行模仿。所提供的榜样应和观察者的条件相似,要有良好的声誉,并能显示出热情的态度和有教养的举止,这样才能更好地激发观察者产生模仿的意向。再次要注意纠正不良习惯,教师要注意防止不良习气的影响,以免儿童养成不良行为习惯。对已经形成的不良行为习惯,要让儿童了解其危害,帮助他们树立克服不良习惯的信心,及时矫正自己的行为方式。此外,还要奖惩合理。儿童心理不成熟,因此日常生活中在对其进行表扬和惩罚时一定要注意适度,表扬或批评不恰当都会影响道德行为习惯的养成。过多的表扬容易使儿童滋生自满情绪,而频繁的批评又会使儿童自卑、胆怯,产生逆反心理。

二、儿童品德发展的特点

(一) 伦理道德发展具有自律性,言行一致

在整个中学阶段,学生的品德迅速发展,处于伦理形成时期。伦理是人与人之间的关系以及必须遵守的行为准则,它是道德关系的概括。

1. 形成道德信念与道德理想

中学阶段是道德信念和道德理想形成并以此指导行动的时期。中学生逐渐掌握伦理道德,并服从它,表现为独立、自觉地依据道德信念、价值标准等去行动,使学生的道德行为更有原则性与自觉性。

2. 自我意识增强

在品德发展的过程中,中学生更加关注自我道德修养,并努力加以提高。中学生对自我道德修养的反省性和监控性明显地提高,这为产生自觉的道德行为提供了有效的前提。

3. 道德行为习惯逐步巩固

由于不断地实践、练习,加之较为稳定的道德信念的指导,中学生逐渐形成了与道

德伦理相一致的、较为定型的道德行为习惯。

4. 品德结构更为完善

中学生的道德认识、道德情感与道德行为三者相互协调，形成一个较为完善的动态结构，而且其也逐渐成为稳定的个性心理结构的一部分。

（二）品德发展由动荡向成熟过渡

1. 初中阶段品德发展具有动荡性

从总体上看，初中即少年期的品德虽然具有伦理道德的特性，但仍旧不成熟、不稳定，具有动荡性，表现在道德观念的原则性、概括性不断增强，但还带有一定程度的具体经验特点；道德情感表现丰富、强烈，但又好冲动；道德行为有一定的目的性；渴望独立自主行动，但愿望与行动经常有距离。

初中阶段既是人生观开始形成的时期，又是容易发生品德两极分化的时期。品德不良、违法犯罪多发生在这个时期。根据研究，初中二年级是品德发展的关键期。

2. 高中阶段品德发展趋向成熟

高中阶段或青年初期的品德发展进入了以自律为主要形式、应用道德信念来调节道德行为的成熟时期。表现在能自觉地应用一定的道德观点、信念来调节行为，并初步形成人生观和世界观。

第三节 儿童的道德教育

一、儿童品德不良及其教育转化

儿童品德不良是指发生在儿童年龄阶段中的较为稳定和严重的违反社会期望和社会规范的行为模式。其中包含三层含义：

儿童不良行为的发生年龄段限于18岁以内。这里的儿童，指的是未成年的儿童；18岁以上的成年不属此列，其不良行为应诊断为反社会型人格障碍的表现。

不良行为的发生具有稳定性并持续一定时间，其危害有一定严重性。如果不良行为的稳定性和严重性没有达到一定程度，就只是过错行为，是品德不良的前奏。

儿童品德不良是儿童在自身道德品质支配下表现出来的违反社会规范和期望的行为模式。儿童所表现出来的与社会规范和期望背道而驰的行为不是偶一为之，而是已经习惯化为一种行为模式，成为其性格的一部分。

在儿童群体中，有不良品德的是极少数。但是，他们对其他儿童的影响非常大，其行为可能干扰学校和班级的教育教学工作，影响其他儿童良好品德的形成以及社会主义精神文明建设。因此，全社会应该关心和帮助他们，鼓励他们改正错误。实践证明，对不良品德的儿童发现得越早，纠正得越及时，就越有利于儿童品德的健康发展。

➤ 微信扫描目录页二维码,阅读"儿童品德不良的分类"和"儿童品德不良的原因分析"。

矫正儿童的不良品德,必须遵循其心理活动规律,在了解其心理特点的基础上,有针对性地采用不同的教育措施才会奏效。

1. 创设良好的环境,减少不利因素的影响

儿童容易受到所处环境的影响,不论是积极的还是消极的。作为教育者,无法通过个人的努力去实现整个社会风气的改变,但是完全可以尽可能改善儿童所处的微观社会环境,使直接影响儿童的社会因素多一些积极的东西。所以,教育机构和教育者可以在当地政府有关部门的配合下,通过适当的干预手段,如家访、建设良好的班风校风、学校周边环境的治理等,减少不良因素对儿童的诱惑和影响,为儿童创造一个健康成长的良好环境。再者,品德不良的儿童因经常受到成人、教师的批评、惩罚和同学的歧视,所以对教师和同学有戒心和敌意,对教师的教育要求有一种对抗性情绪。因此,为了使他们更好地接受教育,首先必须消除他们的对抗情绪和消极的态度定势。要做到这一点,教师应设法改善师生关系和同学间的关系,建立起良好的心理环境。

2. 了解不良行为的动机,从源头上解决问题

行为总是受特定动机所驱使。一种不良行为可能有几种不同的动机,例如,打架行为,有的是为了报复;有的是为了称"王"称"霸";有的是受人唆使等。只有了解真正的行为动机,才能采取针对性的教育措施。因此,教师应该耐心地与儿童谈心交流,及时了解儿童不良行为的真正动机,保证从源头上解决问题。

3. 提高道德认识,形成是非观念,增强是非感

品行不良儿童的是非观念差,缺乏辨别是非的能力。要从根本上转变其不良行为,必须提高他们的道德认识,形成正确的道德观念,增强辨别是非的能力。形成是非观念,增强是非感是品德不良矫正的根本性问题。通过教育实践发现,帮助儿童形成是非观念,增强是非感是极为重要的。第一,应向他们介绍正确的是非观念,并指明其意义,同时指出不正确的是非观念对社会和个人的危害性。第二,应以平等的、真诚的态度与他们交往,教育者切忌以师者长者教训的口吻与他们讲话,要以讨论的形式传输正确的道德行为准则和观念。第三,应允许他们在道德行为方面出现反复。当优良的道德品质出现时,应及时地予以表扬和肯定;当不良品德出现时,应及时加以批评和制止。

4. 耐心教育,巩固良好行为习惯

在不良道德行为矫正初期,外界诱因会使不良行为出现反复。这时教师采取适当的措施,切断外界诱因对品德不良行为儿童的影响十分必要。但是,更重要的是培养儿童抗拒诱惑的能力。因此,当这些儿童出现良好表现后,应有控制地让他们与一些诱因接触,以锻炼他们的意志力,从而进一步巩固良好的行为习惯。儿童在形成新的行为习惯过程中会出现反复,这是因为刚建立的行为习惯不够稳固,而过去的旧行为根深蒂固、一时难以消除。教师要正确看待这种反复,对此要有心理准备,不要因此失去教育的耐心和信心,要及时给予儿童巩固新行为的鼓励和强化,适当运用表扬与批评、奖励

与惩罚等强化手段,帮助儿童坚持改造。

5. 寻找外部原因,形成教育的合力

儿童不良品德的形成总是事出有因的。其中来自家庭、社会、学校的某些消极作用是主要的影响因素。品德不良是这些外在因素通过对儿童内在的心理因素作用产生的结果。因此,教师必须了解导致不良品德形成的外部因素。充分调动家庭、社会、学校中的积极因素形成教育的合力是预防和矫正儿童不良品德形成的主要途径。

对不良道德行为的矫正,还应当考虑不良行为的性质与程度,儿童的年龄、性别和个性特点,做到因事、因人而异,使各项措施更具有针对性。

二、儿童道德教育的方法与策略

1. 代币法

代币法是行为主义强化技术在课堂管理中的一种应用。对有关行为(适当的或不适当的)坚持每天做好记录,累积到一定程度,依据行为记录实施奖惩。"代币"是指真正奖励物的暂时代替物,当儿童表现出正确的行为时,给予一个或一些代币,代币可以是实际的物件如小五星,也可以是打点或记分,通过这些"代替物"的积累,最后换取儿童真正喜欢的实物奖励。

"代币法"的最大优点在于:当儿童表现出良好行为时,不是立刻就满足他的要求,而是延时满足,需要儿童将行为保持一段时间或重复出现,再予以满足。显然这种方法有利于提高合理行为的出现频率,并且通过日常微小进步的积累使行为产生本质性的改变。

"代币法"具体实施时可以根据儿童的不同时期灵活调整,但要与儿童一起来制定规则,毕竟最后的行为实施者是儿童本人。首先,要设定几个较简单的行为目标以激发儿童的主动性,以利于儿童获得代币,进而向目标奖励物努力。如果行为目标很难实现,儿童就会丧失尝试的兴趣。其次,生活中规律性的活动、物质给予不可以成为奖励物,如吃饭等。

在执行过程中,特别要注意以下三点:

(1) 不倒扣,只记录儿童积极的行为,而不要因为儿童的某次消极行为而将以前的代币取消,比如:儿童周一做到了,而周二没有做到,千万不要将周一的成绩也一并取消了。

(2) 强调"连续性",也就是如果儿童能持续出现某个目标行为,那么就加大奖励,因为"连续性"是形成习惯的基础,如果儿童为了得到"代币"与"奖励"而连续保持某个行为,那么三个星期后该行为将逐渐成为习惯。

(3) 奖励来源的合理控制,减少有干扰性的盲目奖励,即在实施"代币"的过程中要班级所有成员一致配合,使儿童得到奖励的来源尽可能唯一化,而不要出现矛盾情况。有一人随意改变代币规则都可能使"代币法"无法顺利进行。

2. 行为协议法

行为协议法用于调节问题较多的学生与教师、家长关系的一种有效手段。由教育者与学生共同协商后,签订双方都具有约束力的协议。例如,规定老师或家长不得随意指责、讽刺漫骂、惩罚学生,必须做到……;学生不得随意违反有关规定,必须做到……。协议上还要明文规定执行该行为的时间,以及对双方的奖惩办法,对违反协议和符合协议的行为分别给予奖惩。

为了提高签订协议的教育效果,签订协议的双方应该注意:① 采取渐进的策略。就是说,协议上的要求不要一下子定得太高太多,要采取渐进的方式,逐步革除旧习。② 及时奖惩,不要等问题成了堆再来总清算。③ 鼓励学生自我奖惩(自己在内心表扬或批评自己),外部奖惩的次数逐渐减少。④ 协议应对双方是公平的,不能偏向于仅对学生提出要求,而纵容师长的偏见或偏激。协议中的条款应明确具体,以免事后争议不清。协议法是一种成功的民主的教育方法,能有效地防止师生关系紧张以及父母与子女关系恶化,有助于培养两代人的民主协商、平等待人、自我克制、自尊自强、中庸适度等关系的协调能力。

3. 普雷马克原理

普雷马克原理就是用来帮助教师选择最有效强化物的一种方法,是指用高频行为(喜欢的行为)作为低频行为(不喜欢的行为)的有效强化物。简单地说,用儿童喜欢干的事情作为一种强化手段,刺激儿童做出他们本身不喜欢但却是父母希望他们做出的行为。例如,普雷马克原理认为:"你做完家务后,才可以出去玩"。如果有一件愉快的事等着儿童去做,他们会很快完成另一件不喜欢做的工作。

普雷马克原理的实施必须注意以下事项:

其一,必须是先有行为,后有强化。这种前后关系不容颠倒。比如,小明从小就喜欢看电视,上学后依然如此。但家长有一项规定,必须做完功课,才可以看电视,若功课没有做完或做得不够认真,则禁止开电视。有几次小明没有做完功课就想打开电视看六点钟的动画片,都被妈妈严格禁止了。结果,直到小学毕业,小明均能遵守这项规定,总是保质保量地按时完成作业,然后再去看他喜欢的电视节目。有的家长常常误用,总是允许儿童先看电视,然后做作业,完全是本末倒置,这样就不会起到教育儿童的作用。

其二,必须使儿童在主观上认识到强化与他的学习行为之间的依随关系。如果在学生心目中没有把强化与良好的学习行为联系起来,强化对他的学习并不起作用。比如,有的学生为了看电视,草草地做完作业,就要看电视,如果家长允许看,则是对他做作业草率、不认真这一不良行为的强化。因此,家长必须使儿童意识到,允许他看电视是对他认真按时完成作业的一种奖励,而不是随便怎样他想看就可以看的。

其三,必须用学生喜欢的活动去强化相对不喜欢的活动(强弱关系)。比如,家长可能觉得弹钢琴要比练毛笔字有趣得多,因此告诉儿童说:"你放学后先写一百个毛笔字,然后我允许你弹一小时钢琴。"家长心想这回儿童该好好练字了,可儿童根本不买账,因为他宁愿多写毛笔字,也不愿弹钢琴。可见,教师和家长在选择强化物时,必须了解与所要强化的学习行为相比,儿童更喜欢什么,并把后者作为强化物,方能有效。

另外需要注意的是,这个原理对于儿童养成良好的学习习惯是有一定帮助作用的,但从儿童长远来看不一定非常有利。因为经常这样做,会容易让儿童形成一种"完成学习任务是为了……"的惯性思维,从而缺乏真正持久的学习动力。

4. 体验活动法

体验,实际上也是一种锻炼方法。体验方式有两种,一种是心理体验,一种是实践体验。所谓心理体验方式,是指认识主体在观念上把自己当作客体,使自己暂时根据客体环境、立场、观点去观察事物、思考问题,从这种体验中去获得关于客体的信息。所谓实践体验方式,是指认识主体在实践中把自己暂时变为现实客体,不仅站在他所研究对象的立场和观点去观察和思考问题,而且直接作为客体中的一个成员去生活。

体验活动法可以包括以下几种:

(1) 意识类角色模拟体验活动。这种类型活动的特点是侧重于让队员在辅导员创设的平凡岗位上、角色中进行体验。它能够使队员在体验实践中增强对一些平凡事物的认识。比如开展"我是城市美容师"、"小小送报员"的活动,让队员体验清洁工、邮递员的社会角色,树立热爱劳动的思想。

(2) 技能类角色模拟体验活动。这类活动可以使队员在体验活动中明白道理,掌握技能。比如,开展"我当小记者"、"小小主编"、"今天我断案"、"小医生"、"小交警"、"今天我主持"、"义卖行动"、"小小储蓄员"、"小小修理工"、"小厨师"、"家庭设计大赛"等具体活动,为学生创造模拟读者、编辑、法官、医生、警察、主持人、售货员、储蓄员、工人、厨师、设计师角色的机会,使他们在具体实践中体验这些角色的工作内容,了解从事这些职业所应具备的素质,并在实践中掌握一些具体的工作方法和技能,体验劳动的意义。近年来,在日本还流行一种让城市学生到农村去读书、生活的一个阶段的做法,他们称之为"山村留学"制度。利用假期分批组织中小学生去农村住一两周,有的规定"留学"期限为一年。

(3) 角色互换体验活动。社会角色包罗万象,既有像工人、教师一样的职业角色,又有像做父母类的非职业角色。"角色互换"主要是针对非职业类角色而提出的。比如,"假如我是妈妈"体验活动的开展,将子女与母亲的角色换位,使队员体验父母辛劳,实现两代人的心灵沟通,以体会自我服务和为母分忧的快乐;开展"假如我是残疾人"体验活动,将健康人与残疾人角色置换,体验渴望关心、得到尊重的情感;开展"假如我是落选者"体验活动,让队员去体验战胜挫折、勇于面对失败的心理感受。

体验活动法时要注意:① 体验不等于事事都要儿童亲自实践、经历;② 并不是所有的实践、活动都具有体验的价值;③ 体验的目的在于让儿童理解、深刻领会道德要求;④ 要让儿童体验困难或挫折。成人不能什么都大包大揽,应该让儿童做力所能及的事情。只有这样才能让儿童体验成功的喜悦,树立自信心。

5. 说服教育法

说服教育法是借助语言和事实,根据受教育者的认识水平,通过摆事实、讲道理等方式,来影响儿童的思想意识,使儿童心悦诚服地弄懂道理,从而提高儿童辨别是非、善恶、美丑能力的方法。这是学校对儿童进行德育的基本方法。说服教育的核心是引导儿童"态度改变",最为重要的是减少儿童的心理抗拒。

在德育实践中,说服教育主要有两类方式:一类是语言文字的说服;另一类是用事件和情景等事实说服。语言文字的说服方式有讲解、讲述、报告、演讲、谈话、讨论、辩论、指导阅读等形式;运用事实说服的教育方式包括参观、调查、访问等形式,运用生动的事实教育儿童,具有极强的感染性。

说服教育法的要求:

(1) 要有明确的目的性和针对性。运用该法要从儿童实际出发,针对问题,有的放矢。要实事求是,以理服人,忌说空话、大话、假话。教师需要针对儿童已有的态度和认识水平,选择说服儿童的理由及陈述理由的方式。

(2) 要有感染性。说服过程不只是纯粹的理性过程,它还是情感过程。说服要以诚相待,将心比心,充满对儿童的尊重和师生之间的人格平等。说服教育要求教育者自身有坚定的信念并在教育过程中投入情感。

(3) 要注意科学性。说服儿童不是压服儿童。说服的关键在于说理。说理的过程其实就是证明的过程,即运用证据进行论证并得出结论的过程。有说服力的论证,有赖于充足的证据和合理的论证。合理论证的根本是合乎逻辑的推理。

(4) 要讲究艺术性。教师宜以说理的方式使儿童在艺术性感染中听从教导,在特殊情况下,教师可当机立断,运用自身的权威,命令儿童按要求行事。说服要富有知识性和趣味性,要注意捕捉时机,促进儿童情感转化和认知改变。

6. 榜样示范法

榜样示范法是教育者以他人和自身的高尚思想、模范行为、优异成绩来影响受教育者,让儿童敬仰和模仿的一种方法。该法的特点在于通过榜样人物的言行,把道德观点与行为规范具体化、人格化,其教育富有形象性、感染性、可行性,符合儿童的年龄特征,容易为儿童领会和模仿。

榜样是多种多样的,有现实生活中的榜样和文艺作品中的榜样,包括典范、示范和评优。

(1) 典范。历史伟人、民族英雄、革命导师、著名的科学家、思想家和各方面的杰出人物,他们是民族的代表、人类的精英,当然是学习的典范。他们的不平凡的一生、伟大业绩、崇高品德和光辉形象,对儿童有极大吸引力,容易激起儿童对他们的敬仰之情,对照典范严格要求自己,推动自己积极上进。引导儿童确定学习的典范,是德育的重要方法。

(2) 示范。教师、家长和其他长者给儿童所做的示范,也是儿童学习的一种榜样。尤其是教师与父母,他们肩负着培育儿童的重任,也得到儿童的信赖。他们的言行、举止、仪态、作风、为人处世和各方面的表现,都对儿童起着示范作用,产生潜移默化的深远影响。儿童从教师所作所为中习得的东西,甚于从教师所教中学到的东西;教师称赞的历史人物和现实中的人物,其言行举止对儿童也有示范作用;教师以现实生活中的道德典范为样板,鼓励儿童见贤思齐,效法他们的行为方式和思维方式,相对于教师本人的示范,这是一种间接示范。

(3) 评优。从儿童中评优也是一种运用榜样的方法。儿童中的榜样产生于儿童,为儿童亲近与熟悉,容易引起儿童的关心与学习。尤其是青少年积极向上、不甘落后,

第十一章 儿童品德发展与道德教育

因而在儿童中适当运用评优、开展一些流动红旗竞赛非常必要。它可以促进儿童中的互相学习、你追我赶，共同提高。

榜样示范法的要求：

其一，要选好榜样。榜样的树立要有典型性、针对性、多样性，为大多数儿童认可。

其二，坚持真实性和方向性。儿童学习的榜样应该是可望也可及的。要帮助儿童缩短角色距离，对榜样的宣传不宜过多或有意拔高。

其三，应注重激起儿童对榜样的敬慕之情。要促使儿童从内心产生对榜样的惊叹、爱慕、敬佩，增强学习的自觉性，深刻理解榜样人物的精神实质，自觉运用榜样提高自己的境界。

其四，要促使榜样成为儿童自律的力量，引导儿童主动用榜样去调节自我行为，学英雄，看行动。

儿童道德教育的策略不止以上几种，每种策略都有它实施的范围和局限性，如何依据儿童品德发展的理论，看到儿童品德发展的自身特点，选择合适于儿童的道德教育的方法和策略，始终是教育者应该考虑的重要问题。

研究动态

儿童对道德的学习和理解是有一定的或可变性的推进过程。没有什么能证明儿童是沿着某条特定的路线成长。道德发展、社会发展和认知的发展都在变动，而这些又都会在儿童道德教育中产生影响。所以儿童的成长很难形成一个既定的模式，这也意味着在任何时代中儿童的道德教育都是一个难题。但是在任何的可变性中都存在不变性和某种必然的规律。所以作为教育工作者就要研究如何在不变与可变中寻求适合儿童的道德教育方式？如何不依赖于书本和某种道德教育的思想给儿童打造出良好的道德基础？如何走在时代的前列，通过有效的德育，引领儿童走向更好的未来？

1. 什么是品德？品德和道德的区别是什么？
2. 简述品德的心理结构。
3. 简述道德认知形成的过程。
4. 简述道德情感形成的过程。
5. 简述道德意志形成的过程。
6. 简述道德行为形成的过程。
7. 儿童的品德形成有怎样的特点？
8. 什么是儿童品德不良？有何具体表现？
9. 如何矫正儿童品德不良？

10. 儿童道德教育的策略有哪些?

1. 皮连生.学与教的心理学[M].上海:华东师范大学出版社,2006.
2. 陈琦,刘儒德.当代教育心理学[M].北京:北京师范大学出版社,2007.
3. 邵瑞珍,皮连生,吴庆麟.教育心理学[M].上海:上海教育出版社,1997.
4. 彭聃龄.普通心理学[M].北京:北京师范大学出版社,2001.
5. 田爱香.基础心理学[M].徐州:中国矿业大学出版社,2007.
6. 陈烜之.认知心理学[M].广州:广东高等教育出版社,2006.
7. 比利时教育心理学网站:http://www.ulb.ac.be/bps/.
8. 英国教育心理学网站:http://www.bps.org.uk/sub-syst/decp/default.cfm?action=home.
9. 加拿大教育心理学网站:http://www.cpa.ca.
10. 德国教育心理学网站:http://www.dgps.de/.
11. 世纪心理沙龙:http://www.xlxcn.net/xoops/modules/news/.
12. 中国心理学会:http://www.camh.org.cn/company/.
13. 美国心理学协会:http://www.apa.org.
14. 北师大心理系论坛:http://202.112.83.191/cgi/psyforum/cgi-bin/Ultimate.cgi.

参考文献

1. Ennis，R，H. A logical basis for measuring critical thinking skills[J]. Educational Leadership，1989(4)：4-10.
2. Rice，B. Imagination to go[J]. Psychology Today，1984(S)：48-52.
3. Zeidler D. (Ed.) The Role of Moral Reasoning on Socioscientific Issues and Discourse in Science Education[M]. Dordrecht：Kluwer Academic Publishers，2003：85，238.
4. 蔡秀玲，杨智馨. 情绪管理[M]. 合肥：安徽人民出版社出版，2001.
5. 陈琦，刘儒德. 当代教育心理学[M]. 北京：北京师范大学出版社，1997.
6. 陈琦，刘儒德. 当代教育心理学[M]. 北京：北京师范大学出版社，2007.
7. 程素萍. 心理学基础[M]. 北京：高等教育出版社，2011.
8. 戴斌荣. 中学生认知与学习[M]. 南京：南京大学出版社，2014.
9. [美]戴尔·卡耐基. 卡耐基成功之道[M]. 包头：内蒙古文化出版社，2003.
10. [美]丹尼尔·戈尔曼. 情感智商[M]. 上海：上海科技出版社，1997.
11. 邓宏宝. 心理学基础——青少年发展与学习[M]. 北京：科学出版社，2012.
12. 丁家永. 现代教育心理学[M]. 广州：广东高等教育出版社，2004.
13. 冯建新. 心理学基础[M]. 西安：陕西师范大学出版社，2012.
14. [德]格尔德·米策尔. 心理学入门[M]. 张凤凤，金建，译. 北京：中央编译出版社，2011.
15. 郝丽. 意商的认识论研究[D]. 北京：中共中央党校，2003.
16. 黄希庭等. 心理学导论(第3版)[M]. 北京：人民教育出版社，2015.
17. 李季平摘译，Barraga，N.. Visual Handicaps and Learning：a developmental approach[M]. CA：Wads worth Pub. Co.，1988.
18. [美]理查德·格里格，菲利普·津巴多. 心理学与生活[M]. 王垒等，译. 北京：人民邮电出版社，2003.
19. 梁宁建. 基础心理学[M]. 北京：高等教育出版社，2004.
20. 列宁. 哲学笔记[M]. 北京：人民出版社，1956.
21. 林正范. 大学心理学[M]. 杭州：浙江大学出版社，2000.
22. 刘爱伦. 思维心理学[M]. 上海：华东师范大学出版社，2007.
23. 刘显国. 激发学习兴趣艺术[M]. 北京：中国林业出版社，2004.

24. 卢家楣.情感教学心理学[M].上海:上海教育出版社,2001.

25. 卢家楣.心理学[M].上海:上海人民出版社,1998.

26. 路海东.学校教育心理学[M].长春:东北师范大学出版社,2003.

27. 马克思恩格斯全集(第3卷)[M].北京:人民出版社,1972.

28. 孟昭兰.情绪心理学[M].北京:北京大学出版社,2005.

29. 莫雷.教育心理学[M].北京:教育科学出版社,2007.

30. [加]尼尔森.科学视野11[M].长沙:湖南教育出版社,2010.

31. 彭聃龄.普通心理学[M].北京:北京师范大学出版社,2001.

32. 彭聃龄.普通心理学(第4版)[M].北京:北京师范大学出版社,2012.

33. 彭聃龄.普通心理学[M].北京:北京师范大学出版社,2004.

34. 皮连生.教育心理学(第三版)[M].上海:上海教育出版社,2004.

35. 皮连生.学与教的心理学[M].上海:华东师范大学出版社,2006.

36. 皮连生.学与教的心理学[M].上海:华东师范大学出版社,2011.

37. 全国十二所重点师范大学编写组.心理学基础(第2版)[M].北京:教育科学出版社,2012.

38. 任俊,彭年强,罗劲.乐商:一个比智商和情商更能决定命运的因素[J].心理科学进展,2013,(04):571-580.

39. 善行无迹.联觉人:听出声音的味道[J].科学FANS,2016(8).

40. 邵瑞珍,皮连生,吴庆麟.教育心理学[M].上海:上海教育出版社,1997.

41. 沈德立,阴国恩.心理学基础[M].上海:华东师范大学出版社,2010.

42. 舒尔曼.实践智慧:论教学、学习与学会教学[M].王艳玲,译.上海:华东师范大学出版社,2014.

43. 田爱香.基础心理学[M].徐州:中国矿业大学出版社,2007.

44. 吴庆麟.教育心理学——献给教师的书[M].上海:华东师范大学出版社,2003.

45. 吴应荣,卢淋淋,单颖.当代大学生情感智力状况调查与分析[J].校园心理,2017,(02):98-100.

46. 五个方法练习你的注意力和观察力[EB/OL].http://www.jint.cn/d409-2578-13023.html.

47. 武宏志.论批判性思维[J].广州大学学报(社会科学版),2004(11):11-20.

48. 许远理.情绪智力组合理论的建构与实证研究[D].首都师范大学,2004.

49. 许远理,熊承清.情绪心理学的理论与应用[M].北京:中国科学技术出版社,2011.

50. 姚本先.心理学(《心理学新论》修订版)[M].北京:高等教育出版社,2005.

51. 叶奕乾等.普通心理学[M].上海:华东师范大学出版社,2010.

52. 英国科学教育协会.社会中的科学和技术[M].董振邦,译.青岛:青岛出版社,1995.

53. 俞国良,戴斌荣.心理学基础[M].北京:北京师范大学出版社,2015.

54. [美]约翰·R.安德森.认知心理学及其启示(第7版)[M].秦裕林,译.北京:人民邮电出版社,2012.

55. 曾玲娟,李红云.心理学基础[M].北京:北京师范大学出版社,2015.

56. 张道祥.当代普通心理学[M].长春:吉林大学出版社,2006.

57. 张履祥,葛明贵.普通心理学[M].合肥:安徽大学出版社,2002.

58. 张述祖,沈德立.基础心理学[M].北京:教育科学出版社,1997.

59. 张文婷.心理学基础教程[M].北京:新华出版社,2008.

60. 赵丽琴.怎样让学生爱学习:激发学习动机的7种策略[M].上海:华东师范大学出版社,2010.

61. 周勇.意志教育论[D].武汉:武汉大学,2010.